国家出版基金资助项目

现代数学中的著名定理纵横谈丛书
丛书主编　王梓坤

RITZ-GALËRKIN INTERPOLATION OPERATOR
—THE PREPROCESSING AND POSTPROCESSING
FOR THE FINITE ELEMENT METHOD

Ritz-Galërkin投影算子
——有限元的预处理和后处理理论

林群　朱起定　著

哈爾濱工業大學出版社
HARBIN INSTITUTE OF TECHNOLOGY PRESS

内 容 提 要

全书共分七章.第一章为准备知识;第二章与第三章介绍了有限元的插值后处理及解的展开式,这是有限元高精度算法的理论基础;第四章讨论有限元解的后验估计;第五章与第六章分别讨论了奇性问题及本征值问题的后处理;第七章介绍了有限元的概率算法.

本书可供计算数学工作者、高等院校有关专业的师生和工程技术人员参考使用.

图书在版编目(CIP)数据

Ritz-Galërkin 投影算子:有限元的预处理和后处理理论/林群,朱起定著.—哈尔滨:哈尔滨工业大学出版社,2021.1

(现代数学中的著名定理纵横谈丛书)

ISBN 978-7-5603-8296-8

Ⅰ.①R… Ⅱ.①林… ②朱… Ⅲ.①射影算子 ②有限元法—精度—理论 Ⅳ.①O177.6 ②O242.21

中国版本图书馆 CIP 数据核字(2019)第 103680 号

策划编辑 刘培杰 张永芹
责任编辑 张永芹 陈雅君
封面设计 孙茵艾
出版发行 哈尔滨工业大学出版社
社　　址 哈尔滨市南岗区复华四道街 10 号 邮编 150006
传　　真 0451-86414749
网　　址 http://hitpress.hit.edu.cn
印　　刷 哈尔滨市石桥印务有限公司
开　　本 787mm×960mm 1/16 印张 20.25 字数 224 千字
版　　次 2021 年 1 月第 1 版 2021 年 1 月第 1 次印刷
书　　号 ISBN 978-7-5603-8296-8
定　　价 88.00 元

⊙代序

读书的乐趣

你最喜爱什么——书籍.

你经常去哪里——书店.

你最大的乐趣是什么——读书.

这是友人提出的问题和我的回答.真的,我这一辈子算是和书籍,特别是好书结下了不解之缘.有人说,读书要费那么大的劲,又发不了财,读它做什么?我却至今不悔,不仅不悔,反而情趣越来越浓.想当年,我也曾爱打球,也曾爱下棋,对操琴也有兴趣,还登台伴奏过.但后来却都一一断交,“终身不复鼓琴”.那原因便是怕花费时间,玩物丧志,误了我的大事——求学.这当然过激了一些.剩下来唯有读书一事,自幼至今,无日少废,谓之书痴也可,谓之书橱也可,管它呢,人各有志,不可相强.我的一生大志,便是教书,而当教师,不多读书是不行的.

读好书是一种乐趣,一种情操;一种向全世界古往今来的伟人和名人求教的方法，一种和他们展开讨论的方式；一封出席各种活动、体验各种生活、结识各种人物的邀请信；一张迈进科学宫殿和未知世界的入场券；一股改造自己、丰富自己的强大力量. 书籍是全人类有史以来共同创造的财富，是永不枯竭的智慧的源泉. 失意时读书，可以使人重整旗鼓；得意时读书，可以使人头脑清醒；疑难时读书，可以得到解答或启示；年轻人读书，可明奋进之道；年老人读书，能知健神之理. 浩浩乎！洋洋乎！如临大海，或波涛汹涌，或清风微拂，取之不尽，用之不竭. 吾于读书，无疑义矣，三日不读，则头脑麻木，心摇摇无主.

潜能需要激发

我和书籍结缘，开始于一次非常偶然的机会. 大概是八九岁吧，家里穷得揭不开锅，我每天从早到晚都要去田园里帮工. 一天，偶然从旧木柜阴湿的角落里，找到一本蜡光纸的小书，自然很破了. 屋内光线暗淡，又是黄昏时分，只好拿到大门外去看. 封面已经脱落，扉页上写的是《薛仁贵征东》. 管它呢，且往下看. 第一回的标题已忘记，只是那首开卷诗不知为什么至今仍记忆犹新：

日出遥遥一点红，飘飘四海影无踪.

三岁孩童千两价，保主跨海去征东.

第一句指山东，二、三两句分别点出薛仁贵（雪、人贵）. 那时识字很少，半看半猜，居然引起了我极大的兴趣，同时也教我认识了许多生字. 这是我有生以来独立看的第一本书. 尝到甜头以后，我便千方百计去找书，向小朋友借，到亲友家找，居然断断续续看了《薛丁山征西》《彭公案》《二度梅》等，樊梨花便成了我心中的女英雄. 我真入迷了. 从此,放牛也罢,车水也罢,我总要带一本书,还练出了边走田间小路边读书的本领,读得津津有味,不知人间别有他事.

当我们安静下来回想往事时,往往会发现一些偶然的小事却影响了自己的一生. 如果不是找到那本《薛仁贵征东》,我的好学心也许激发不起来. 我这一生,也许会走另一条路. 人的潜能,好比一座汽油库,星星之火,可以使它雷声隆隆、光照天地;但若少了这粒火星,它便会成为一潭死水,永归沉寂.

抄,总抄得起

好不容易上了中学,做完功课还有点时间,便常光顾图书馆. 好书借了实在舍不得还,但买不到也买不起,便下决心动手抄书. 抄,总抄得起. 我抄过林语堂写的《高级英文法》,抄过英文的《英文典大全》,还抄过《孙子兵法》,这本书实在爱得狠了,竟一口气抄了两份. 人们虽知抄书之苦,未知抄书之益,抄完毫末俱见,一览无余,胜读十遍.

始于精于一,返于精于博

关于康有为的教学法,他的弟子梁启超说:"康先生之教,专标专精、涉猎二条,无专精则不能成,无涉猎则不能通也." 可见康有为强烈要求学生把专精和广博(即"涉猎")相结合.

在先后次序上,我认为要从精于一开始. 首先应集中精力学好专业,并在专业的科研中做出成绩,然后逐步扩大领域,力求多方面的精. 年轻时,我曾精读杜布(J. L. Doob)的《随机过程论》,哈尔莫斯(P. R. Halmos)的《测度论》等世界数学名著,使我终身受益. 简言之,即"始于精于一,返于精于博". 正如中国革命一样,必须先有一块根据地,站稳后再开创几块,最后连成一片.

丰富我文采,澡雪我精神

辛苦了一周,人相当疲劳了,每到星期六,我便到旧书店走走,这已成为生活中的一部分,多年如此.一次,偶然看到一套《纲鉴易知录》,编者之一便是选编《古文观止》的吴楚材.这部书提纲挈领地讲中国历史,上自盘古氏,直到明末,记事简明,文字古雅,又富于故事性,便把这部书从头到尾读了一遍.从此启发了我读史书的兴趣.

我爱读中国的古典小说,例如《三国演义》和《东周列国志》.我常对人说,这两部书简直是世界上政治阴谋诡计大全.即以近年来极时髦的人质问题(伊朗人质、劫机人质等),这些书中早就有了,秦始皇的父亲便是受害者,堪称"人质之父".

《庄子》超尘绝俗,不屑于名利.其中"秋水""解牛"诸篇,诚绝唱也.《论语》束身严谨,勇于面世,"己所不欲,勿施于人",有长者之风.司马迁的《报任少卿书》,读之我心两伤,既伤少卿,又伤司马;我不知道少卿是否收到这封信,希望有人做点研究.我也爱读鲁迅的杂文,果戈理、梅里美的小说.我非常敬重文天祥、秋瑾的人品,常记他们的诗句:"人生自古谁无死,留取丹心照汗青""休言女子非英物,夜夜龙泉壁上鸣".唐诗、宋词、《西厢记》《牡丹亭》,丰富我文采,澡雪我精神,其中精粹,实是人间神品.

读了邓拓的《燕山夜话》,既叹服其广博,也使我动了写《科学发现纵横谈》的心.不料这本小册子竟给我招来了上千封鼓励信.以后人们便写出了许许多多的“纵横谈”.

从学生时代起,我就喜读方法论方面的论著.我想,做什么事情都要讲究方法,追求效率、效果和效益,方法好能事半而功倍.我很留心一些著名科学家、文学家写的心得体会和经验.我曾惊讶为什么巴尔扎克在51年短短的一生中能写出上百本书,并从他的传记中去寻找答案.文史哲和科学的海洋无边无际,先哲们的明智之光沐浴着人们的心灵,我衷心感谢他们的恩惠.

读书的另一面

以上我谈了读书的好处,现在要回过头来说说事情的另一面.

读书要选择.世上有各种各样的书:有的不值一看,有的只值看20分钟,有的可看5年,有的可保存一辈子,有的将永远不朽.即使是不朽的超级名著,由于我们的精力与时间有限,也必须加以选择.决不要看坏书,对一般书,要学会速读.

读书要多思考.应该想想,作者说得对吗?完全吗?适合今天的情况吗?从书本中迅速获得效果的好办法是有的放矢地读书,带着问题去读,或偏重某一方面去读.这时我们的思维处于主动寻找的地位,就像猎人追找猎物一样主动,很快就能找到答案,或者发现书中的问题.

有的书浏览即止,有的要读出声来,有的要心头记住,有的要笔头记录.对重要的专业书或名著,要勤做笔记,“不动笔墨不读书”.动脑加动手,手脑并用,既可加深理解,又可避忘备查,特别是自己的灵感,更要及时抓住.清代章学诚在《文史通义》中说:“札记之功必不可少,如不札记,则无穷妙绪如雨珠落大海矣.”

许多大事业、大作品,都是长期积累和短期突击相结合的产物.涓涓不息,将成江河;无此涓涓,何来江河?

爱好读书是许多伟人的共同特性,不仅学者专家如此,一些大政治家、大军事家也如此.曹操、康熙、拿破仑、毛泽东都是手不释卷,嗜书如命的人.他们的巨大成就与毕生刻苦自学密切相关.

王梓坤

引言

一、如果说近代偏微分方程是建立在无限维空间 H 的弱形式之上：求 $u \in H$ 满足

$$a(u,\varphi)=(f,\varphi),\forall \varphi \in H$$

那么有限元方法（或 Galërkin 方法）就是同一个弱形式限制在有限维空间 S_h（h：有限维参数）之上：求 $u_h \in S_h$ 满足

$$a(u_h,\varphi)=(f,\varphi),\forall \varphi \in S_h$$

所以，按弱形式，有限元方法就是限制在有限维空间上的偏微分方程. 不过，这个有限维空间被取成区域剖分成单元后的分片多项式. 冯康在 1965 年对此已有全面论述. 由于剖分的灵活性、多项式的局部性，以及原理上从属于偏微分方程，因此在工程界和计算数学界得到了广泛使用，相继出现了意想不到的新方法，例如非协调元方法、混合元方法、杂交元方法，以及它们之

间的相互作用(见石钟慈在 ICCDD,1992 年的报告).

由于剖分的灵活性是有限元方法的特点,因此人们尽可能将有限元理论建立在剖分的任意性上. 与此不同,本书则建立在最特殊的剖分上,从矩形单元开始,写出误差和积分分辨公式,由此发现了特殊性可带来更深刻的结果:特殊剖分会使有限元方法更逼近真实的偏微分方程,其逼近的阶可以比任意剖分高出两个数量级;然后,由特殊到一般,研究了一般区域的"特殊剖分",使特殊性又有一定的灵活性 —— 可适应不同形状的区域,甚至包含自适应加密网格. 这种"特殊剖分"可以认为是一种"最优剖分",因为它会提高有限元方法的逼近阶. 反之,任意剖分就是"最坏剖分"了.(虽然矩形剖分使有限元方法又恢复了差分方法的状态,但是,只有基于连续形式的有限元方法才可能写出误差的积分分辨公式,并进而推广到非完全矩形的情形.)

简言之,一般的有限元理论建立在任意剖分上,本书则建立在"最优剖分"上. 书名中的预处理,就是指算题前如何建立"最优剖分",使有限元方法更好地逼近真实的偏微分方程.

二、下面来解释为什么剖分的特殊形状会提高有限元方法的逼近阶.

让我们来看一个比有限元逼近更简单的问题:u 用插值 $i_h u \in S_h$ 来逼近. 考察插值误差的积分,如

$$\int a(i_h u - u)_x \varphi_x, \int a(i_h u - u)_x \varphi, \int a(i_h u - u)_x \varphi_y$$

等,这里 a 可为不同的变系数. 要精确估计这些积分,最好写出它们的显式表达式.

可是,对于任意形状的剖分,只有积分不等式,例如,对于一次元空间 S_h,有

$$\int a(i_h u - u)_x \varphi_x \leqslant c \| i_h u - u \|_1 \| \varphi \|_1 \leqslant ch \| \varphi \|_1 \leqslant c \| \varphi \|_0$$

那么,什么样的剖分才有积分分辨公式?

1. 先看最简单的情形:区域剖分成矩形单元

这时可建立积分分辨公式.特别地,当 φ 满足边界条件时,可以得出比任意剖分高两阶的估计,例如

$$\int a(i_h u - u)_x \varphi_x = O(h^2) \| \varphi \|_0$$

证明概述如下:取出任一单元

$$\tau = [x_\tau - h_\tau, x_\tau + h_\tau] \times [y_\tau - k_\tau, y_\tau + k_\tau]$$

即 (x_τ, y_τ) 是 τ 的中心坐标,$2h_\tau$ 和 $2k_\tau$ 是 τ 的横向和纵向尺寸.定义插值的误差函数

$$E(x) = \frac{1}{2}[(x - x_\tau)^2 - h_\tau^2]$$

$$F(y) = \frac{1}{2}[(y - y_\tau)^2 - k_\tau^2]$$

(它们反映了插值的误差).下面根据双一次元空间及常系数 $a=1$ 写出积分的显式表达式(详细证明在后面):

(ⅰ) $\int_\tau (u - i_h u)_x \varphi_x = \int_\tau \left(F\varphi_x - \frac{1}{3}(F^2)_y \varphi_{xy}\right) u_{xyy}$;

(ⅱ) $\int_\tau (u - i_h u)_x \varphi = \int_\tau \left\{ \left[F(\varphi - E_x \varphi_x) - \frac{1}{3}(F^2)_y \cdot (\varphi_y - E_x \varphi_{xy}) \right] u_{xyy} - E\varphi_x u_{xx} \right\}$;

(ⅲ) $\int_\tau (u - i_h u)_x \varphi_y = \int_\tau [F(\varphi_y - E_x \varphi_{xy}) u_{xyy} - E\varphi_{xy} u_{xx}]$,

即将插值 $i_h u$ 用二次函数 E 和 F 来代替，后者的阶一目了然：

$$(\text{i}) = O(h^2)\,\|\varphi\|_{1,\tau}\,\|u\|_{3,\tau};$$

$$(\text{ii}) = O(h^2)(\|\varphi\|_{0,\tau}\,\|u\|_{3,\tau} + \|\varphi\|_{1,\tau}\,\|u\|_{2,\tau});$$

$$(\text{iii}) = O(h^2)(\|\varphi\|_{1,\tau}\,\|u\|_{3,\tau} + \|\varphi\|_{2,\tau}\,\|u\|_{2,\tau}).$$

更有力的是从这些表达式可以分辨出低阶和高阶误差，从而将 $\|\varphi\|_1$ 降到 $\|\varphi\|_0$. 为此只需要继续分部积分：

对(i)分部积分再对 τ 求和，结果要出现区域边界 L_i 上的积分：

$$(\text{i}') \quad \int_\Omega (u - i_h u)_x \varphi_x =$$

$$\left(\int_{L_3} - \int_{L_4}\right)\left(F\varphi - \frac{1}{3}(F^2)_y\varphi_y\right)u_{xyy}\,\mathrm{d}y -$$

$$\int_\Omega \left(F\varphi - \frac{1}{3}(F^2)_y\varphi_y\right)u_{xxyy}$$

对(ii)分部积分再对 τ 求和，结果还要出现单元内边(τ 和相邻单元 τ' 的公共内边 l)的边积分：

$$(\text{ii}') \quad \int_\Omega (u - i_h u)_x \varphi =$$

$$\left(\int_{L_3} - \int_{L_4}\right)\frac{1}{3}h_\tau^2\varphi u_{xx}\,\mathrm{d}y +$$

$$\sum_l \int_l \frac{1}{3}(h_\tau^2 - h_{\tau'}^2)\varphi u_{xx}\,\mathrm{d}y +$$

$$\int_\Omega \left\{\left(\frac{1}{6}(E^2)_x\varphi_x - \frac{1}{3}h_\tau^2\varphi\right)u_{xxx} +\right.$$

$$\left.\left[F(\varphi - E_x\varphi_x) - \frac{1}{3}(F^2)_y(\varphi_y - E_x\varphi_{xy})\right]u_{xyy}\right\}$$

这个表达式已不如上一个那么简洁.

对(iii)的处理导致类似但更长的表达式，包括了

边界点的值(没有耐心的读者可以不看)[①]:

$$
\begin{aligned}
(\text{iii}')\quad & \int_{\Omega}(u-i_h u)_x\varphi_y = \\
& -\left(\int_{L_1}-\int_{L_2}\right)E\varphi_x u_{xx}\,\mathrm{d}x + \\
& \int_{\Omega}(E\varphi_x u_{xxy}+F(\varphi_y-E_x\varphi_{xy})u_{xyy}) = \\
& -\left(\int_{L_1}-\int_{L_2}\right)E\varphi_x u_{xx}\,\mathrm{d}x - \\
& \left(\int_{L_3}-\int_{L_4}\right)\frac{1}{3}h_\tau^2\varphi u_{xxy}\,\mathrm{d}y - \\
& \left(\int_{L_1}-\int_{L_2}\right)\frac{1}{3}k_\tau^2\varphi u_{xyy}\,\mathrm{d}x - \\
& \sum_l\int_l\frac{1}{3}(h_\tau^2-h_{\tau'}^2)\varphi u_{xxy}\,\mathrm{d}y - \\
& \sum_l\int_l\frac{1}{3}(k_\tau^2-k_{\tau'}^2)\varphi u_{xyy}\,\mathrm{d}x - \\
& \int_{\Omega}\left[\left(\frac{1}{6}(E^2)_x\varphi_x-\frac{1}{3}h_\tau^2\varphi\right)u_{xxxy}+\right. \\
& \left.\left(\frac{1}{6}(F^2)_y\varphi_y-\frac{1}{3}k_\tau^2\varphi\right)u_{xyyy}-FE\varphi_{xy}u_{xxyy}\right]
\end{aligned}
$$

对等式右端的第一项边积分还要继续分部积分,结果还会出现边界点 P 上函数值的 Abel(阿贝尔)求和,例如 $\sum_P(h_\tau^2-h_{\tau'}^2)\varphi(P)u_{xx}(P)$.

(i′)(ii′)(iii′)带有区域边界上的积分(及边界点的值),它们可以用边界条件消去. 可是对于相邻单元公共内边的边积分的 Abel 求和,则必须假设剖分为几乎均匀,即

$$|h_\tau-h_{\tau'}|+|k_\tau-k_{\tau'}|=O(h^2)$$

---

① 这里利用了 $E=\frac{1}{6}(E^2)_{xx}-\frac{1}{3}h_\tau^2$, $F=\frac{1}{6}(F^2)_{yy}-\frac{1}{3}k_\tau^2$.

才能达到满阶[1]：

(ⅰ′)$=O(h^2)\|\varphi\|_0\|u\|_4$,若$\dfrac{\partial u}{\partial n}=0$(或$\varphi=0$)在$\partial\Omega$上；

(ⅱ′)$=O(h^2)\|\varphi\|_0\|u\|_3$,若剖分几乎均匀及$\varphi=0$在$\partial\Omega$上；

(ⅲ′)$=O(h^2)\|\varphi\|_1\|u\|_3$,若$\varphi=0$在$\partial\Omega$上；

或

(ⅲ′)$=O(h^2)\|\varphi\|_0\|u\|_4$,若剖分几乎均匀及$\varphi=0$在$\partial\Omega$上.

即使无边界条件,边界上的积分由于边长和h无关,也有比较高的阶[2]：

(ⅰ′)$=O(h^{1.5})\|\varphi\|_0\|u\|_4$；

(ⅱ′)$=O(h^{1.5})\|\varphi\|_0\|u\|_3$,若剖分几乎均匀；

(ⅲ′)$=O(h^{1.5})\|\varphi\|_1\|u\|_3$；

或

(ⅲ′)$=O(h^{1.5})\|\varphi\|_0\|u\|_4$,若剖分几乎均匀及$\varphi=0$在角点上[3].

可见,积分恒等式已包含了误差的全部信息.它们刻画了在什么条件下,误差达到什么样的阶:有混合微商时阶最低.

以上基于矩形剖分的各种估计可用到各类偏微分方程的有限元误差分析上,结果要比采用任意剖分所

---

① 这里,我们将单元的边积分直接用面积分来估计,结果降了半阶

$$\|\varphi\|_l\leqslant ch^{-\frac{1}{2}}\|\varphi\|_\tau,\forall\varphi\in S_h,\|u\|_l\leqslant ch^{-\frac{1}{2}}\|u\|_{1,\tau}$$

② 见注①.

③ 这里我们将点值用单元的L_2－模来估计,结果降了一阶.

得的误差有数量级上的改进.例如对于重调和方程(Miyoshi 格式),采用(几乎均匀)矩形剖分比任意剖分所得的误差要高出两阶.对于一阶双曲方程,以及对于 Stokes(斯托克斯)方程(如 $Q_{1,2}-Q_0$ 格式),采用几乎均匀的矩形剖分比任意剖分所得的误差要高出一阶.剖分结果见表 1.

表 1

方程	有限元 L_2 - 误差	任意剖分	几乎均匀矩形剖分
重调和	$u_h-\nabla^2 u$		$O(h^2)$
一阶双曲型	u_h-u	$O(h)$	$O(h^2)$
Stokes	P_h-P	$O(h)$	$O(h^2)$

结论:矩形剖分是"最优剖分".

可是,矩形剖分不能完全适应一般的区域.因此,还要考察较一般区域的"最优剖分".

2. 凸四边形区域的"规则"剖分

设有凸四边形区域 $\mathscr{D}$,我们可通过双线性变换,将其变成矩形区域 Ω(图 1).考虑 $\mathscr{D}$ 上的"规则"四边形剖分:按对边等比例点连成的四边形剖分,则 $\mathscr{D}$ 上的每一个四边形单元 e 变成 Ω 上的矩形单元 τ,e 上的积分则变换成 τ 上的积分,但这时要出现由 Jacobi(雅克比)和微商产生的变系数 $\gamma_e(x,y)$

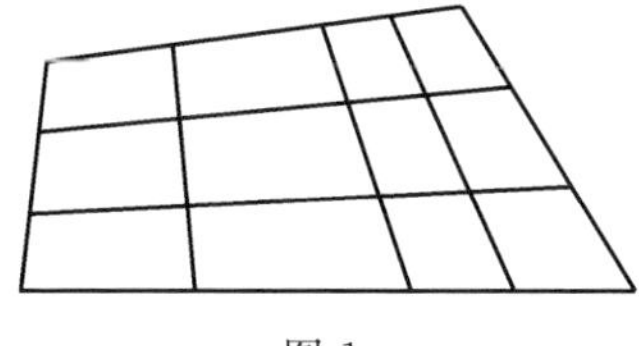

图 1

$$
\begin{aligned}
&\int_e (U - i_h U)_\xi \Phi_\eta = \\
&\int_\tau \gamma_e(x, y)(u - i_h u)_x \varphi_y + \cdots = \\
&\int_\tau \gamma_e^* (u - i_h u)_x \varphi_y + \cdots + \\
&O(h^2) \| \varphi \|_{1,\tau} \| u \|_{2,\tau}
\end{aligned}
$$

其中常数γ_e^*可由e的两条中线的斜率(a_e, b_e)来刻画. 由表达式(ⅲ′)可得

$$
\begin{aligned}
&\int_\tau \gamma_e^* (u - i_h u)_x \varphi_y = \\
&-\left(\int_{l_1} - \int_{l_2}\right) \gamma_e^* E \varphi_x u_{xx} \, \mathrm{d}x + \\
&O(h^2) \| \varphi \|_{1,\tau} \| u \|_{3,\tau}
\end{aligned}
$$

再对τ求和,则将出现相邻单元公共内边的边积分的Abel求和

$$
\begin{aligned}
&\left| \sum_l \int_l (\gamma_e^* - \gamma_{e'}^*) E \varphi_x u_{xx} \, \mathrm{d}x \right| \leqslant \\
&C \max_e (| a_e - a_{e'} | + | b_e - b_{e'} |) h \| \varphi \|_1 \| u \|_3 = \\
&O(h^2) \| \varphi \|_1 \| u \|_3 \qquad (1)
\end{aligned}
$$

可是,对于上述特定的剖分,γ_e是统一的,可以直接用变系数的精确估计式(4)(见 P19). 总之有

$$
\int_\Omega (U - i_h U)_\xi \Phi_\eta =
\begin{cases}
O(h^2) \| \Phi \|_1 \| U \|_3, & \text{若 } \Phi = 0 \text{ 在 } \partial\Omega \text{ 上} \\
O(h^{1.5}) \| \Phi \|_0 \| U \|_4, & \text{若剖分几乎均匀及 } \Phi = 0 \text{ 在角点上}
\end{cases}
\qquad (2)
$$

同理

$$\int_\Omega (U - i_h U)_\xi \Phi = \begin{cases} O(h^2)\,\|\Phi\|_0\,\|U\|_3, \\ \quad \text{若剖分几乎均匀及 } \Phi=0 \text{ 在 } \partial\Omega \text{ 上} \\ O(h^{1.5})\,\|\Phi\|_0\,\|U\|_3, \\ \quad \text{若剖分几乎均匀} \end{cases} \tag{3}$$

由(2)(3)可以得到：对于重调和方程(Miyoshi格式)以及一阶双曲方程，几乎均匀的"规则"四边形剖分比任意剖分所得的误差要高出一阶，见表2.

表 2

方程	有限元 L_2－误差	任意剖分	几乎均匀规则剖分
重调和	$v_h - \nabla^2 u$		$O(h)$
一阶双曲型	$u_h - u$	$O(h)$	$O(h^2)$

由(1)还可看到：为使误差达到满阶，相邻的四边形单元的中线必须差不多平行，即差不多是平行四边形.

结论："规则"四边形剖分是"最优剖分". 而且，为使误差达到满阶，也只能采用这种规则剖分.

3. 一般区域的"分片规则"剖分

首先考虑多边形区域 $\mathscr{D}$. 我们先将 $\mathscr{D}$ 分成若干个凸四边形子区域 D_i，再按前面在 D_i 上作等比例的"规则"剖分(图2，吕涛等：Bonn. Math. Schrift.，1984 及许进超等：JCM，1985). 注意到各子区域的内边界 $\overline{D_i} \cap \overline{D_j}\,(i \neq j)$ 上无边界条件，于是由前面的(2)和(3)，我们可以得到：对于重调和方程(Miyoshi格式)及一阶双曲方程，几乎均匀的"分片规则"剖分比任意剖分所得的误差要高出一阶.

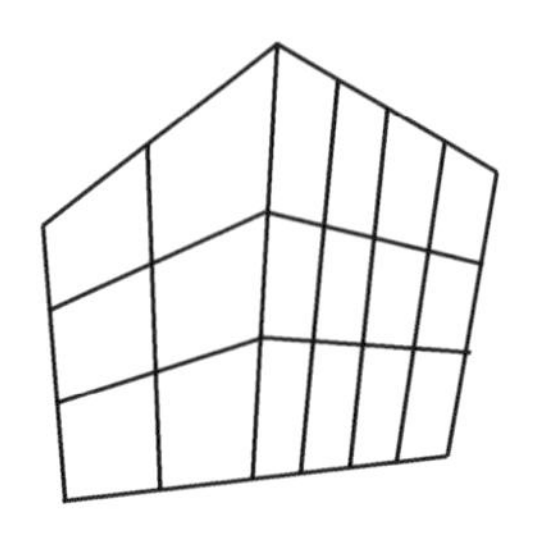

图 2

对于光滑凸区域 $\mathscr{D}$,我们可先从 $\mathscr{D}$ 中挖出一个矩形子区域 D_0,再将 $\mathscr{D}\backslash D_0$ 分成四个子区域 D_i,$i=1,2,3,4$. 在 D_0 上作几乎均匀的矩形剖分,对于 D_i,$i=1,2,3,4$,我们将与 D_0 不相邻的 D_i 的两条边界直线延长交于一点,从此点出发,过$\overline{D}_i\cap\overline{D}_0$ 上的各节点作射线交于$\overline{D}_i\cap\partial\Omega$,再联结各条射线的等比例点,则可得到光滑凸区域 $\mathscr{D}$ 上的“分片规则”剖分(图 3),与多边形区域一样,我们可以得到:对于重调和方程(Miyoshi 格式)及一阶双曲方程,几乎均匀的“分片规则”剖分比任意剖分所得的误差要高出半阶(甚至一阶),见表 3.

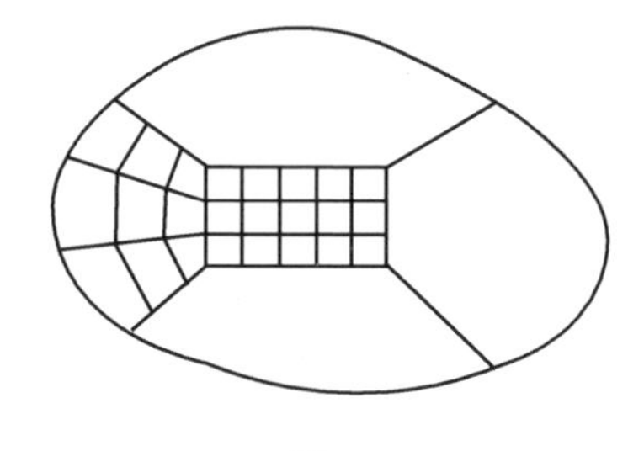

图 3

表 3

方程	有限元 L_2 — 误差	任意剖分	分片几乎均匀规则剖分
重调和	$v_h - \nabla^2 u$		$O(h)$
一阶双曲型	$u_h - u$	$O(h)$	$O(h^{1.5})$

结论:“分片规则”四边形剖分是“最优剖分”.

可是,对于区域具有复杂的边界(如齿轮),而难以实现“分片规则”剖分时,我们只好采用下面这种剖分.

4.“大部分矩形”剖分

对于难以实现前面“分片规则”剖分的复杂区域 $\mathscr{D}$,我们可作矩形区域 $\Omega \supset \mathscr{D}$,在 Ω 上作矩形网格覆盖 $\mathscr{D}$,再对 $\mathscr{D}$ 边界附近的网格做适当修正,可得到 $\mathscr{D}$ 上的“大部分矩形”剖分(图 4).上述剖分在 $\mathscr{D}$ 上有尽可能多的矩形单元,这些单元的并 $D_0 \subset \mathscr{D}$ 覆盖了 $\mathscr{D}$ 的大部分区域,非规则单元的并 $\mathscr{D} \backslash D_0$ 的面积只占 $O(h)$.于是还有半阶的整体超收敛:

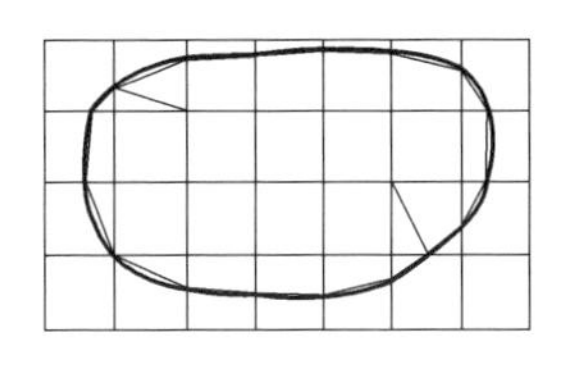

图 4

(ⅰ″) $$\int_{\mathscr{D}} (u - i_h u)_x \varphi_x =$$

$$\int_{D_0} (u - i_h u)_x \varphi_x +$$

$$\int_{\mathscr{D}\setminus D_0}(u-i_hu)_x\varphi_x=$$
$$O(h^2)\|\varphi\|_{1,D_0}\|u\|_{3,D_0}+$$
$$O(h^{1.5})\|\varphi\|_{1,\mathscr{D}\setminus D_0}\|u\|_{2,\infty,\mathscr{D}\setminus D_0}=$$
$$O(h^{1.5})\|\varphi\|_1(\|u\|_3+\|u\|_{2,\infty})$$

(ii″) $$\int_{\mathscr{D}}(u-i_hu)_x\varphi=$$
$$\int_{D_0}(u-i_hu)_x\varphi+$$
$$\int_{\mathscr{D}\setminus D_0}(u-i_hu)_x\varphi=$$
$$O(h^{1.5})\|\varphi\|_0(\|u\|_3+\|u\|_{2,\infty})$$

(iii″) $$\int_{\mathscr{D}}(u-i_hu)_x\varphi_y=$$
$$\int_{D_0}(u-i_hu)_x\varphi_y+$$
$$\int_{\mathscr{D}\setminus D_0}(u-i_hu)_x\varphi_y=$$
$$O(h^{1.5})\|\varphi\|_{1,D_0}\|u\|_{3,D_0}+$$
$$O(h^{1.5})\|\varphi\|_{1,\mathscr{D}\setminus D_0}\|u\|_{2,\infty,\mathscr{D}\setminus D_0}=$$
$$O(h^{1.5})\|\varphi\|_1(\|u\|_3+\|u\|_{2,\infty})$$

由此可以得到：对于重调和方程（Miyoshi 格式）及一阶双曲方程，几乎均匀的“大部分矩形”剖分比任意剖分所得的误差要高出半阶.

结论：采用“大部分矩形”剖分总比任意剖分好.

以上考察了几种规则剖分（最多包含少量的非规则剖分）. 那么，对于某些自适应剖分还能不能达到较高阶的误差呢？下面考察其中的一种.

5. 非正规剖分

对于带有奇点的区域，人们常常采用局部加密网格. 例如 Babuska(巴布斯卡) 提出一种局部加密的非正规剖分:首先在矩形区域 $\mathscr{D}$ 上作均匀矩形剖分,然后在包含奇点且边长为 $\mathscr{D}$ 的边长的一半的子区域 D_0 上将原有网格进行中点加密,即将原来的单元分成四个相等的小单元. 接着再同上,对 D_0 的子区域 D_1 上的网格进行中点加密 ……,直到奇点附近的网格充分小(图 5). 图中带有"×"的点为非正规节点. 为了保证有限元空间的协调性,需要强加协调性条件:非正规节点上的函数值为该节点所在边上相邻两点函数值的算术平均值,或者从非正规节点向上面及右面单元的对顶作连线,形成非规则的三角形过渡层. 设这些非规则过渡层的并为 $\mathscr{D}_0$. 它也只占小面积

$$\begin{aligned}\operatorname{meas}(\mathscr{D}_0) \leqslant 2 \times \frac{h}{2} \times \frac{L}{2} + 2 \times \frac{h}{2^2} \times \frac{L}{2^2} + \cdots + \\ 2 \times \frac{h}{2^k} \times \frac{L}{2^k} = \\ 2hL \sum_{l=1}^{k} \frac{1}{4^l} = O(h)\end{aligned}$$

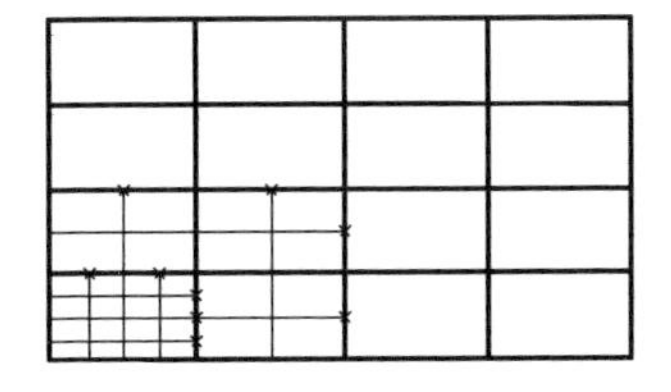

图 5

这里 h 为最大单元的最大边长,L 为 $\mathscr{D}$ 的最大边长,k 为局部加密次数. $\mathscr{D} \backslash \mathscr{D}_0$ 上的剖分为"大部分矩形"剖分. 这样,我们可以得到与(ⅰ″)(ⅱ″)(ⅲ″) 同样的整体超收敛结果.

因此，对于重调和方程(Miyoshi 格式)及一阶双曲方程，上述非正规剖分比任意剖分所得的误差要高出半阶. 即使对于二阶椭圆方程，上述非正规剖分比任意剖分对于插值函数的误差($\| i_h u - u_h \|_1$)也要高出半阶，此结果可用于有限元解的插值后处理，详见本书.

为了简单起见，以上我们仅描述了矩形区域 $\mathscr{D}$ 上的非正规剖分. 当区域 $\mathscr{D}$ 是可分为若干个矩形子区域的组合区域(如 L 型区域等)时，我们可先将 $\mathscr{D}$ 分成若干个矩形子区域，再按上述规则在各矩形子区域上作非正规剖分，形成 $\mathscr{D}$ 上的非正规剖分. 在这样的剖分下，上述整体超收敛结果仍然成立. 此外，以上限于篇幅，仅在 u 充分光滑的条件下证明了上述结果，通过更细致的分析我们已证明，对于 $u \sim r^\beta (\beta > 0)$ 型的奇异解，无须知道 β 的值，当奇点附近的网格充分小时，上述整体超收敛结果仍然成立(见严宁宁等:Proc. of Syst. Sci. and Syst. Eng., 1991).

类似处理由若干个四边形子区域组成的多角形区域(在每个四边形子区域上作非正规剖分)，见表 4.

表 4

方程	有限元 L_2 — 误差	任意剖分	大部分几乎均匀矩形非正规剖分
重调和	$v_h - \nabla^2 u$		$O(h^{0.5})$
一阶双曲型	$u_h - u$	$O(h)$	$O(h^{1.5})$

总结:为使有限元方法有更高阶的逼近，针对不同形状的区域，本书采取了几种“规则”四边形剖分(包括某种自适应剖分)，而非规则的三角形过渡单元只占

小面积.

最后将剖分结果复述见表 5.

表 5

<table>
<tr><th colspan="2" rowspan="2">剖分</th><th>重调和</th><th>一阶双曲型</th></tr>
<tr><th>$u_h - \nabla^2 u$</th><th>$u_h - u$</th></tr>
<tr><td rowspan="4">几乎均匀</td><td>矩形</td><td>$O(h^2)$</td><td>$O(h^2)$</td></tr>
<tr><td>规则</td><td>$O(h)$</td><td>$O(h^2)$</td></tr>
<tr><td>分片规则</td><td>$O(h)$</td><td>$O(h^{1.5})$</td></tr>
<tr><td>大部分矩形或非正规</td><td>$O(h^{0.5})$</td><td>$O(h^{1.5})$</td></tr>
<tr><td colspan="2">任意剖分</td><td></td><td>$O(h)$</td></tr>
</table>

三、以上我们仅讨论了二维双线性元的积分恒等式,特别是(ⅰ)(ⅱ)(ⅲ)不带有边积分. 如果带有边积分,那么表达式的误差将会降阶.

将积分恒等式推广到双 p 次元时,也要尽量不带边积分. 为此,不能简单地采取 Lagrange(拉格朗日)的点状插值,而要采取单元上"点 — 线 — 面"的积分状插值. 因此,本书不仅研究最优剖分,而且要研究最优插值,它比传统的 Lagrange 插值更接近有限元解.

有了最优插值,可对有限元作后处理,产生更高阶的逼近. 最优插值有限元的概念来源于普通插值有限元,后者曾出现在 Rannacher 的综述中(Helsinki,1988)和 Shaidurov 的书中(Moscow,1989),特别在我们的综述中(见杨一都等:数学实践与认识,1991). 但是,我们不仅提出最优插值有限元(见严宁宁、周爱辉等:Proc. Syst. Sci. and Syst. Eng. ,1991),而且应用于各类偏微分方程,使它成为一个普遍的方法(见周爱辉、李继春、刘明均、潘建华等:Proc. Syst. Sci. and

Syst. Eng. ,1991),并用于后验估计(见朱起定等:计算数学,1993).

最优插值有限元的概念使传统超收敛研究改观:从个别点的性质变成了整体的性质(包括边界),而且插值有限元已经成为高次元,使超收敛变得容易理解.传统超收敛的基本著作有陈传淼(湖南科技出版社,1980)及 Krizek-Neittaan maki(Essex,1989).

积分恒等式也可以推广到三维空间(见严宁宁等:Proc. Syst. Sci. and Syst. Eng. ,1991),并同样建立最优剖分和最优插值有限元.在三维情形,八面体比四面体更可用,因此我们所建立的最优剖分具有可用性.

我们总的观点:采用最优剖分和高次插值处理,低次有限元也能产生高精度.

我们还特别推荐一次元,原因是高次元对于一阶问题以及一般区域并不带来显著好处.

四、既然积分恒等式(ⅰ)(ⅱ)(ⅲ)是本书的基本点,好奇的读者可能想知道它们是怎么被证明的.下面正是为这些读者而写的.

我们仍沿用前面的记号,例如解 u,插值 $i_h u$,矩形单元 τ,τ 的中心 (x_τ, y_τ),横边 $l: y=y_\tau \pm k_\tau$,以及插值的误差函数 $E(x)$ 和 $F(y)$. 那么,由 F 的性质

$$F_y = y - y_\tau, (F^2)_{yyy} = 6(y - y_\tau)$$

$$F(y) = 0, F_y = C \text{ 在 } l \text{ 上}$$

并利用插值的性质

$$\int_l W \mathrm{d}x = 0$$

$$W = (u - i_h u)_x$$

对下面几个积分作分部积分

$$\int_\tau W=\int_\tau F_{yy}W=-\int_\tau F_yW_y+\left(\int_{L_1}-\int_{L_2}\right)F_yW\mathrm{d}x=$$

$$\int_\tau FW_{yy}-\left(\int_{L_1}-\int_{L_2}\right)FW_y\mathrm{d}x=\int_\tau FW_{yy}$$

$$\int_\tau(y-y_\tau)W=\frac{1}{6}\int_\tau(F^2)_{yyy}W=$$

$$-\frac{1}{6}\int_\tau(F^2)_{yy}W_y+$$

$$\left(\int_{L_1}-\int_{L_2}\right)\frac{1}{3}F_y^2W\mathrm{d}x=$$

$$\frac{1}{6}\int_\tau(F^2)_yW_{yy}+$$

$$\frac{1}{3}\left(\int_{L_1}-\int_{L_2}\right)FF_yW_y\mathrm{d}x=$$

$$\frac{1}{6}\int_\tau(F^2)_yW_{yy}$$

$$\int_\tau(x-x_\tau)W=\int_\tau E_xW=-\int_\tau EW_x$$

$$\int_\tau(x-x_\tau)(y-y_\tau)W=\int_\tau E_xF_yW=\int_\tau EFW_{xy}$$

结果分部积分中的边积分全部消失，只剩下高阶的面积分. 再将试探函数 φ 展开，得

$$\begin{aligned}\varphi(x,y)=&\varphi(x_\tau,y_\tau)+(x-x_\tau)\varphi_x(x,y_\tau)+\\&(y-y_\tau)\varphi_y(x_\tau,y)+\\&(x-x_\tau)(y-y_\tau)\varphi_{xy}(x,y)\end{aligned}$$

$$\begin{aligned}\varphi(x_\tau,y_\tau)=&\varphi(x,y)-(x-x_\tau)\varphi_x(x,y)-\\&(y-y_\tau)\varphi_y(x,y)-\\&(x-x_\tau)(y-y_\tau)\varphi_{xy}(x,y)\end{aligned}$$

$$\varphi_x(x,y)=\varphi_x(x,y_\tau)+(y-y_\tau)\varphi_{xy}(x,y)$$

$$\varphi_y(x,y)=\varphi_y(x_\tau,y)+(x-x_\tau)\varphi_{xy}(x,y)$$

便有(ⅰ)(ⅱ)(ⅲ)如下

$$\int_\tau W\varphi_x = \int_\tau W\varphi_x(x, y_\tau) + \int_\tau (y - y_\tau) W\varphi_{xy} =$$

$$\int_\tau FW_{yy}(\varphi_x - F_y\varphi_{xy}) +$$

$$\frac{1}{6}\int_\tau (F^2)_y W_{yy}\varphi_{xy} =$$

$$\int_\tau \left(F\varphi_x - \frac{1}{3}(F^2)_y\varphi_{xy}\right) W_{yy}$$

$$\int_\tau W\varphi = \int_\tau W\varphi(x_\tau, y_\tau) + \int_\tau (x - x_\tau) W\varphi_x(x, y_\tau) +$$

$$\int_\tau (y - y_\tau) W\varphi_y(x_\tau, y) +$$

$$\int_\tau (x - x_\tau)(y - y_\tau) W\varphi_{xy} =$$

$$\int_\tau FW_{yy}(\varphi - E_x\varphi_x - F_y\varphi_y + E_x F_y\varphi_{xy}) -$$

$$\int_\tau EW_x(\varphi_x - F_y\varphi_{xy}) +$$

$$\frac{1}{6}\int_\tau (F^2)_y W_{yy}(\varphi_y - E_x\varphi_{xy}) +$$

$$\int_\tau EFW_{xy}\varphi_{xy} =$$

$$\int_\tau FW_{yy}(\varphi - E_x\varphi_x) -$$

$$\int_\tau FF_y W_{yy}(\varphi_y - E_x\varphi_{xy}) -$$

$$\int_\tau EW_x\varphi_x - \int_\tau EFW_{xy}\varphi_{xy} +$$

$$\frac{1}{6}\int_\tau (F^2)_y W_{yy}(\varphi_y - E_x\varphi_{xy}) +$$

$$\int_\tau EFW_{xy}\varphi_{xy} =$$

$$\int_\tau \Big\{\Big[F(\varphi - E_x\varphi_x) -$$

$$\frac{1}{3}(F^2)_y(\varphi_y - E_x\varphi_{xy})\Big]W_{yy} - E\varphi_x W_x\Big\}$$

$$\int_\tau W\varphi_y = \int_\tau W\varphi_y(x_\tau, y) + \int_\tau (x - x_\tau)W\varphi_{xy} =$$

$$\int_\tau [FW_{yy}(\varphi_y - E_x\varphi_{xy}) - EW_x\varphi_{xy}]$$

以上只证明了常系数 $a=1$ 的情形，对于变系数也有精确的估计式. 为此，只要将 $a\varphi_x$（或 $a\varphi$，或 $a\varphi_y$）看成一个函数 f 作 Taylor（泰勒）展开：令 $p=(x_\tau, y_\tau)$

$$\begin{aligned} f(x,y) = f(p) + f_x(p)(x - x_\tau) + \\ f_y(p)(y - y_\tau) + \\ \frac{1}{2}[f_{xx}(p)(x - x_\tau)^2 + \\ 2f_{xy}(p)(x - x_\tau)(y - y_\tau) + \\ f_{yy}(p)(y - y_\tau)^2] + \\ O(h^3)\|f\|_{3,\infty} \end{aligned}$$

并利用

$$f(p)\int_\tau u = \int_\tau uf + O(h^2)\|f\|_{2,\infty}\|u\|_{1,1}$$

可得（详见谢锐锋等：Proc. Syst. Sci. and Syst. Eng.，1991）

$$\int_\tau aW\varphi_x = -\frac{k_\tau^2}{3}\int_\tau aW_{yy}\varphi_x + \frac{h_\tau^2}{3}\int_\tau a_x W_x\varphi_x + O(h^2)\|u\|_{4,2}\|\varphi\|_{0,2} \tag{4}$$

等，但这里用了反估计及 Hölder（赫尔德）不等式：$\|u\|_{4,1} \leqslant ch\|u\|_{4,2}$ 在 τ 中.

五、以上只涉及矩形元及四边形元，但是以往的理论绝大多数建立在三角形元之上，那么也应写出三角形元时的积分恒等式. 可是这时将带有单元的各个边积分，复杂得令人生畏（见 Blum，Rannacher 等：

Numer. Math. ,1986 及谢锐锋等:Lect. Notes in Math. ,(1297),1987). 只当三角剖分为均匀或分片均匀时才能简化(见黄云清等). 另外,在三维情形,四面体单元没有很大的可用性,因此放弃了(见 Shaidurov 的书,Moscow,1989).

六、最后,我们还要告诉读者,(ⅰ′)(ⅱ′)(ⅲ′) 是怎么用到重调和方程等问题上,使误差达到满阶.

以 Ciarlet-Raviart 有限元格式为例,并采用矩形双线性元$(v_h, u_h) \in S_h \times S_h^0$

$$(\nabla(v - v_h), \nabla\varphi) = 0, \forall \varphi \in S_h^0$$

$$(\nabla(u - u_h), \nabla\psi) + (v - v_h, \psi) = 0, \forall \psi \in S_h$$

其中 S_h^0 表示具有零边界条件的双线性元空间. 利用估计式(ⅰ′)(带有边界条件$\frac{\partial u}{\partial n} = 0$) 及(ⅰ),则有

$$\begin{aligned}
&\| i_h v - v_h \|_0^2 = \\
&(i_h v - v_h, i_h v - v) - \\
&(\nabla(u - i_h u), \nabla(i_h v - v_h)) - \\
&(\nabla(i_h v - v), \nabla(i_h u - u_h)) \leqslant \\
&Ch^2(\| i_h v - v_h \|_0 + \\
&\| i_h u - u_h \|_1) \| u \|_5
\end{aligned}$$

$$\begin{aligned}
&(\nabla(i_h u - u_h), \nabla\varphi) = \\
&(\nabla(i_h u - u), \nabla\varphi) - \\
&(v - i_h v + i_h v - v_h, \varphi) \leqslant \\
&C(h^2 \| u \|_4 + \| i_h v - v_h \|_0) \| \varphi \|_0
\end{aligned}$$

$$\| i_h u - u_h \|_1 \leqslant Ch^2 \| u \|_4 + C \| i_h v - v_h \|_0$$

$$\| i_h v - v_h \|_0^2 \leqslant Ch^4 \| u \|_5^2 + \varepsilon \| i_h u - u_h \|_1^2, \varepsilon \ll 1$$

结果得

$$\| i_h v - v_h \|_0 + \| i_h u - u_h \|_1 \leqslant Ch^2 \| u \|_5$$

特别有

$$\| v - v_h \|_0 \leqslant Ch^2 \| u \|_5$$

对于 Herrmmann-Miyoshi 格式，我们也有类似证明（见李继春、周爱辉、刘明均等：Proc. Syst. Sci. and Syst. Eng.，1991）.

本书腹稿是在 1991 年 5 月的全国计算数学会议期间由两位作者以及小组成员杨一都、周爱辉、严宁宁、黄云清、刘明均、李继春、潘建华等共同商议，并吸收了刘嘉荃、吕涛、陈传淼教授的意见后著撰而成. 它的前身是一本讲义《有限元的超收敛理论》，但是已在概念上、方法上及内容上起了变化. 本书主要介绍作者及其合作者（名字都列在书后文献中）的工作，作者感谢所有的这些合作者. 书中如有疏漏之处，真诚地欢迎读者批评指正.

作　　者

⊙ 目录

第一章 准备知识

本章的目的在于阐述全书所必需的、常用的概念和定理，全书均假定读者熟悉泛函分析的基本知识和记号.

1.1 记号和基本空间

1.1.1 常用空间的记号

设 $\Omega \subset \mathbf{R}^d$（$d$ 维欧氏空间）为一有界开域，我们约定：

$P_k(\Omega)$：Ω 上的全体 k 次多项式；

$Q_{ij}(\Omega)(d=2)$：单项式 $x^\mu y^\nu(\mu \leqslant i, \nu \leqslant j)$ 所张成的空间；

$Q_k(\Omega)=Q_{kk}(\Omega)$；

$C(\Omega)$：Ω 上的全体连续函数；

$C(\overline{\Omega})$：Ω 的闭包上的全体连续函数，它按范数

$$\| u \|_C = \max_{x \in \bar{\Omega}} | u(x) |$$

构成一个 Banach(巴拿赫)空间;

$C^m(\Omega)$:Ω 上直到 m 次导数连续的函数集合;

$C^\infty(\Omega)$:Ω 上无限次可微的函数的全体;

$C_0^\infty(\Omega) = \{u \in C^\infty(\Omega): \text{supp}\ u$ 在 Ω 上紧$\}$,其中

$$\text{supp}\ u = \overline{\{x \in \Omega: u(x) \neq 0\}}$$

$C_B^m(\Omega)$:Ω 上直到 m 次导数都连续有界的函数的全体,它按范数

$$\| u \|_{C^m} = \max_{|\alpha| \leqslant m} \sup_{x \in \Omega} | D^\alpha u(x) |$$

构成一个 Banach 空间,其中 $\alpha = (\alpha_1, \alpha_2, \cdots, \alpha_d)$ 为重指标,$|\alpha| = \sum_{i=1}^{d} \alpha_i$;

$C^m(\bar{\Omega})$:Ω 的闭包 $\bar{\Omega}$ 上的直到 m 次导数连续的函数集合,它按范数

$$\| u \|_{C^m} = \max_{|\alpha| \leqslant m} \max_{x \in \bar{\Omega}} | D^\alpha u(x) |$$

构成一个 Banach 空间;

$L^p(\Omega)(1 \leqslant p < \infty)$:$\Omega$ 上全体 p 次绝对可积的 Lebesgue(勒贝格)可测函数的集合,它按范数

$$\| u \|_{0,p,\Omega} = \left(\int_\Omega | u(x) |^p \mathrm{d}x \right)^{\frac{1}{p}}, 1 \leqslant p < \infty$$

构成一个 Banach 空间;

$L^\infty(\Omega)$:Ω 上全体本质有界的可测函数的集合,它按范数

$$\| u \|_{0,\infty,\Omega} = \inf_{mE=0} \sup_{x \in \Omega \setminus E} | u(x) |$$

构成一个 Banach 空间.

注 通常用 q' 表示 $1 \leqslant q \leqslant \infty$ 的共轭数,即满足 $\frac{1}{q} + \frac{1}{q'} = 1$ 的数 q'.

1.1.2　Sobolev 空间

对重指标 $\alpha=(\alpha_1,\alpha_2,\cdots,\alpha_d)$，令

$$x^\alpha=\prod_{i=1}^{d}x_i^{\alpha_i}$$

其中 $x=(x_1,x_2,\cdots,x_d)\in\Omega\subset\mathbf{R}^d$，那么在 Ω 满足适当条件下，我们有众所周知的 Sobolev(索伯列夫) 恒等式

$$u(x)=\sum_{|\alpha|\leqslant m-1}x^\alpha l_\alpha(u)+\int_\Omega\frac{1}{r^{d-m}}\sum_{|\alpha|=m}Q_\alpha(x)D^\alpha u(y)\mathrm{d}y,\quad\forall u\in C^m(\Omega)\tag{1.1.1}$$

其中 $l_\alpha(u)$ 是 $C^m(\Omega)$ 上的线性泛函

$$l_\alpha(u)=\int_\Omega\zeta_\alpha(y)u(y)\mathrm{d}y,\zeta_\alpha\in L^\infty(\Omega)$$

$r=|x-y|$ 为点 $x,y\in\Omega$ 的欧氏距离，$Q_\alpha(x)$ 为有界的无限次可微函数.

对任何整数 $m(m\geqslant 0)$ 和任何实数 $p(1\leqslant p<\infty)$，令

$$W^{m,p}(\Omega)=\{v:D^\alpha v\in L^p(\Omega),\ |\alpha|\leqslant m\}$$

此处 $D^\alpha v$ 表示函数 v 的 α 阶分布导数，引入半范数

$$|v|_{m,p,\Omega}=\sum_{|\alpha|=m}\left(\int_\Omega|D^\alpha v|^p\mathrm{d}x\right)^{\frac{1}{p}},1\leqslant p<\infty$$

$$|v|_{m,\infty,\Omega}=\max_{|\alpha|=m}\inf_{mE=0}\sup_{\Omega\setminus E}|D^\alpha u(x)|$$

其中 mE 表示 E 的 Lebesgue 测度，则空间 $W^{m,p}(\Omega)$ 按范数

$$\|u\|_{m,p,\Omega}=\sum_{0\leqslant k\leqslant m}|u|_{k,p,\Omega},\text{当 }1\leqslant p<\infty$$

$$\|u\|_{m,\infty,\Omega}=\max_{0\leqslant k\leqslant m}|u|_{k,\infty,\Omega},\text{当 }p=\infty$$

构成 Banach 空间，这种空间叫作 Sobolev 空间.

子集 $C_0^\infty(\Omega)$ 在 $W^{m,p}(\Omega)$ 中的闭包记为 $W_0^{m,p}(\Omega)$. 此外,我们还简记

$$H^m(\Omega)=W^{m,2}(\Omega)$$
$$H_0^m(\Omega)=W_0^{m,2}(\Omega)$$

它们按范数 $\|u\|_{m,\Omega}\equiv\|u\|_{m,2,\Omega}$ 构成 Hilbert(希尔伯特)空间.

如果不致混淆的话,我们还常把半范数、范数 $|\cdot|_{m,p,\Omega}$, $\|\cdot\|_{m,p,\Omega}$, $|\cdot|_{m,\Omega}$, $\|\cdot\|_{m,\Omega}$ 简记成 $|\cdot|_{m,p}$, $\|\cdot\|_{m,p}$, $|\cdot|_m$, $\|\cdot\|_m$.

对于整数 $m\geqslant 0$ 以及 $\varepsilon\in(0,1]$,我们用 $C^{m,\varepsilon}(\overline{\Omega})$ 表示 $C^m(\overline{\Omega})$ 中所有 m 阶导数满足 ε 阶 Hölder 条件的函数的全体,那么,空间 $C^{m,\varepsilon}(\overline{\Omega})$ 按范数

$$\|v\|_{C^{m+\varepsilon}}=\|v\|_{m,\infty,\Omega}+\max_{0\leqslant|\beta|\leqslant m}\sup_{\substack{x,y\in\Omega\\ x\neq y}}\frac{|D^\beta v(x)-D^\beta v(y)|}{|x-y|^\varepsilon}\tag{1.1.2}$$

构成Banach空间,其中 $|x-y|$ 表示 $x,y(x,y\in\mathbf{R}^d)$ 的欧氏距离,β 为重指标.

设 X,Y 为两个赋范空间,记号

$$X\hookrightarrow Y$$

表示 X 为 Y 的子集且为连续的内射,如果这个内射还是紧映射,那么记为

$$X\overset{c}{\subset}Y$$

以上两种关系分别叫作嵌入和紧嵌入.

利用 Sobolev 嵌入定理和 Kondrasov 定理(见 Adams 著:《索伯列夫空间》(中译本),高等教育出版社)有如下结果:对有界锥区域(至少是 L 型区域)有

$$\begin{cases} W^{m,p}(\Omega) \hookrightarrow C_B(\Omega), mp > d \\ W^{d,1}(\Omega) \hookrightarrow C_B(\Omega) \\ W^{m,p}(\Omega) \hookrightarrow L^{p^*}(\Omega), \dfrac{1}{p^*} = \dfrac{1}{p} - \dfrac{m}{d}, \text{如 } m < \dfrac{d}{p} \\ W^{m,p}(\Omega) \hookrightarrow L^q(\Omega), \forall q \in [1,\infty), \text{如 } mp = d \\ {}^* W^{m,p}(\Omega) \hookrightarrow C^{0,m-\frac{m}{p}}(\overline{\Omega}), \dfrac{d}{p} < m < \dfrac{d}{p} + 1 \\ {}^* W^{m,p}(\Omega) \hookrightarrow C^{0,\varepsilon}(\overline{\Omega}), \forall \varepsilon \in (0,1), \text{如 } m = \dfrac{d}{p} + 1 \\ {}^* W^{m,p}(\Omega) \hookrightarrow C^{0,1}(\overline{\Omega}), \text{如} \dfrac{d}{p} + 1 < m \end{cases} \tag{1.1.3}$$

以及

$$\begin{cases} W^{m,p}(\Omega) \overset{c}{\subset} L^q(\Omega), \forall q \in [1, p^*), \\ \quad \dfrac{1}{p^*} = \dfrac{1}{p} - \dfrac{m}{d}, \text{如 } m < \dfrac{d}{p} \\ W^{m,p}(\Omega) \overset{c}{\subset} L^q(\Omega), \forall q \in [1,\infty), \text{如 } m = \dfrac{d}{p} \\ {}^* W^{m,p}(\Omega) \overset{c}{\subset} C(\overline{\Omega}), \text{如} \dfrac{d}{p} < m \\ W^{m,p}(\Omega) \subset L^q(\text{bdrg}\,\Omega), \text{当 } mp = d, \text{且 } p \leqslant d < \infty, \\ \quad \text{当 } mp < d \text{ 且 } p \leqslant q \leqslant \dfrac{(d-1)p}{d-mp} \end{cases} \tag{1.1.4}$$

以上结果都是常用的，对常用的多角形区域可以利用 Sobolev 恒等式来证明. 此外还有如下估计（参见 Adams 著:《索伯列夫空间》(中译本) 一书）

$$C \| u \|_{m-\frac{1}{p},p,\partial\Omega} \leqslant \| u \|_{m,p,\Omega} \leqslant C' \| u \|_{m-\frac{1}{p},p,\partial\Omega}, \quad \forall u \in W^{m,p}(\Omega)$$

其中 C, C' 为正常数，$\partial\Omega$ 为 Ω 的边界.

1.1.3 Bramble-Hilbert 引理及其他

以下引理是以后各种估计常用的，证明参见 Zhu-Lin[94] 第一章.

Bramble-Hilbert 引理 设 Ω 为具有 Lipschitz（李普希兹）连续边界的 $\mathbf{R}^d$ 中的开子集，f 为空间 $W^{k+1,p}(\Omega)$ 上的连续线性泛函，具有性质

$$f(p)=0,\forall p\in P_k(\Omega)$$

则存在一个常数 $C=C(\Omega)$，使

$$|f(v)|\leqslant C\|f\|^*|v|_{k+1,p,\Omega}\qquad(1.1.5)$$

其中 $\|\cdot\|^*$ 为对偶空间 $(W^{k+1,p}(\Omega))^*$ 上的范数.

1.2 椭圆型边值问题

1.2.1 Lax-Milgram 定理

设 V 为一个 Hilbert 空间，范数为 $\|\cdot\|$，给出一个双线性型

$$a(\cdot,\cdot):V\times V\rightarrow\mathbf{R}$$

和线性型

$$f:V\rightarrow\mathbf{R}$$

我们有如下重要定理：

Lax-Milgram(拉克斯－米尔格拉姆) 定理 假定：

(i) V 是 Hilbert 空间；

(ii) 双线性型 $a(\cdot,\cdot)$ 是连续的，即存在常数

$M > 0$,使得

$$|a(u,v)| \leqslant M\|u\| \|v\|, \forall u,v \in V$$

(ⅲ)$a(\cdot,\cdot)$ 是 V 椭圆的,即存在 $\alpha > 0$,使

$$\alpha\|v\|^2 \leqslant a(v,v), \forall v \in V$$

(ⅳ)线性型 f 是连续的.

那么抽象变分问题:找一个元 $v \in V$,使得

$$a(v,v) = f(v), \forall v \in V$$

有且仅有一个解.

证明参见 Zhu-Lin[94] 第一章. ■

1.2.2　椭圆型边值问题

为简便起见,本书重点考虑模型问题

$$\begin{cases} Lu \equiv -\Delta u = f, 在\ \Omega\ 内 \\ u = 0, 在边界\ \partial\Omega\ 上 \end{cases} \tag{1.2.1}$$

其中 $\Omega \subset \mathbf{R}^2$ 为光滑域或角域. 对应变分问题是:找一个元 $u \in H_0^1(\Omega)$,使得

$$a(u,v) = (f,v) \tag{1.2.2}$$

此处$(\cdot,\cdot)$ 为 $L^2(\Omega)$ 的内积,而

$$a(u,v) = \int_\Omega (D_1uD_1v + D_2uD_2v)\mathrm{d}x$$

其中 $\mathrm{d}x = \mathrm{d}x_1\mathrm{d}x_2$ 为 Lebesgue 测度,$D_iu = \dfrac{\partial u}{\partial x_i}$. 由 Lax-Milgram 定理知,问题(1.2.2) 的解存在且唯一,这个解通常叫作问题(1.2.1) 的广义解,或叫作分布解. 由方程理论知,存在 $q_0 \in (1,+\infty]$,使对任何 $q \in (1,q_0)$,映射

$$L: W^{2,q}(\Omega) \cap W_0^{1,q}(\Omega) \to L^q(\Omega) \tag{1.2.3}$$

是同胚映射，即它们是代数同构，而且存在常数 $C = C(q) > 0$，使得

$$\| u \|_{2,q} \leqslant C(q) \| Lu \|_{0,q}, \forall u \in W^{2,q}(\Omega) \cap W_0^{1,q}(\Omega) \tag{1.2.4}$$

常数 $C(q)$ 依赖于 q，当 Ω 为光滑域或矩形域时，还有

$$C(q) \approx \begin{cases} Cq, \text{当 } q \approx +\infty \\ C\dfrac{1}{q-1}, \text{当 } q \approx 1+0 \end{cases} \tag{1.2.5}$$

q_0 一般与区域 Ω 有关，当 Ω 为光滑域时，有

$$q_0 = +\infty$$

当 Ω 为角域时，有

$$q_0 = \begin{cases} \dfrac{2}{2-\beta}, \text{当 } \beta < 2 \\ \infty, \text{当 } \beta \geqslant 2 \end{cases} \tag{1.2.6}$$

此处 $\beta = \dfrac{1}{\alpha}$，$\alpha\pi$ 为 Ω 的最大内角.

进一步，若 Ω 充分光滑，则还有先验估计

$$\| u \|_{s+2,q} \leqslant C \| Lu \|_{s,q} = C \| f \|_{s,q}, s \geqslant 0 \tag{1.2.7}$$

如果 Ω 为凸角域，那么可令

$$\gamma_0 = \frac{2}{3-\beta} > 1 \tag{1.2.8}$$

当 $1 < \gamma < \gamma_0$ 时，有

$$\| u \|_{3,\gamma,\Omega} \leqslant C \| f \|_{1,\gamma,\Omega}, \forall u \in W^{3,\gamma}(\Omega) \cap W_0^{1,\gamma}(\Omega) \tag{1.2.9}$$

这些公式我们在今后经常用到.

1.3　有限元和有限元插值

1.3.1　有限元的剖分

设$\Omega\subset\mathbf{R}^2$为有界开域，将它作三角形剖分或四边形剖分，单元集用$\mathscr{T}^h$表示，任给$e\in\mathscr{T}^h$，记

$$h_e=\mathrm{diam}(e)$$

$$\rho_e=\sup\{\mathrm{diam}(s):s\subset e\text{ 为圆}\}$$

$$h=\max\{h_e:e\in\mathscr{T}^h\}$$

如果剖分族$\mathscr{T}^h$，$h>0$满足：

(1)h趋于0；

(2)$\exists\sigma>0$，使$\dfrac{h_e}{\rho_e}\leqslant\sigma$，$\forall h>0$，$\forall e\in\mathscr{T}^h$，

就称剖分族$\mathscr{T}^h$为正规族(regular family)；如果还满足：

(3)(逆性质)$\exists\gamma>0$，使$\forall h>0$，有

$$\max\{\frac{h}{h_e}:e\in\mathscr{T}^h\}\leqslant\gamma$$

就称剖分族$\mathscr{T}^h$为拟一致族(quasi-uniform family).

一个四边形$E=ABCD$(顶点按逆时针方向排列)叫近似平行四边形，如果满足：

(1)$\mathrm{diam}(E)=O(h)$；

(2)$|\overrightarrow{AB}+\overrightarrow{CD}|=O(h^2)$(两对边的夹角都为$O(h)$).

任两个相邻单元的并都是近似平行四边形的剖分$\mathscr{T}^h$叫作几乎一致剖分(或叫强正规剖分，strong regular partition).

1.3.2 有限元空间

设 $\mathcal{T}^h$ 为区域 Ω 上的一族剖分，定义空间

$$S^h(\Omega)=\{v\in C(\overline{\Omega}):v|_e\in P_k(e),\forall e\in\mathcal{T}^h\}$$
（如 $\mathcal{T}^h$ 为三角形剖分）

或

$$S^h(\Omega)=\{v\in C(\overline{\Omega}):v|_e\in Q_k(e),\forall e\in\mathcal{T}^h\}$$
（如 $\mathcal{T}^h$ 为四边形剖分）

分别叫作 k 次三角形有限元空间和双 k 次四边形有限元空间，它们一律简称为 k 次有限元空间.

有限元空间是一个有限维的线性空间，它的基函数可用它的结点集 T_h 来唯一确定（参见 Zhu-Lin[94] 第二章），例如一次三角形元，所有单元顶点的全体（四边形一次元也如此）. 对于每个结点 $P_i\in T_h$，存在唯一的 $\varphi_i\in S^h(\Omega)$，使得

$$\varphi_i(z_j)=\delta_{ij},\forall z_j\in T_h$$

这里

$$\delta_{ij}=\begin{cases}0,i\neq j\\1,i=j\end{cases}$$

所有元素 φ_i 的集合 $\mathcal{G}^h=\{\varphi_i\}$ 构成空间 $S^h(\Omega)$ 的基函数集.

此外我们还定义

$$S_0^h(\Omega)=\{v\in S^h(\Omega):v|_{\partial\Omega}=0\}$$

它的基函数集 $\mathcal{G}_0^h$ 是由内结点决定的那些基函数.

以上确定的有限元空间叫 Lagrange 型有限元空间，当然我们也可以定义 Hermite（埃尔米特）型有限元空间和其他类型的有限元空间，其构作方法详见

Zhu-Lin[94] 第二章.

与剖分 $\mathcal{T}^h$ 对应,对于分片属于 $W^{m,p}(e)$ 的函数

$$v \in \prod_{e\in\mathcal{T}^h} W^{m,p}(e) \tag{1.3.1}$$

我们也可定义范数

$$\| v \|'_{m,p} = (\sum_e \| v \|^p_{m,p,e})^{\frac{1}{p}} \tag{1.3.2}$$

这个范数 $\| v \|'_{m,p}$ 与 1.1 节定义的范数 $\| v \|_{m,p}$ 略有不同，这里不要求 $v \in W^{m,p}(\Omega)$，只要求 v 满足(1.3.1).

1.3.3　有限元的基本性质

(参见 Zhu-Lin[94] 第二章.)

性质 1　若 $S^h(\Omega)$ 定义在正规剖分 $\mathcal{T}^h$ 上,则有如下估计①

$$\| v \|_{m,q} \leqslant Ch^{l-m} \| v \|'_{l,q}, \forall v \in S^h(\Omega),$$

$$l \leqslant m, 1 \leqslant q \leqslant \infty \tag{1.3.3}$$

$$\| v \|_{0,\infty} \leqslant C_d(h) \| v \|_1$$

其中

$$C_d(h) = \begin{cases} C, 当\ d=1 \\ C\,|\ln h|^{\frac{1}{2}}, 当\ d=2 \end{cases}$$

性质 2　若 $S^h(\Omega)$ 定义在拟一致剖分 $\mathcal{T}^h$ 上,则有如下估计(逆估计)

$$\| v \|'_{m,q} \leqslant Ch^{l-m} h^{-\max\{0,\frac{d}{r}-\frac{d}{q}\}} \| v \|'_{l,r}$$

$$l \leqslant m, r, q \in [1,\infty] \tag{1.3.4}$$

---

①　本书中,凡与 u,v,e,h 无关的常数一律用符号 C 表示,不加区别.

特别有

$$\| v \|_{0,\infty} \leqslant Ch^{1-\frac{d}{2}} \| v \|_1, d \geqslant 3 \quad (1.3.5)$$

1.3.4 插值算子和插值误差估计

设 $S^h(\Omega)$ 为一个有限元空间，$\mathcal{T}^h$，T_h 为相应的剖分和结点集，称映射

$$I_h : C(\overline{\Omega}) \to S^h(\Omega)$$

叫作 Lagrange 型插值算子，如果

$$I_h v(P_i) = v(P_i), \forall P_i \in T_h, \forall v \in C(\overline{\Omega}) \quad (1.3.6)$$

设 $\varphi_i \in S^h(\Omega)$ 为对应于 $P_i \in T_h$ 的基函数，即满足

$$\varphi_i(P_j) = \delta_{ij}, \forall P_j \in T_h \quad (1.3.7)$$

那么，$\forall v \in S^h(\Omega)$，有

$$v(X) = \sum_i v(P_i)\varphi_i(X) \quad (1.3.8)$$

事实上，由于 $I_h v \in S^h(\Omega)$，可令

$$I_h v(X) = \sum_i \alpha_i \varphi_i(X)$$

上式两边令 $X = P_j$，并注意(1.3.7)(1.3.6)，得 $v(P_j) = I_h v(P_j) = \alpha_j$，可见

$$I_h v(X) = \sum_i v(P_i)\varphi_i(X) \quad (1.3.9)$$

Lagrange 型插值算子有如下性质：

命题 1 如下稳定性结果成立

$$\| I_h u \|_{0,\infty} \leqslant C \| u \|_{0,\infty}, \forall u \in C(\overline{\Omega})$$

$$\| I_h u \|_{1,q} \leqslant C \| u \|_{1,q}, \forall u \in W^{1,q}(\Omega), d < q \leqslant \infty \quad (1.3.10)$$

证明 为明确起见，不妨设 $\mathcal{T}^h$ 为三角形剖分($d=2$ 维)，$\forall e \in \mathcal{T}^h$，可找可逆的仿射变换

$$F_e : e \to \hat{e}$$

其中 $\hat{e}$ 为一个标准三角形，e 的结点映成 $\hat{e}$ 的结点. 设 $\hat{e}$ 的结点集为 $\{\hat{P}_i : i = 1, 2, \cdots, s\}$，而 e 相应的结点集为 $\{P_i = F_e^{-1}\hat{P}_i, i = 1, 2, \cdots, s\}$，于是

$$I_h \hat{u} = \sum_{i=1}^{s} \hat{u}(\hat{P}_i)\hat{\varphi}_i$$

其中 $\hat{u} = u \circ F_e^{-1}$，$\hat{\varphi}_i = \varphi_i \circ F_e^{-1}$，$\varphi_i$ 为 P_i 对应的基函数在 e 上的限制，于是

$$\| I_h u \|_{0,q,e}^q = \int_e | I_h u |^q \mathrm{d}x = J_e \int_{\hat{e}} | I_h \hat{u} |^q \mathrm{d}\zeta =$$

$$J_e \int_{\hat{e}} \left| \sum_{i=1}^{s} \hat{u}(\hat{P}_i)\hat{\varphi}_i(\zeta) \right|^q \mathrm{d}\zeta \leqslant$$

$$J_e \| \hat{u} \|_{0,\infty,\hat{e}}^q \max_{1 \leqslant i \leqslant s} \| \hat{\varphi}_i \|_{0,\infty,\hat{e}}$$

其中 ζ 为 $\hat{e}$ 上的变元，J_e 为变换 F_e 的 Jacobi 行列式，注意

$$\max_{1 \leqslant j \leqslant s} \| \hat{\varphi}_j \|_{0,\infty,\hat{e}} \leqslant 1$$

于是由嵌入关系 $W^{1,q}(\hat{e}) \subsetneq C_B(\hat{e})(d < q)$，得

$$\| I_h u \|_{0,q,e}^q \leqslant C J_e \| \hat{u} \|_{1,q,\hat{e}}^q \leqslant C \| u \|_{1,q,e}^q \tag{1.3.11}$$

其中 C 与 e, h_e, u 无关. 类似有

$$\| \nabla I_h u \|_{0,q,e}^q \leqslant C J_e \| \hat{u} \|_{0,\infty,\hat{e}}^q \max_{1 \leqslant i \leqslant s} \| \hat{\nabla} \hat{\varphi}_i \|_{0,\infty,\hat{e}}$$

其中 ∇，$\hat{\nabla}$ 分别为 e，$\hat{e}$ 上的梯度运算. 再次注意

$$\max_{1 \leqslant i \leqslant s} \| \hat{\nabla} \hat{\varphi}_i \|_{0,\infty,\hat{e}} \leqslant C$$

以及嵌入关系 $W^{1,q}(\hat{e}) \subsetneq C_B(\hat{e})$，得到

$$\| \nabla I_h u \|_{0,q,e}^q \leqslant C \| u \|_{1,q,e}^q \tag{1.3.12}$$

于是由(1.3.11)(1.3.12) 得

$$\| I_h u \|_{1,q}^q = \sum_e \| I_h u \|_{1,q,e}^q \leqslant C \sum_e \| u \|_{1,q,e}^q =$$

$$C\|u\|_{1,q}^{q}$$

于是命题1证毕. ■

注 当 $p=d$ 时,式(1.3.10)未必成立,例如当 $d=2$ 时,取

$$v(X)=\ln|X-X_0|$$

其中 $X_0\in\Omega$ 为一个结点,此时 $v\notin C_B(\Omega)$,但

$$|\nabla u|\leqslant C|X-X_0|^{-1}[\ln|X-X_0|]^{-1}$$

从而 $u\in H^1(\Omega)$,它的插值不存在,从而(1.3.10)更不成立. ■

命题2 如果对于标准单元 $\hat{e}$,有嵌入关系

$$W^{k+1,p}(\hat{e})\subsetneq W^{m,q}(\hat{e})$$

$$W^{k+1,p}(\hat{e})\subsetneq C_B(\hat{e}) \tag{1.3.13}$$

那么对于 $k\geqslant 1$ 次有限元,还有

$$|u-I_hu|_{m,q,e}\leqslant C(\mathrm{mes}(e))^{\frac{1}{q}-\frac{1}{p}}h_e^{k+1}\rho_e^{-m}|u|_{k+1,p,e},$$
$$\forall u\in W^{k+1,p}(e),\forall e\in\mathcal{T}^h \tag{1.3.14}$$

证明参见 Zhu-Lin[94] 第二章. ■

推论1 在命题2的条件下,若 $\mathcal{T}^h$ 为正规剖分,则还有

$$|u-I_hu|_{m,q,e}\leqslant Ch_e^{\frac{d}{q}-\frac{d}{p}}h_e^{k+1-m}|u|_{k+1,p,e} \tag{1.3.15}$$

特别当 $d\leqslant 2,p=q,1\leqslant p\leqslant\infty$ 时((1.3.13)满足),还有

$$|u-I_hu|'_{m,q}\leqslant Ch^{k+1-m}|u|_{k+1,q} \tag{1.3.16}$$

推论2 在命题2的条件下,若 $\mathcal{T}^h$ 为拟一致剖分,则有

$$|u-I_hu|'_{m,q}\leqslant Ch^{k+1-m+\min\left\{\frac{d}{q}-\frac{d}{p}\right\}}|u|_{k+1,p} \tag{1.3.17}$$

证明参见 Zhu-Lin[94] 第二章. ■

1.4　投影型插值算子

前面介绍了 Lagrange 型插值,它是由结点函数值和结点基函数来确定的.现在来介绍一种新型插值,它是利用导函数在多项式空间的投影来构造的.

1.4.1　一维投影型插值算子

设 $d=1$,考虑任意的一维单元

$$e=(x_e-h_e,x_e+h_e)\subset\Omega\equiv[a,b]$$

以及空间 $L^2(e)$ 上的规格化的完备正交系 $\{l_i(x)\}$

$$l_0(x)=\sqrt{\frac{1}{2}}h_e^{-\frac{1}{2}}$$

$$l_1(x)=\sqrt{\frac{3}{2}}h_e^{-\frac{3}{2}}(x-x_e)$$

$$l_2(x)=\sqrt{\frac{5}{8}}h_e^{-\frac{5}{2}}[3(x-x_e)^2-h_e^2]$$

$$\vdots$$

$$l_i(x)=\sqrt{\frac{2i+1}{2}}\ \frac{1}{i!}h_e^{-i-\frac{1}{2}}\left(\frac{\mathrm{d}}{\mathrm{d}x}\right)^i[A(x)]^i,i\geqslant 1$$

$$A(x)=\frac{1}{2}((x-x_e)^2-h_e^2)$$

$$\vdots$$

并令

$$\omega_0(x)=1$$

$$\omega_1(x)=\int_{x_e-h_e}^{x}l_0(x)\mathrm{d}x=\sqrt{\frac{1}{2}}h_e^{-\frac{1}{2}}(x-x_e+h_e)$$

$$\vdots$$

$$\omega_{i+1}(x)=\int_{x_e-h_e}^{x} l_i(x)\mathrm{d}x=\sqrt{\frac{2i+1}{2}}\,\frac{1}{i!}h_e^{-i-\frac{1}{2}}\left(\frac{\mathrm{d}}{\mathrm{d}x}\right)^{i-1}\cdot [A(x)]^i,i\geqslant 1$$

$$\vdots$$

命题 1　函数列$\{\omega_i(x)\}$具有如下性质：

(1) 当$i\geqslant 2$时，$\omega_i(x_e\pm h_e)=0$;

(2) 当$i\geqslant 2$时，$\omega_i(-(x-x_e))=(-1)^i\omega_i(x-x_e)$;

(3) 当$i\geqslant 3$时，$(\omega_i,p_{i-3})=0,\forall\, p_{i-3}\in P_{i-3}(e)$;

(4) 当$i,j\geqslant 2,i+j$为奇数时，$(\omega_i,\omega_j)=0$.

其中

$$(u,v)=\int_e u(x)v(x)\mathrm{d}x$$

证明　(1)(2)(4) 是显然的，为证(3)，利用分部积分

$$(\omega_i,p_{i-3})=(\omega_i,q'_{i-2})=-(l_{i-1},q_{i-2})=0$$

其中$q_{i-2}\in P_{i-2}(e)$，q'_{i-2}为它的导数. ■

设$u\in H^1(e)$，则导数$u'\in L^2(e)$，于是它可展成 Fourier(傅里叶) 级数

$$u'(x)=\sum_{j=0}^{\infty}\alpha_j l_j(x),\alpha_j=\int_e u' l_j\mathrm{d}x \quad (1.4.1)$$

在(1.4.1) 两边同乘以特征函数

$$I_t(x)=\begin{cases}1,当\ x\leqslant t\\0,当\ x>t\end{cases}$$

利用 Parseval(帕塞瓦尔) 等式有

$$\int_e I_x(y)u'(y)\mathrm{d}y=\sum_{j=0}^{\infty}\alpha_j\int_e I_x(y)l_j(y)\mathrm{d}y$$

即

$$u(x)-u(x_e-h_e)=\sum_{j=0}^{\infty}\alpha_j\omega_{j+1}(x)$$

或

$$u(x)=\sum_{j=0}^{\infty}\beta_j\omega_j(x) \tag{1.4.2}$$

其中

$$\begin{cases}\beta_0=u(x_e-h_e)\\ \beta_1=\sqrt{\dfrac{1}{2}}h_e^{-\frac{1}{2}}(u(x_e+h_e)-u(x_0-h_e))\\ \beta_j=\alpha_{j-1}=\displaystyle\int_e u'(x)l_{j-1}(x)\mathrm{d}x,j\geqslant 2\end{cases} \tag{1.4.3}$$

定义 1　称算子 i_h 为 p 阶投影型插值算子，如果

$$i_hu(x)=\sum_{j=0}^{p}\beta_j\omega_j(x),\forall x\in e\in\mathscr{T}^h,\forall u\in H^1(\Omega) \tag{1.4.4}$$

命题 2　算子 i_h 具有如下性质：

(1) $i_hu\in P_p(e)$；

(2) $i_hu(x_e\pm h_e)=u(x_e\pm h_e),\forall e\in\mathscr{T}^h$；

(3) $i_hv=v,\forall v\in P_p(e)$；

(4) 系数 $\beta_j=\beta_j(u)$ 满足：$\beta_j(u)=0,\forall u\in P_{j-1}(e)$ $(j\geqslant 1)$；

(5) $\|u-i_hu\|_{m,q,e}\leqslant Ch_e^{p+1-m}|u|_{p+1,q,e},\forall u\in W^{p+1,q}(e),1\leqslant q\leqslant\infty,m=0,1.$

证明　(1)(2)(3) 显然. 由于 $\{l_j\}$ 为正交系，因此

$$\beta_j(u)=(u',l_{j-1})=0,\forall u\in P_{j-1}(e),j\geqslant 1$$

于是(4) 成立.

最后注意(3)，应用通常方法可得(5)(参见 Zhu-Lin[94] 第五章 §6). ■

命题 3 算子 i_h 还具有如下性质:

(1)$i_h^2 = i_h$;

(2) 若 z 为单元 e 的端点,则有 $i_h u(z) = u(z)$,因而 $i_h u \in C(\overline{\Omega})$;

(3) 如果 $S^h(\Omega)$ 是 Ω 上的剖分 $\mathscr{T}^h$ 上的 k 次有限元空间,那么 i_h 是 $H^1(\Omega)$ 到 $S^h(\Omega)$ 上的映射,满足

$$\| i_h u \|_{1,p} \leqslant C \| u \|_{1,p}, d < p \leqslant \infty, \forall u \in W^{1,p}(\Omega)$$

(4) 存在常数 $C > 0$,使得

$$\| u - i_h u \|_{m,q} \leqslant Ch^{p+1-m} \mid u \mid_{p+1,q}, \forall u \in W^{p+1,q}(\Omega), \quad m = 0,1$$

证明 (1)(2) 由命题 2(1)(2)(3) 得出,(4) 由命题 2(5) 得出. (3) 不难直接证明,但必须注意 $W^{1,p}(\Omega) \hookrightarrow C(\overline{\Omega})$ $(p > d)$. ■

1.4.2 二维投影型插值算子

考虑二维矩形单元

$$e = (x_e - h_e, x_e + h_e) \times (y_e - k_e, y_e + k_e) \equiv I_1 \times I_2 \tag{1.4.5}$$

上的空间 $L^2(e)$,显然

$$\{l_i(x)\tilde{l}_j(y)\}_{i,j=0}^{\infty}$$

是 $L^2(e)$ 上的规范完备化正交多项式系,其中 $\{\tilde{l}_j(y)\}$ 是对应于区间 $(y_e - k_e, y_e + k_e)$ 上的规范正交多项式系. 显然,对于满足 $D_1 D_2 u \in L^2(e)$ 的函数 u,也有展开式

$$D_1 D_2 u = \sum_{i=0}^{\infty} \sum_{j=0}^{\infty} \alpha_{ij} l_i(x) \tilde{l}_j(y)$$

$$\alpha_{ij} = \int_e D_1 D_2 u l_i(x) \tilde{l}_i(y) \mathrm{d}x\mathrm{d}y \tag{1.4.6}$$

类似于一维的情形，利用 Parseval 等式，可得

$$u(x,y)-u(x_e-h_e,y)-u(x,y_e-k_e)+u(x_e-h_e,y_e-k_e)=\sum_{i=0}^{\infty}\sum_{j=0}^{\infty}\alpha_{ij}\omega_{i+1}(x)\tilde{\omega}_{j+1}(y) \tag{1.4.7}$$

其中

$$\tilde{\omega}_{j+1}(y)=\int_{y_e-k_e}^{y}\tilde{l}_j(y)\mathrm{d}y$$

对于 $u(x,y_e-k_e)$，作为 x 的函数，我们有

$$u(x,y_e-k_e)=\sum_{j=0}^{\infty}\beta_{j0}\omega_j(x)$$

$$\beta_{j0}=\int_{x_e-h_e}^{x_e+h_e}D_1u(x,y_e-k_e)l_{j-1}(x)\mathrm{d}x,j\geqslant 1$$

$$\beta_{00}=u(x_e-h_e,y_e-k_e)$$

类似地

$$u(x_e-h_e,y)=\sum_{j=0}^{\infty}\beta_{0j}\tilde{\omega}_j(y)$$

$$\beta_{0j}=\int_{y_e-k_e}^{y_e+k_e}D_2u(x_e-h_e,y)\tilde{l}_{j-1}(y)\mathrm{d}y$$

代入(1.4.7)得

$$u(x,y)=\sum_{i=0}^{\infty}\sum_{j=0}^{\infty}\beta_{ij}\omega_i(x)\tilde{\omega}_j(y) \tag{1.4.8}$$

其中 $\beta_{ij}=\alpha_{i-1,j-1}$，当 $i,j\geqslant 1$.

对于 $m\geqslant 1,n\geqslant 1$，令

$$\Pi_{mn}u=\sum_{i-0}^{m}\sum_{j-0}^{n}\beta_{ij}\omega_i(x)\tilde{\omega}_j(y),\text{当}(x,y)\in e\in\mathscr{T}^h \tag{1.4.9}$$

$$i_hu=\Pi_{pp}u,\text{当}(x,y)\in e,\forall e\in\mathscr{T}^h$$

那么有：

命题 4　算子 $\Pi_{mn}H^2(e)\rightarrow Q_{mn}(e)$ 具有如下性

质：

(1)$\Pi_{mn}u \in Q_{mn}(e)$，如 $D_1D_2u \in L^2(e)$；

(2)$\Pi_{mn}u(x_e \pm h_e, y_e \pm k_e) = u(x_e \pm h_e, y_e \pm k_e)$；

(3) 如果用 $\Pi_m: H^1(I_1) \to P_m(I_1)$，$\Pi_n: H^1(I_2) \to P_n(I_2)$ 表示两个一维投影插值算子，$e = I_1 \times I_2$，那么

$$\Pi_{mn}u(x_e \pm h_e, y) = \Pi_n u(x_e \pm h_e, y)$$

$$\Pi_{mn}u(x, y_e \pm k_e) = \Pi_m u(x, y_e \pm k_e)$$

证明 (1)(2) 显然. 由定义

$$\begin{aligned}
&\Pi_{mn}u(x_e - h_e, y) = \\
&\sum_{i=0}^{m}\sum_{j=0}^{n}\beta_{ij}\omega_i(x_e - h_e)\tilde{\omega}_j(y) = \\
&\sum_{j=0}^{n}\beta_{0j}\omega_0(x_e - h_e)\tilde{\omega}_j(y) = \\
&u(x_e - h_e, y_e - k_e) + \\
&\sum_{j=1}^{n}\left(\int_{y_e-k_e}^{y_e+k_e} D_2u(x_e - h_e, y)\tilde{l}_{j-1}(y)\mathrm{d}y\right)\tilde{\omega}_j(y) = \\
&\Pi_n u(x_e - h_e, y)
\end{aligned}$$

$$\begin{aligned}
&\Pi_{mn}u(x_e + h_e, y) = \sum_{i=0}^{m}\sum_{j=0}^{n}\beta_{ij}\omega_i(x_e + h_e)\tilde{\omega}_j(y) = \\
&\sqrt{2}h_e^{\frac{1}{2}}\int_{x_e-h_e}^{x_e+h_e} D_1u(x, y_e - k_e)l_0(x)\mathrm{d}x + \\
&\sum_{j=1}^{n}\left(\int_e D_1D_2ul_0(x)\tilde{l}_{j-1}(y)\mathrm{d}x\mathrm{d}y\right)\cdot \\
&\sqrt{2}h_e^{\frac{1}{2}}\tilde{\omega}_j(y) + u(x_e - h_e, y_e - k_e) + \\
&\sum_{j=1}^{n}\int_{y_e-k_e}^{y_e+k_e} D_2u(x_e - h_e, y)\tilde{l}_{j-1}(y)\mathrm{d}y\,\tilde{\omega}_j(y) = \\
&u(x_e + h_e, y_e + k_e) + \\
&\sum_{j=1}^{n}\left(\int_{y_e-k_e}^{y_e+k_e} D_2u(x_e + h_e, y)\tilde{l}_{j-1}(y)\mathrm{d}y\right)\tilde{\omega}_j(y) =
\end{aligned}$$

$\Pi_n u(x_e + h_e, y)$

类似地，证明

$$\Pi_{mn} u(x, y_e \pm k_e) = \Pi_m u(x, y_e \pm k_e) \qquad \blacksquare$$

推论 1　算子 $i_h = \Pi_{pp}$ 具有如下性质：

(1) $i_h u \in Q_p(e)$，且 $i_h^2 = i_h$；

(2) $i_h u(x_e \pm h_e, y_e \pm k_e) = u(x_e \pm h_e, y_e \pm k_e)$，$\forall e \in \mathscr{T}^h$；

(3) $| u - i_h u |_{m,q,e} \leqslant C h_e^{p+1-m} | u |_{p+1,q,e}, 1 \leqslant q \leqslant \infty, m = 0, 1$.

证明　(1)(2) 显然. (3) 可利用

$$u - i_h u = 0, \forall u \in P_p(e) \qquad \blacksquare$$

1.4.3　投影型插值算子的等价构作方法

仅考虑 $d=2$ 维的情形.

命题 5　设 $e = (x_e - h_e, x_e + h_e) \times (y_e - k_e, y_e + k_e)$ 为任一矩形单元，$i_h : H^2(e) \to Q_p(e) (p \geqslant 2)$ 为投影型插值算子的充要条件是：

(1) $i_h u(x_e \pm h_e, y_e \pm k_e) = u(x_e \pm h_e, y_e \pm k_e)$，即在 e 的四个角点插值不变；

(2) 若 l 为 e 的任一边，则 $\int_l (u - i_h u) v \mathrm{d}s = 0$，$\forall v \in P_{p-2}(l)$；

(3) $\int_e (u - i_h u) v \mathrm{d}x \mathrm{d}y = 0, \forall v \in Q_{p-2}(e)$.

证明　必要性：条件(1) 由命题 4(2) 得到；由命题 4(3) 可知 $i_h u |_l$ 为 $u |_l$ 在 l 上的 p 次投影型插值，于是利用命题 1(3) 得本命题的条件(2)；条件(3) 直接由定义及命题 1(3) 得到. 反之，若条件(1)(2)(3) 满足，则它是由 $4 + 4(p-1) + (p-1)^2 = (p+1)^2$ 个独立

的代数方程组成，因此可唯一确定一个解 $i_h u \in Q_p(e)$，利用解的唯一性即证明 $i_h u$ 就是 u 的投影型插值. ■

1.5 L^2 投影算子和 Ritz-Galërkin 投影算子

1.5.1 $L^2(\Omega)$ 投影算子

设 $V_h = S^h(\Omega)$ 或 $S_0^h(\Omega)$ 为有限元空间，称

$$P_h : L^2(\Omega) \to V_h$$

为 $L^2(\Omega)$ 投影算子，如果

$$(P_h u, v) = (u, v), \forall u \in V_h \qquad (1.5.1)$$

此处$(\cdot, \cdot)$ 为 $L^2(\Omega)$ 内积.

命题 1 $L^2(\Omega)$ 投影算子 P_h 有如下性质：

(1) 存在常数 $C > 0$，使得

$$\| P_h u \|_{0,q} \leqslant C \| u \|_{0,q}, 1 \leqslant q \leqslant \infty, \forall u \in L^q(\Omega)$$

(2) 存在常数 $C > 0$，使得

$$\| u - P_h u \|_{0,q} \leqslant C \inf_{v \in V_h} \| u - v \|_{0,q},$$

$$1 \leqslant q \leqslant \infty, \forall u \in L^q(\Omega)$$

(3) 存在 $C = C(q) > 0$，使得

$$\| P_h u \|_{1,q} \leqslant C \| u \|_{1,q}, \forall u \in W^{1,q}(\Omega), 2 \leqslant q \leqslant \infty$$

$$\| u - P_h u \|_{1,q} \leqslant C \inf_{v \in V_h} \| u - v \|_{1,q}$$

证明参见 Zhu-Lin[94] 第三章 §2. ■

说明 如果扩充定义 $\widetilde{V}_h$ 为

$$\widetilde{V}_h = \{ v \in L^2(\Omega) : v|_e \in P_k(e) \} \qquad (1.5.2)$$

那么对每个 $e\in\mathscr{T}^h$，在 $L^2(e)$ 上确定一个完备规格化正交系 $\{l_n\}$，$l_n\in P_n(e)$，$L^2(\Omega)$ 投影算子可在每个单元 e 上独立定义

$$P_hu(x)=\sum_{j=0}^{k}\alpha_j l_j(x),\ \forall x\in e$$
$$\alpha_j=(u,l_j)_e$$

特别地，当 $k=0$ 时，可定义

$$P_hu(x)=\frac{1}{\text{mes } e}\int_e u(x)\mathrm{d}x,\ \forall x\in e,\forall e\in\mathscr{T}^h$$

这一点在积分有限元方法中将用到. ■

对 $z\in\bar{\Omega}$，称 $\delta_z^h\in V_h$ 为离散 δ 函数，如果

$$(\delta_z^h,v)=v(z),\ \forall v\in V_h \tag{1.5.3}$$

若用 $\partial_z\delta_z^h$ 表示 δ_z^h 关于 z 沿某指定方向的导数，则有

$$(\partial_z\delta_z^h,v)=\partial_z V(z),\ \forall v\in V_h \tag{1.5.4}$$

注　如果用 $\widetilde{V}_h$ 代替 V_h，那么由 Riesz(里斯) 表现定理，也存在唯一的 $\tilde{\delta}_z^h\in\widetilde{V}_h$，使得

$$(\tilde{\delta}_z^h,v)=v(z),\ \forall v\in\widetilde{V}_h \tag{1.5.5}$$

这个 $\tilde{\delta}_z$ 可按如下方式构造：选取 k 次多项式 $\delta_0\in P_e(e)$，其中 e 为 z 所在的单元，使得

$$(\delta_z,p)=p(z),\ \forall p\in P_k(e)$$

并令

$$\tilde{\delta}_z^h(x)=\begin{cases}\delta_0(x),\text{当 } x\in e\\ 0,\text{当 } x\notin e\end{cases}$$

显然 $\tilde{\delta}_z\in\widetilde{V}_h$ 就是所求的扩充了的离散 δ 函数. 但相应的函数 $\partial_z\tilde{\delta}_z^h$ 未必能定义，须用另一种方式定义. 此处所用的离散 δ 函数将在第五章中处理凹角域问题时用到.

命题 2　离散 δ 函数 δ_z^h 具有如下性质：存在 $C>$

0,使得:

(1)$\delta_z^h(x)=\delta_x^h(z)$, $\forall x,z\in\overline{\Omega}$;

(2)$\|\delta_z^h\|_0\leqslant Ch^{-1}$, $\|\delta_z^h\|_{0,\infty}\leqslant Ch^{-2}$, $\|\partial_z\delta_z^h\|_{0,\infty}\leqslant Ch^{-3}$;

(3)$\|\delta_z^h\|_{0,p}+h\|\partial_z\delta_z^h\|_{0,p}+h\|\delta_z^h\|_{1,p}+h^2\|\partial_z\delta_z^h\|_{1,p}\leqslant Ch^{-2+\frac{2}{p}}$, $1\leqslant p\leqslant\infty$.

证明参见 Zhu-Lin[94] 第三章 §2. ■

1.5.2 Ritz-Galërkin 投影算子

设 $V=H_0^1(\Omega)$ 或 $H^1(\Omega)$, $V_h=S_0^h(\Omega)$ 或 $S^h(\Omega)$,算子

$$R_h:H_0^1(\Omega)\to V_h \tag{1.5.6a}$$

称为 Ritz-Galërkin(里茨—伽辽金)投影算子,如果

$$a(u-R_hu,v)=0,\ \forall v\in V_h \tag{1.5.6b}$$

任给 $z\in\overline{\Omega}$,称 $G_z^h\in V_h$ 为离散 Green(格林)函数,如果

$$a(G_z^h,v)=v(z),\ \forall v\in V_h \tag{1.5.7}$$

称 $G_z^*\in V$ 为准 Green 函数,如果

$$a(G_z^*,v)=(\delta_z^h,v),\ \forall v\in V$$

准 Green 函数和离散 Green 函数有如下性质:

命题 3 存在常数 $C>0$,使得:

(1)$\|G_z^*\|_1^2+\|G_z^h\|_1^2+\|G_z^h\|_{0,\infty}\leqslant C|\ln h|$;

(2)$\|G_z^*\|_{1,p}+\|G_z^h\|_{1,p}\leqslant C$, $1\leqslant p<2$;

(3)$\|G_z^*\|_{0,p}+\|G_z^h\|_{0,p}\leqslant C$, $1\leqslant p<\infty$;

(4)$\|G_z^*\|_{2,1}+\|G_z^h\|_{2,1}'\leqslant C|\ln h|$;

(5)$\|\partial_zG_z^*\|_0^2+\|\partial_zG_z^h\|_0^2+\|\partial_zG_z^*\|_{1,1}+\|\partial_zG_z^h\|_{1,1}\leqslant C|\ln h|$.

在 $q_0>1$(q_0 的定义参见 1.2 节)时,(1)～(3)成

立,在 $q_0>2$ 时,(1) ~ (5) 均成立.

证明参见 Zhu-Lin[94] 第三章.

如果引入权函数

$$\phi(x)=(|x-z|^2+\theta^2)^{-1},\theta=\nu h \quad (1.5.8a)$$
$$\sigma(x)=(|x-z|^2)^{-1}$$

和权范数

$$\| u \|_{k,\phi^\alpha}=\left(\int\phi^\alpha\sum_{|\beta|\leqslant k}|D^\beta u|^2\mathrm{d}x\right)^{\frac{1}{2}} \quad (1.5.8b)$$

(类似定义 $\| u \|_{k,\sigma^\alpha}$),那么还有:

命题 4　当 $q_0>1$ 时,有

$$\| G_z^* \|_{1,\phi^{-\varepsilon}}+\| G_z^h \|_{1,\phi^{-\varepsilon}}\leqslant C(\varepsilon),0<\varepsilon\leqslant 1 \quad (1.5.9)$$

当 $q_0>2$ 时,还有

$$\| \partial_z G_z^* \|_{1,\phi^{-1-\varepsilon}}+\| \partial_z G_z^h \|_{1,\phi^{-1-\varepsilon}}\leqslant C(\varepsilon),0<\varepsilon<\varepsilon_0 \quad (1.5.10)$$

其中

$$\varepsilon_0=1-\frac{2}{q_0}$$ ■

命题 5　当 $q_0>1$ 时,有

$$\begin{cases} h\| \partial_z G_z^*-\partial_z G_z^h \|_1+\| G_z^*-G_z^h \|_1\leqslant C \\ h\| \partial_z G_z^*-\partial_z G_z^h \|_{1,q'}+\| G_z^*-G_z^h \|_{1,q'}\leqslant Ch^{2-\frac{2}{q}}, \\ \quad 1<q<q_0,\dfrac{1}{q}+\dfrac{1}{q'}=1 \end{cases} \quad (1.5.11)$$

当 $q_0>2$ 时,还有

$$\begin{cases} \| \partial_z G_z^h \|_{1,\phi^{-1-\varepsilon}} \leqslant C_\varepsilon \\ \| G_z^* - G_z^h \|_{1,\phi^{-1}} \leqslant Ch \mid \ln h \mid^{\frac{1}{2}} \\ \| G_z^* - G_z^h \|_{1,1} \leqslant Ch \mid \ln h \mid \\ \| \partial_z G_z^* - \partial_z G_z^h \|_{1,\phi^{-1-\varepsilon}} \leqslant Ch^\varepsilon \\ \| G_z^* - G_z^h \|_{1,\phi^{-1-\varepsilon}} \leqslant Ch \\ \| \partial_z G_z^* - \partial_z G_z^h \|_{1,1} \leqslant C \end{cases} \tag{1.5.12}$$

其中

$$0 < \varepsilon < \varepsilon_0 = 1 - \frac{2}{q_0}$$

证明参见 Zhu-Lin[94] 第三章. ■

对 $z \in \overline{\Omega}$,称 $G_z \in W^{1,p}$ 或 $G_z \in W_0^{1,p}(\Omega)$ 为以 z 为奇点的 Green 函数,如果

$$a(G_z, v) = v(z), \forall v \in W^{1,p'} \text{ 或 } W_0^{1,p'} \tag{1.5.13}$$

其中 $\frac{1}{p} + \frac{1}{p'} = 1, 1 \leqslant p < 2$. Zhu-Lin[94] 第五章证明了 Green 函数的存在性和唯一性. 如果把权 ϕ 换成 σ,那么我们还有如下的命题:

命题 6 对 $q_0 > 2$,有

$$\begin{cases} \| G_z - G_z^h \|_{1,\sigma^{-1}} \leqslant Ch \mid \ln h \mid^{\frac{1}{2}} \\ \| G_z - G_z^h \|_{1,1} \leqslant Ch \mid \ln h \mid \\ \| \partial_z G_z - \partial_z G_z^h \|_{1,\sigma^{-1-\varepsilon}} \leqslant Ch^\varepsilon \\ h \| \partial_z G_z - \partial_z G_z^h \|_{1,q'} + \| G_z - G_z^h \|_{1,q'} \leqslant Ch^{2-\frac{2}{q}}, \\ \quad 1 < q < q_0, \frac{1}{q} + \frac{1}{q'} = 1 \end{cases} \tag{1.5.14a}$$

如果 Ω 为光滑域或矩形域,那么还有

$$\| G_z - G_z^h \|_{0,1} \leqslant Ch^2 \mid \ln h \mid^2 \tag{1.5.14b}$$

证明　参见 Zhu-Lin[94] 第三章. ■

如果记

$$V_p = W_0^{1,p}(\Omega)$$

或

$$V_p = W^{1,p}(\Omega)$$

利用以上估计我们还可得到以下定理：

定理 1.5.1　如果 $q_0 > 2$，那么存在常数 $C = C(p)$，使得

$$\| R_h u \|_{1,p} \leqslant C \| u \|_{1,p}, q_0' < p \leqslant \infty, \forall u \in V_p \tag{1.5.15a}$$

其中$\dfrac{1}{q_0} + \dfrac{1}{q_0'} = 1$. 从而还有

$$\begin{cases} \| u - R_h u \|_{1,p} \leqslant C \inf\limits_{v \in V_h} \| u - v \|_{1,p}, q_0' < p \leqslant \infty \\ \| u - R_h u \|_{0,p} \leqslant Ch \inf\limits_{v \in V_h} \| u - v \|_{1,p}, q_0' < p \leqslant \infty \\ \| u - R_h u \|_{0,\infty} \leqslant Ch \mid \ln h \mid \inf\limits_{v \in V_h} \| u - v \|_{1,\infty} \end{cases} \tag{1.5.15b}$$

此处 V_h 为有限元空间 S_0^h 或 S^h.

证明　先证(1.5.15a)，仅对 $p = \infty$ 的情况来证明. 由导数准 Green 函数和导数离散 Green 函数的定义

$$\partial_z P_h u(z) = (\partial_z \delta_z^h, P_h u) = (\partial_z \delta_z^h, u) = \partial_z (\delta_z^h, u) = a(\partial_z G_z^*, u)$$

$$\partial_z R_h u(z) = a(\partial_z G_z^h, u)$$

于是由(1.5.12) 得到

$$
\begin{aligned}
&|\partial_z(P_h u - R_h u)(z)| = \\
&|a(\partial_z G_z^* - \partial_z G_z^h, u)| \leqslant \\
&C \| \partial_z G_z^* - \partial_z G_z^h \|_{1,1} \| u \|_{1,\infty} \leqslant \\
&C \| u \|_{1,\infty}
\end{aligned}
$$

由于 ∂_z 是指对 z 的任意方向导数，因此

$$\| P_h u - R_h u \|_{1,\infty} \leqslant C \| u \|_{1,\infty}$$

由命题 1(3) 可证得

$$
\begin{aligned}
\| R_h u \|_{1,\infty} \leqslant \| P_h u \|_{1,\infty} + \| P_h u - R_h u \|_{1,\infty} \leqslant \\
C \| u \|_{1,\infty}
\end{aligned}
$$

为证(1.5.15b)，我们可在(1.5.15a) 中用 $u - v$ 代替 u，得

$$\| R_h u - v \|_{1,p} = \| R_h(u - v) \|_{1,p} \leqslant C \| u - v \|_{1,p}$$

从而

$$
\begin{aligned}
\| u - R_h u \|_{1,p} \leqslant \| u - v \|_{1,p} + \| R_h u - v \|_{1,p} \leqslant \\
(C + 1) \| u - v \|_{1,p}, \forall v \in V_h
\end{aligned}
$$

于是证得(1.5.15b) 的第一式.(1.5.15b) 的第二式可用 Nitsche(尼奇) 技巧证明：任取 $p > q'_0$，根据它的对偶数 $p' < q_0$，由先验估计(1.2.4)，任给 $\varphi \in L^{p'}(\Omega)$，存在 $\Phi \in W^{2,p}(\Omega) \cap W_0^{1,p'}(\Omega)$，使得

$$\| \Phi \|_{2,p'} \leqslant C(p') \| \varphi \|_{0,p'}$$

且

$$
\begin{aligned}
&|(u - R_h u, \varphi) = | a(u - R_h u, \Phi) | = \\
&| a(u - R_h u, \Phi - I_h \Phi) \leqslant \\
&C \| u - R_h u \|_{1,p} \| \Phi - I_h \Phi \|_{1,p'} \leqslant \\
&C(p') h \| \varphi \|_{0,p'} \| u - R_h u \|_{1,p'}
\end{aligned}
$$

所以

$$
\begin{aligned}
\| u - R_h u \|_{0,p} \leqslant C(p') h \| u - R_h u \|_{1,p} \leqslant \\
C(p') h \inf_{v \in V_h} \| u - v \|_{1,p}
\end{aligned}
$$

最后注意,对 $\forall z \in \overline{\Omega}$,利用(1.5.14a)的第二式,有

$$|(u-R_hu)(z)|= |a(u-R_hu,G_z)|= |a(u-v,G_z-G_z^h)|\leqslant Ch|\ln h|\|u-v\|_{1,\infty},\quad \forall v\in V_h$$

定理证毕. ■

1.5.3 Ritz-Galërkin 逼近的负范数估计

设区域 Ω 的边界充分光滑,则由(1.2.7)知,任给 $\varphi \in H^{k-1}(\Omega)$,存在 $\Phi \in H^{k+1} \cap V$,使得

$$a(\Phi,v)=(\varphi,v),\ \forall v\in V$$
$$\|\Phi\|_{k+1}\leqslant C\|\varphi\|_{k-1}$$

于是

$$|(u-R_hu,\varphi)|=|a(u-R_hu,\Phi)|= |a(u-R_hu,\Phi-I_h\Phi)|\leqslant C\|u-R_hu\|_1\|\Phi-I_h\Phi\|_1\leqslant Ch^{2k}\|u\|_{k+1}\|\Phi\|_{k+1}\leqslant Ch^{2k}\|u\|_{k+1}\|\varphi\|_{k-1}$$

可见

$$\|u-R_hu\|_{-k+1}\equiv\sup_{\varphi\in H^{k-1}(\Omega)}\frac{(u-R_hu,\varphi)}{\|\varphi\|_{k-1}}\leqslant Ch^{2k}\|u\|_{k+1} \tag{1.5.16}$$

当然(1.5.16)是对 k 次有限元空间证明的.

对于角域,有先验估计(见(1.2.4))

$$\|u\|_{2,q}\leqslant C(q)\|f\|_{0,q},1<q<q_0$$

其中 q_0 满足(1.2.6),u,f 满足

$$a(u,v)=(f,v),\forall v\in V$$

如果采用一次有限元，我们有插值估计

$$\|u-I_hu\|_1\leqslant Ch^{2-\frac{2}{q}}\|u\|_{2,q}\leqslant Ch^{2-\frac{2}{q}}\|f\|_{0,q},$$
$$1<q\leqslant\min\{2,q_0-\varepsilon\}$$

于是对适当的正整数 S 有负范数估计

$$\begin{aligned}&\|u-R_hu\|_{-s}\leqslant\\&C\|u-R_hu\|_{0,q'}=\\&C\sup_{\varphi\in L^q}\frac{(u-R_hu,\varphi)}{\|\varphi\|_{0,q}}\leqslant\\&Ch^{4-\frac{4}{q}}\|f\|_{0,q'}\end{aligned}$$

此处当然要重复使用前面的对偶论证方法. 如果再次应用(1.2.6)，我们得到

$$\|u-R_hu\|_{-s}=\begin{cases}O(h^2),当\ q_0>2\\O(h^{2\beta-\varepsilon}),当\ 1<q_0<2\end{cases}\quad(k=1)\tag{1.5.17}$$

这里 $\varepsilon>0$ 为任意固定正数.

如果采用 $k(k\geqslant2)$ 次有限元，Ω 为角域，利用先验估计(1.2.7) 和(1.2.8)，我们也有负范数估计

$$\|u-R_hu\|_{-s}=O(h^{\min\{2k,2\beta-\varepsilon\}})\tag{1.5.18a}$$

这里 S 为适当大的非负整数. 证明方法与前面相同.

注 式(1.5.18a) 是对方程的解 u 作的，由于区域的限制，即使方程右边 f 充分光滑，u 也不能任意光滑. 然而如果假定 $u\in H^{k+1}(\Omega)\cap V$，那么(1.5.18a) 可以改写成

$$\|u-R_hu\|_{-s}=O(h^{\min\{2k,k+\beta-\varepsilon\}})\tag{1.5.18b}$$

在 u 充分光滑时甚至有 $O(h^{k+2})$，这一点我们以后将要用到. ■

1.6　超收敛基本估计

大家知道，对于 k 次有限元空间 $S^h(\Omega)$ 上的 Lagrange 插值算子

$$I_h : C(\overline{\Omega}) \to S^h(\Omega)$$

只有估计

$$\| u - I_h u \|_{1,p} \leqslant Ch^k \| u \|_{k+1,p}, 1 \leqslant p \leqslant \infty \tag{1.6.1}$$

这个估计是最佳的，即使 u 的光滑度增加也不能改善. 但是，依弱的意义，在适当条件下，有高一阶的估计

$$| a(u - I_h u, v) | \leqslant Ch^{k+1} \| u \|_{k+2,p} \| v \|_{1,p'},$$
$$\forall v \in S^h(\Omega), 2 \leqslant p \leqslant \infty \tag{1.6.2}$$

甚至有估计

$$| a(u - I_h u, v) | \leqslant Ch^{k+2} \| u \|_{k+2,p} \| v \|'_{2,p'},$$
$$\forall v \in S^h(\Omega), 2 \leqslant p \leqslant \infty, k \geqslant 2 \tag{1.6.3}$$

以上两个估计是超收敛估计的基础，因此我们分别将它们命名为第一、第二基本估计(参见 Zhu-Lin[94] 第四章).

为什么依能量内积意义，插值误差会有高一阶的估计? 至少对于矩形双线性元，我们有一个一目了然的恒等式可以看出这一点.

1.6.1　矩形单元 e 上一个积分恒等式

设 Ω 上实现了矩形剖分 $\mathcal{T}^h$，$S^h(\Omega)$ 为此剖分上的双线性有限元空间，那么对于任何单元 $e \in \mathcal{T}^h$，有如下积分恒等式

$$\int_e D_1(u-I_h u)D_1 v\mathrm{d}x\mathrm{d}y=$$
$$\int_e B(y)D_2^2(D_1(u-I_h u)D_1 v)\mathrm{d}x\mathrm{d}y,\ \forall v\in S^h(\Omega)$$
$$(1.6.4)$$

其中 $D_1=\dfrac{\partial}{\partial x}$,$D_2=\dfrac{\partial}{\partial y}$,而

$$B(y)=\frac{1}{2}((y-y_e)^2-k_e^2)$$

此处(x_e,y_e)为单元e的中心,h_e,k_e为e的两边边长的一半,即$e=(x_e-h_e,x_e+h_e)\times(y_e-k_e,y_e+k_e)$.事实上,只需对式(1.6.4)右边关于$y$两次分部积分即可.

如果注意

$$B(y)=F''(y)-\frac{1}{3}k_e^2$$
$$F(y)=\frac{1}{6}[B(y)]^2$$

那么将会有

$$\int_e B(y)D_2^2(D_1(u-I_h u)D_1 v)\mathrm{d}x\mathrm{d}y=$$
$$\int_e B(y)(D_2^2 D_1 uD_1 v+$$
$$2D_1D_2(u-I_h u)D_1D_2 v)\mathrm{d}x\mathrm{d}y=$$
$$\int_e B(y)D_2^2 D_1 uD_1 v+$$
$$D_1D_2 v\int_e F''(y)D_1D_2(u-I_h u)\mathrm{d}x\mathrm{d}y=$$
$$O(k_e^2)\ |u|_{3,p,e}\ |v|_{1,p',e}+$$
$$O(k_e^3)\ |u|_{3,p,e}\ |v|_{2,p',e}=$$
$$O(k_e^2)\ |u|_{3,p,e}\ |v|_{1,p',e}$$

就得到

$$\int_e D_1(u-I_hu)D_1v\mathrm{d}x\mathrm{d}y=O(h^2)\mid u\mid_{3,p,e}\mid v\mid_{1,p',e}$$

类似地，有

$$\int_e D_2(u-I_hu)D_2v\mathrm{d}x\mathrm{d}y=O(h^2)\mid u\mid_{3,p,e}\mid v\mid_{1,p',e}$$

从而有

$$a(u-I_hu,v)_e=O(h^2)\mid u\mid_{3,p,e}\mid v\mid_{1,p',e}$$

这就是第一基本估计，它是积分恒等式(1.6.4)的简单推论. ■

对于一次三角形元，如果它是均匀的，或者是几乎一致的，那么基本估计(1.6.2)也是成立的，证明没有矩形剖分那么显然，详见 Zhu-Lin[94] 第四章，本书第三章 3.1 节、3.2 节将对它做更详细的讨论. ■

1.6.2　高次有限元的两个基本估计

定理 1.6.1　设 $S^h(\Omega)$ 为二次三角形有限元空间，$D\subset\Omega$ 被几乎一致剖分覆盖，$u\in W^{4,p}(D)\cap H_0'(\Omega)$，$\mathrm{Supp}\ u\subset D$，那么有基本估计

$$|a(u-I_hu,v)|\leqslant Ch^3\|u\|_{4,p,D}\|v\|_{1,p',D},\quad \forall v\in S^h(\Omega)$$

$$|a(u-I_hu,\varphi^I)|\leqslant Ch^4\|u\|_{4,p,D}\|\varphi\|_{2,p',D},\quad \forall\varphi\in W^{2,p'}(D)\cap H_0'(\Omega)$$

其中 $\varphi^I=I_h\varphi$，$2\leqslant p\leqslant\infty$.

此定理的证明比较复杂，参见 Zhu-Lin[94] 第四章或本书第三章末. ■

定理 1.6.2　设 $S^h(\Omega)$ 为双 $p(p\geqslant 2)$ 次 Lagrange 型有限元空间，$D\subset\Omega$ 被正规矩形剖分覆盖，$u\in W^{p+2,q}(D)\cap H_0'(\Omega)$，$\mathrm{Supp}\ u\subset D$，那么有

$$|a(u-I_hu,v)|\leqslant Ch^{p+1}\|u\|_{p+2,q,D}\|v\|_{1,q',D},$$
$$\forall v\in S^h(\Omega)$$
$$|a(u-I_hu,I_h\varphi)|\leqslant Ch^{p+2}\|u\|_{p+2,q,D}\|\varphi\|_{2,q',D},$$
$$\forall \varphi\in W^{2,q'}(D)\cap H_0'(\Omega)$$

其中 $2\leqslant q\leqslant\infty$.

证明 参见 Zhu-Lin[94] 第四章. ■

本书第三章将会证明，对于双 p 次有限元空间上的投影型插值 i_h，将会有更好的估计，在此不再多叙述. ■

1.7 边界积分方程与边界元简介

1.7.1 边值问题与边界积分方程

设 $\Omega\subset\mathbf{R}^2$ 为有界区域，具有充分光滑的边界 $\partial\Omega$，考虑模型问题：找 u 在 $\overline{\Omega}$ 上连续且满足方程

$$\begin{cases}-\Delta u=0,\text{当 } p\in\Omega\\ u(P)=f(P),\text{当 } P\in\partial\Omega\end{cases}\tag{1.7.1}$$

为研究以上的内 Dirichlet(狄利克雷) 问题，我们考虑曲线积分所确定的函数

$$U(P)=\int_{\partial\Omega}\mu(Q)\frac{\partial}{\partial\boldsymbol{n}_Q}\ln\frac{1}{r_{PQ}}\mathrm{d}\Gamma_Q=$$
$$\int_{\partial\Omega}\mu(Q)\frac{\cos(\overrightarrow{PQ},\boldsymbol{n}_Q)}{r_{PQ}}\mathrm{d}\Gamma_Q\tag{1.7.2}$$

其中 r_{PQ} 为平面上点 P 与 Q 的欧氏距离，$\boldsymbol{n}_Q$ 表示曲线 $\partial\Omega$ 在 Q 处的外单位法矢.(1.7.2) 所表示的函数 $U(P)$ 通常叫作双层位势，它的物理意义可参见 Петровский

著《偏微分方程讲义》(中译本)，人民教育出版社.

双层位势有如下性质：

(1)$U(P)$ 在任一点 $P \in \mathbf{R}^2$ 处都有定义，特别地，当 $P \in \partial\Omega$ 时，积分(1.7.2) 是一个收敛积分；

(2) 在 $\partial\Omega$ 内部和外部区域中，U 都是调和的，即满足

$$-\Delta U(P)=0, \text{当 } P \in \mathbf{R}^2 \backslash \partial\Omega$$

(3) 对任何 $P \in \partial\Omega$，有

$$U_i(P) \equiv \lim_{\substack{Q \to P \\ Q \in \Omega}} U(Q) = U(P) + \pi\mu(P)$$

$$U_e(P) \equiv \lim_{\substack{Q \to P \\ Q \in \bar{\Omega}}} U(Q) = U(P) - \pi\mu(P)$$

(4) $\left(\frac{\partial U}{\partial n}\right)_i = \left(\frac{\partial U}{\partial n}\right)_e$，即在 $\partial\Omega$ 上任一点的内外法向导数相等.

以上性质的证明参见 Петровский 著《偏微分方程讲义》(中译本).

现在假定方程(1.7.1) 的解由(1.7.2) 确定，由性质(2) 可知，$U(P)$ 在 Ω 内满足(1.7.1) 的第一条件，现在要确定密度函数 $\mu(P)$，使满足(1.7.1) 的第二条件，即边界条件. 由性质(3) 应当有

$$f(P) = \int_{\partial\Omega} \mu(Q) \frac{\cos(\overrightarrow{PQ}, \boldsymbol{n}_Q)}{r_{PQ}} \mathrm{d}\Gamma_Q + \pi\mu(P) \tag{1.7.3}$$

记

$$K(P,Q) = \frac{1}{\pi} \frac{\cos(\overrightarrow{PQ}, \boldsymbol{n}_Q)}{r_{PQ}}$$

那么(1.7.3) 可写成

$$\mu(P)+\int_{\partial\Omega}K(P,Q)\mu(Q)\mathrm{d}\Gamma_Q=g(P),g=\frac{1}{\pi}f \tag{1.7.4}$$

假定$\partial\Omega$的弧长为1,那么$\partial\Omega$上的点P可与弧参数$s\in[0,1]$建立一一对应,它可用P_s表示,这时方程(1.7.4)可改写成弧参形式

$$u(s)+\int_0^1K(s,t)u(t)\mathrm{d}t=g(s),s\in[0,1] \tag{1.7.5}$$

其中

$$u(s)=\mu(P_s),\text{当 }P_s\in\partial\Omega$$
$$K(s,t)=K(P_s,P_t),\text{当 }P_s,P_t\in\partial\Omega$$

这就是我们所要的边界积分方程. ■

1.7.2 其他边值问题的积分方程

对于 Dirichlet 外问题

$$\begin{cases}-\Delta u=0,\text{在 }\Omega\text{ 内}\\ u\mid_{\partial\Omega}=f\\ \lim\limits_{|P|\to\infty}u(P)=0\end{cases} \tag{1.7.6}$$

采用双层位势(1.7.2),利用性质(3)类似可得积分方程

$$u(s)-\int_0^1K(s,t)u(t)\mathrm{d}t=g(s) \tag{1.7.7}$$

其中$g=\dfrac{1}{\pi}f$. ■

为了研究 Neumann(诺伊曼)问题,我们需要单层位势

$$U(P)=\int_{\partial\Omega}\mu(A)\ln\frac{1}{r_{AP}}\mathrm{d}\Gamma_A \tag{1.7.8}$$

利用单层位势的如下性质(证明参见 Петровский 著《偏微分讲义》)：

(5)(1.7.8) 确定的 $U(P)$ 在全空间 $\mathbf{R}^2$ 上有定义，且在 $\partial\Omega$ 内外调和；

(6)(1.7.8) 确定的 $U(P)$ 满足

$$\frac{\partial u(P)}{\partial n^{+}}=-\int_{\partial\Omega}\mu(A)\frac{\cos(\overrightarrow{AP},\boldsymbol{n}_P)}{r_{AP}}\mathrm{d}\Gamma_A-\pi\mu(P) \tag{1.7.9}$$

$$\frac{\partial u(P)}{\partial n^{-}}=-\int_{\partial\Omega}\mu(A)\frac{\cos(\overrightarrow{AP},\boldsymbol{n}_P)}{r_{AP}}\mathrm{d}\Gamma_A+\pi\mu(P) \tag{1.7.10}$$

其中$\frac{\partial}{\partial n^{+}}$,$\frac{\partial}{\partial n^{-}}$分别表示 $\partial\Omega$ 上的外、内法向导数，我们又可把内 Neumann 问题

$$\begin{cases}-\Delta u=0,\text{在 }\Omega\text{ 内}\\ \dfrac{\partial u}{\partial n^{+}}=f\end{cases} \tag{1.7.11}$$

化成积分方程

$$u(s)+\int_0^1 u(t)K_1(s,t)\mathrm{d}t=g(s) \tag{1.7.12a}$$

其中 $g=-\frac{1}{\pi}f$,而

$$K_1(s,t)=K(t,s) \tag{1.7.12b}$$

同样，对于外 Neumann 问题

$$\begin{cases}-\Delta u=0,\text{在 }\mathbf{R}^2\setminus\overline{\Omega}\text{ 中}\\ \dfrac{\partial u}{\partial n^{-}}=f,\text{在 }\partial\Omega\text{ 上}\end{cases} \tag{1.7.13}$$

可化成积分方程

$$u(s)-\int_0^1 K_1(s,t)u(t)\mathrm{d}t=g(s)\quad(1.7.14)$$

其中 $g=\frac{1}{\pi}f$. ■

如果适当改写一下记号，以上边界积分方程(1.7.5)(1.7.7)(1.7.12)(1.7.14) 都可以统一写成算子方程形式

$$(I+\lambda K)u=f\quad(1.7.15)$$

其中 K 是一个以 $K(x,y)$ 为核的积分算子

$$Ku(x)=\int_0^1 K(x,y)u(y)\mathrm{d}y\quad(1.7.16)$$

这是第二类积分方程.

注 1 由于 $K_1(s,t)=K(t,s)$，因此(1.7.12)(1.7.14) 的核与(1.7.5)(1.7.7) 的核是对称的.

注 2 如果曲线 $\partial\Omega$ 在点 A_{t_0} 处光滑，曲率为 $K(t_0)$，那么易证

$$\lim_{\substack{s\to t_0\\ t\to t_0}} K(s,t)=\lim_{\substack{s\to t_0\\ t\to t_0}}\frac{1}{\pi}\frac{\cos(\overrightarrow{A_sA_t},\boldsymbol{n}_s)}{r_{st}}=-\frac{1}{2\pi}K(t_0)$$

因此，当 $\partial\Omega\in C^2$ 时，$K(s,t)$ 是连续函数. 此外，如果 $\partial\Omega$ 充分光滑，那么 $K(s,t)$ 是充分光滑的二元函数. ■

1.7.3 边界积分方程的正则性

前面已经讲到，当 $\partial\Omega$ 充分光滑时，核函数

$$K(s,t)=\frac{1}{\pi}\frac{\cos(\overrightarrow{A_sA_t},\boldsymbol{n}_s)}{r_{st}}$$

是一个充分光滑的二元函数，因此积分算子

$$K:C[0,1]\to C[0,1]$$

是紧算子,同时 $K:C^k \to C^k$ 也是紧算子. 如果

$$(I+K)u=0$$

只有零解(这一点可由边值问题的广义解的存在性与唯一性得出),那么由 Fredholm(弗雷德霍姆) 二择一定理可以得到,$(I+K)^{-1}$ 存在而且有界

$$\|(I+K)^{-1}\|_{C^k\to C^k}=\sup_{f\in C^k}\frac{\|(I+K)^{-1}f\|_{C^k}}{\|f\|_{C^k}}<+\infty \tag{1.7.17}$$

如果 Ω 不光滑,是一个多角形区域,核函数 $K(s,t)$ 在角点附近有奇性,那么我们可以对在角点带奇性、在其他点有直到 k 次导数(连续)的函数类上引入一种带权的范数 $\|\cdot\|_\alpha$ 的函数空间 C_α^k,使得积分算子

$$K:C_\alpha^k \to C_\alpha^k$$

仍然是一个紧算子. 这样,前面的方法仍可以适应于角域上的边界积分方程(详见 Xie[83] 的文章或本书第四章末尾的附注). ■

1.7.4　边界积分方程的有限元解法

为简单起见,仍假定区域 Ω 的边界 $\partial\Omega$ 充分光滑. 适当选择单位使 $\partial\Omega$ 的弧长为 1. 我们可用区间 $I=[0,1]$ 表示 $\partial\Omega$. 将 $I=[0,1]$ 进行剖分得单元集 $\mathscr{T}^h$,构作有限元空间

$$\widetilde{V}_m^h=\{v\in L^\infty(I):v|_e\in P_m(e),\forall e\in\mathscr{T}^h\},\quad m=0,1,2,\cdots \tag{1.7.18}$$

积分方程(1.7.15) 等价于如下问题:找 $u\in L^2(I)$,使得

$$((I+K)u,v)=(f,v),\forall v\in L^2(I) \tag{1.7.19a}$$

它的离散问题是：找 $u^h \in \widetilde{V}_m^h$，使得

$$((I+K)u^h, v) = (f, v), \forall v \in \widetilde{V}_m^h \tag{1.7.19b}$$

构作 L^2 投影算子

$$P_h : L^2(I) \to \widetilde{V}_m^h$$

那么(1.7.19b)可以简写成：找 $u^h \in \widetilde{V}_m^h$，使得

$$(I + P_h K)u^h = P_h f \tag{1.7.20}$$

它可以化成一个代数方程组求解.

若用 P_h 作用于方程

$$(I+K)u = f$$

两边可得

$$(P_h + P_h K)u = P_h f \tag{1.7.21}$$

将(1.7.21)与(1.7.20)相减得

$$(I + P_h K)(u - u^h) = (I - P_h)u \tag{1.7.22}$$

这个关系式将在以后用到. ■

1.7.5 若干基本估计

设 X, Y 为两赋范空间，$T: X \to Y$ 为有界线性算子，定义算子范数

$$\| T \|_{X \to Y} = \sup_{\| x \|_X = 1} \| Tx \|_Y$$

我们有如下基本估计：

命题 1 若核函数 $K(s,t)$ 充分光滑，则有

$$\| (I - P_h)K \|_{C \to C} \leqslant Ch^{m+1}$$

证明 $\forall u \in C(I)$，由于 $K(s,t)$ 充分光滑，因此 $Ku \in C^{m+1}(I)$，于是由 L^2 投影算子的基本估计(参见1.4.1小节)

$$\| (I - P_h)Ku \|_C \leqslant Ch^{m+1} \| Ku \|_{C^{m+1}} \leqslant Ch^{m+1} \| u \|_C$$

因此命题 1 成立. ■

命题 2　若 $u \in C^{m+1}(I)$，则必有

$$\| D^l K(P_h - I)u \|_C \leqslant Ch^{2m+2}, l = 0,1,2,\cdots$$

证明　$\forall t \in I$，记 $v_t(s) = D_t^l K(t,s)$，于是

$$\begin{aligned}
&| D^l K(P_h - I)u(t) | = \\
&\left| \int_I v_t(s) \cdot (P_h - I)u(s)\mathrm{d}s \right| = \\
&| (v_t, (P_h - I)u) | = \\
&| ((I - P_h)v_t, (P_h - I)u) | \leqslant \\
&\| (I - P_h)v_t \|_0 \| (P_h - I)u \|_0 \leqslant \\
&Ch^{2m+2} \| u \|_{C^{m+1}}
\end{aligned}$$

命题 2 证毕. ■

命题 3　当 h 充分小时，$(I + P_hK)^{-1}$ 存在，而且

$$\| (I + P_hK)^{-1} \|_{C\to C} \leqslant C$$
$$\| (I + KP_h)^{-1} \|_{C\to C} \leqslant C$$

证明　首先，由命题 1，知

$$\| P_hK - K \|_{C\to C} \leqslant Ch^{m+1}$$

又由于 $(I + K)^{-1}$ 存在且有界，可见

$$\begin{aligned}
I + P_hK &= (I + K) + (P_hK - K) = \\
&(I + K)[I + (I + K)^{-1}(P_hK - K)]
\end{aligned}$$

当 h 充分小时

$$\begin{aligned}
&\| (I + K)^{-1}(P_hK - K) \|_{C\to C} \leqslant \\
&\| (I + K)^{-1} \|_{C\to C} Ch^{m+1} \leqslant \\
&\sigma < 1
\end{aligned}$$

故 $(I + P_hK)^{-1}$ 存在，而且

$$\begin{aligned}
&\| (I + P_hK)^{-1} \|_{C\to C} \leqslant \\
&\| (I + K)^{-1} \|_{C\to C} \cdot (1 - \sigma)^{-1} = \\
&\mathrm{const.}
\end{aligned}$$

其次，不难直接证明

$$(I+KP_h)^{-1}=I-K(I+P_hK)^{-1}P_h$$

因此

$$\|(I+KP_h)^{-1}\|_{C\to C}\leqslant \text{const.}$$ ■

1.8 Dirichlet 问题求逆和本征值问题

1.8.1 Dirichlet 问题求逆

考虑 Dirichlet 边值问题，找 u 使得

$$\begin{cases}Lu\equiv-\Delta u=f, \text{在 } \Omega \text{ 内}\\ u=0, \text{在 } \partial\Omega \text{ 上}\end{cases}\tag{1.8.1}$$

它的变分问题是：找 $u\in H_0^1(\Omega)$，使得

$$a(u,v)=(f,v)\tag{1.8.2}$$

其中

$$a(u,v)=\int_\Omega \nabla u\nabla v\mathrm{d}x\mathrm{d}y$$

由 Lax-Milgram 定理（见 1.2.1 小节）或 Riesz 表现定理（把 $a(u,v)$ 看作 $H_0^1(\Omega)$ 的等价内积），$\forall f\in L^2(\Omega)$，存在唯一元素 $u\in H_0^1(\Omega)$，使得(1.8.2)成立. 如果定义算子

$$K:f\to u$$

那么就确定了一个线性算子 $K:L^2(\Omega)\to H_0^1(\Omega)$，它是问题(1.8.1)的逆. 由先验估计可知（见(1.2.3)(1.2.4)），当 Ω 为光滑域或凸角域时，K 的值域是 $H^2(\Omega)\cap H_0(\Omega)$. 因 $H^2(\Omega)\overset{c}{\subset}H^1(\Omega)$，故 $K:H_0^1\to H_0^1$ 是紧算子，$K:L^2(\Omega)\to L^2(\Omega)$ 也是紧算子. 由于

$$a(Ku,v)=(u,v)=(v,u)=a(Kv,u)=a(u,Kv)$$

$$a(Ku,u)=(u,u)\geqslant 0$$

因此 K 还是 $H_0^1\to H_0^1$ 上的非负对称算子.

1.8.2　本征值问题

称数 μ 为算子 K 的本征值,如果有 $\varphi\in H_0^1,\varphi\neq 0$,使得 $K\varphi=\mu\varphi$ 或 $a(K\varphi,v)=\mu a(\varphi,v),\forall v\in H_0^1,\varphi$ 为 μ 对应的本征函数. 类似地,如果有 $\lambda,\varphi\neq 0$,使得 $a(\varphi,v)=(\lambda\varphi,v),\forall v\in H_0^1$,那么就称 λ,φ 分别为算子 L 的本征值和相应的本征函数.

显然,$\mu\neq 0$ 为 K 的本征值的充要条件是 $\lambda=\dfrac{1}{\mu}$ 为算子 L 的本征值,它们对应的本征函数相同.

命题 1　存在正数 μ_1,以及非零元 $\varphi\in H_0(\Omega)$,使得

$$a(K\varphi,v)=\mu_1 a(\varphi,v),\forall v\in H_0^1 \quad (1.8.3a)$$

此时

$$\mu_1=\|K\|=\sup_{u\in H_0^1}\frac{a(Ku,u)}{\|u\|_a^2} \quad (1.8.3b)$$

其中 $\|u\|_a=\sqrt{a(u,u)}$ 为能量范数,μ_1 为 K 的最大本征值. 如果记 $\lambda_1=\dfrac{1}{\mu_1}$,那么 λ_1 为 L 的最小本征值,它满足

$$a(\varphi,v)=\lambda_1(\varphi,v),\forall v\in H_0^1$$

且

$$\lambda_1=\inf_{\substack{\varphi\neq 0\\ \varphi\in H_0^1}}\frac{a(\varphi,\varphi)}{(\varphi,\varphi)} \quad (1.8.4)$$

证明　由于 K 为非负对称算子,因此

$$\| K \| = \sup_{\| u \|_a = 1} a(Ku, u)$$

选取 $u_n \in H_0^1$，$\| u_n \|_a = 1$，使得

$$a(Ku_n, u_n) \to \| K \|, n \to \infty$$

记 $\mu_1 = \| K \|$，则

$$0 \leqslant \| Ku_n - \mu_1 u_n \|_a^2 = \| Ku_n \|_a^2 - 2\mu_1 a(Ku_n, u_n) + \mu_1^2 \| u_n \|_a^2 \tag{1.8.5}$$

因为

$$\| Ku_n \|_a^2 \leqslant \| K \|^2 = \mu_1^2$$

$$a(Ku_n, u_n) \to \mu_1, \| u_n \|_a = 1$$

所以当 $n \to \infty$ 时，(1.8.5) 的右边趋于 0，故

$$Ku_n - \mu_1 u_n \to 0 \tag{1.8.6}$$

由于 K 是紧算子，因此 $\{Ku_n\}$ 有收敛子列，不妨设为它本身，由 (1.8.6) 知，$\{u_n\}$ 本身也收敛于某元 $\varphi \in H_0^1(\Omega)$，于是

$$K\varphi = \lim_{n \to \infty} Ku_n, \varphi = \lim_{n \to \infty} u_n, \| \varphi \|_a = 1 \tag{1.8.7}$$

从而由(1.8.6) 得

$$K\varphi = \mu_1 \varphi$$

此外

$$a(K\varphi, \varphi) = a(\mu_1 \varphi, \varphi) = \mu_1 = \| K \|$$

$$\| K\varphi \|_a = \| \mu_1 \varphi \|_a = \mu_1 = \| K \|$$

这便证得 μ_1 为 K 的本征值，而且(1.8.3a)(1.8.3b) 成立. 因为对 K 的任何本征值 μ 及相应的本征函数 $\psi \neq 0$，$\| \psi \|_a = 1$，都有

$$\mu = \mu a(\psi, \psi) = a(K\psi, \psi) \leqslant \| K \| = \mu_1$$

所以 μ_1 为 K 的最大本征值，从而 $\lambda_1 = \dfrac{1}{\mu_1}$ 为 L 的最小

本征值. 又由于

$$a(K\varphi,\varphi)=\mu_1(\varphi,\varphi)$$

$$\Leftrightarrow a(\varphi,\varphi)=\frac{1}{\mu_1}a(K\varphi,\varphi)=\frac{1}{\mu_1}(\varphi,\varphi)$$

因此(1.8.4)也成立,证毕. ■

因为 K 为紧的对称正算子,所以还有:

命题 2　算子 K 至多有可数多个本征值

$$\mu_1\geqslant\mu_2\geqslant\mu_3\geqslant\cdots\geqslant\mu_n\geqslant\cdots\geqslant 0$$

满足如下条件:

(1) 它们至多只重复有限次;

(2) 对每个 μ_i,具有唯一单位本征函数 φ_i(其他本征函数与 φ_i 平行);

(3) 各 φ_i 两两正交,即 $a(\varphi_i,\varphi_j)=\delta_{ij}$;

(4) 对每个 $u\in H_0^1$,必有展开式

$$Ku=\sum_{i=1}^{\infty}a(Ku,\varphi_i)\varphi_i=\sum_{i=1}^{\infty}\mu_i(u,\varphi_i)\varphi_i$$ ■

由于 K 为紧的(对称的正)算子,因此有所谓的二择一定理成立,即有:

命题 3　若 λ 为任意实数(也可为复数),则以下二者之一成立.

(1) 算子 $I-\lambda K$ 作为 $L^2\to L^2$ 或 $H_0^1\to H_0^1$ 的算子都具有有界逆算子 $(I-\lambda K)^{-1}$.

(2) λ 为算子 $L=-\Delta$ 的本征值. 而且,如果记 H_λ 为 λ 对应的(有限维的)本征函数空间,那么 $\forall f\in H_{\frac{1}{\lambda}}$,方程

$$(I-\lambda K)u=f$$

存在唯一解,即 $I-\lambda K:H_{\frac{1}{\lambda}}\to H_{\frac{1}{\lambda}}$ 具有有界逆. 此处

$$H_{\frac{1}{\lambda}}=\{\varphi\in H:\varphi\perp H_\lambda\},H=L^2\text{ 或 }H_0^1$$ ■

证明 略.

以上结果是欧氏空间相应的二择一定理的推广.

1.9 多角形区域上边界元方法

1.9.1 多角形区域上的边界积分方程

设 Ω 是平面一多角形区域,Γ 是其边界,假设 Ω 的角点是 $X_0, X_1, X_2, \cdots, X_m = X_0$,相应的内角是 $(1-\nu_i)\pi$,则 $0<|\nu_i|<\pi$,在 Γ 上取弧长坐标 s 来确定 Γ 上的点,设相应于 X_i 的弧长是 s_i,不妨设

$$s_0 < s_1 < s_2 < \cdots < s_{m-1} < s_m = s_0 + \mathrm{mes}(\Gamma)$$

考虑由 Dirichlet 内问题导出的方程

$$u(x) + Vu(x) = f(x), x \in \Gamma \tag{1.9.1}$$

其中

$$Vu(x) = \int_\Gamma K(x,y)u(y)\mathrm{d}s_y$$

$$K(x,y) = \frac{1}{\pi}\frac{\partial}{\partial n}\ln|x-y|$$

Γ 上的函数 $u(x)$ 可表示成弧长 s 的函数 $u(s)$,于是 (1.9.1) 可写成

$$u(s) + Vu(s) = f(s) \tag{1.9.2}$$

$$Vu(s) = \int_\Gamma K(s,t)u(t)\mathrm{d}t$$

记

$$s_{i-\frac{1}{2}} = \frac{s_i + s_{i-1}}{2}, s_{i+\frac{1}{2}} = \frac{s_i + s_{i+1}}{2}$$

$$s_{m+\frac{1}{2}} = \frac{s_0 + s_1}{2}$$

令

$$\Gamma_{2i}=(s_{i-\frac{1}{2}},s_i),\Gamma_{2i+1}=(s_i,s_{i+\frac{1}{2}})$$

于是 Γ 上任意一个函数 u 对应于一个向量函数 $(u_2,u_3,\cdots,u_{2m+1})$，其中 $u_k:=u|_{\Gamma_k}$，则方程(1.9.2)等价于一个 $2m\times 2m$ 阶方程组

$$(I+T)u=f \tag{1.9.3}$$

其中

$$f=(f_2,f_3,\cdots,f_{2m+1})$$

$$u=(u_2,u_3,\cdots,u_{2m+1})$$

$$(Tu)_k=\sum_{l=2}^{2m+1}T_{kl}u_l$$

$$T_{kl}u_l=\int_{\Gamma_l}K(s,\sigma)u_l(\sigma)\mathrm{d}\sigma,s\in\Gamma_k$$

容易验证 $T_{kk}=0$，令

$$R_{kl}=T_{kl},\text{当}\{k,l\}=\{2i,2i+1\}$$

$$R_i=\begin{pmatrix}0 & R_{2i,2i+1}\\ R_{2i+1,2i} & 0\end{pmatrix}$$

$$R=\mathrm{diag}[R_1,R_2,\cdots,R_m]$$

则 T 可分成两部分 $T=R+K$，其中 K 是具有光滑核的积分算子阵，而 R 的核则有奇性. 当 $\{k,l\}=\{2i,2i+1\}$，$s\in\Gamma_k,\sigma\in\Gamma_l$ 时，$K(s,\sigma)$ 可明确写出来

$$K(s,\sigma)=\frac{2\sin\nu_i\pi}{\pi}\cdot$$

$$\frac{|s-s_i|}{(s-s_i)^2+(s_i-\sigma)^2+2(s-s_i)(s_i-\sigma)\cos\nu_i\pi}$$

我们现在引入一些下面常常用到的记号，设 $1\leqslant p\leqslant\infty$，记

$$L^p(\Gamma_{2i}\cup\Gamma_{2i+1})=$$

$$\{v=(v_1,v_2):v_1\in L^p(\Gamma_{2i}),v_2\in L^p(\Gamma_{2i+1})\}$$

$$\| v \|_{0,p} = (\| v_1 \|_{0,p}^p + \| v_2 \|_{0,p}^p)^{\frac{1}{p}}$$

$$L^p(\Gamma) = \{ v = (v_2, v_3, \cdots, v_{2m+1}) : v_k \in L^p(\Gamma_k),$$
$$k = 2, 3, \cdots, 2m+1 \}$$
$$\| v \|_{0,p} = (\sum_k \| v_k \|_{0,p}^p)^{\frac{1}{p}}$$

对任何 $\alpha_i > 0$,整数 $k \geqslant 1$,定义空间

$$C_{\alpha_i}^k(\Gamma_{2i} \cup \Gamma_{2i+1}) = \{ v = (v_1, v_2) : v_1 \in C^k(\Gamma_{2i}),$$
$$v_2 \in C^k(\Gamma_{2i+1}), ||| v |||_{k,\alpha_i} < \infty \}$$

其中

$$||| v |||_{k,\alpha_i} = \sup\{ | v_1(s) |, | v_2(s) |,$$
$$[s - s_i]^{k-\alpha_i} | D^k v_1(s) |,$$
$$[\sigma - s_i]^{k-\alpha_i} | D^k v_2(\sigma) | :$$
$$s \in \Gamma_{2i}, \sigma \in \Gamma_{2i+1} \}$$

这里$[s]^\beta = | s |^{\max(\beta,0)}$. 对 $\alpha = (\alpha_1, \alpha_2, \cdots, \alpha_m)$, $\alpha_i > 0$,定义

$$C_\alpha^k(\Gamma) = \{ v = (v_2, v_3, \cdots, v_{2m+1}) :$$
$$(v_{2i}, v_{2i+1}) \in C_{\alpha_i}^k(\Gamma_{2i} \cup \Gamma_{2i+1}) \}$$
$$||| v |||_{k,\alpha} = \max_i ||| (v_{2i}, v_{2i+1}) |||_{k,\alpha_i}$$

对于区间 $\hat{e} = (a, b)$,我们也可类似定义 $C_\alpha^k(\hat{e})$ 及范数 $||| u |||_{k,\alpha}$.

1.9.2 积分方程的解的正则性

在半区间 $R_+ = (0, +\infty)$ 上定义算子

$$Au(s) = \frac{\sin \nu_i \pi}{\pi} \int_0^{+\infty} \frac{s u(\sigma) \mathrm{d}\sigma}{s^2 + \sigma^2 + 2s\sigma \cos \nu_i \pi}, s \in R_+$$

引理 1 对 $1 < p \leqslant \infty$, A 是 $L^p(R_+)$ 到 $L^p(R_+)$ 的有界线性算子,且

$$\| A \|_p \leqslant \frac{\sin \frac{|\nu_i| \pi}{p}}{\sin \frac{\pi}{p}}$$

证明　利用一个重要积分恒等式

$$\int_0^1 \frac{\sigma^\beta \mathrm{d}\sigma}{s^2 + \sigma^2 + 2s\sigma\cos\alpha} = \frac{\pi \sin \beta\alpha}{\sin \alpha \sin \beta\pi},$$

$$|\beta| < 1, \ |\alpha| < \pi \tag{1.9.4}$$

可得本引理.　■

利用引理 1 可得

$$\| R_i \|_p \leqslant \frac{\sin \frac{|\nu_i| \pi}{p}}{\sin \frac{\pi}{p}}$$

由此可知,当 $p > \max\limits_i (1 + |\nu_i|)$ 时,有

$$\| R_i \|_p < 1, \forall i$$

从而 $\| R \|_p < 1$. 所以$(I + R)^{-1}$ 存在,且

$$\| (I + R)^{-1} \|_p < +\infty$$

如果

$$p > \max_i (1 + |\nu_i|)$$

注意,$T = R + K$ 而 K 为紧算子,故 $I + T$ 为 Fredholm 算子,又方程$(I + T)u = 0$ 只有零解,从而

$$\| (I + T)^{-1} \|_p < +\infty$$

于是证得下面的引理 2.

引理 2　设 $p > \max\limits_i (1 + |\nu_i|)$,则:

(1) $\| R \|_p < 1$; (1.9.5)

(2) $\| (I + T)^{-1} \|_p < \infty$. (1.9.6)

引理 3　设 $0 < \alpha < 1$,k 为正整数,则 A 为 $C_\alpha^k(R_+)$ 到 $C_\alpha^k(R_+)$ 的算子,且

$$|||A|||_{k,\alpha}\leqslant\frac{\sin\alpha|\nu_i|\pi}{\sin\alpha\pi}\qquad(1.9.7)$$

证明　由定义

$$Au(s)=\frac{\sin\nu_i\pi}{\pi}\int_0^{\infty}\frac{su(\sigma)\mathrm{d}\sigma}{s^2+\sigma^2+2s\sigma\cos\nu_i\pi}=$$

$$\frac{\sin\nu_i\pi}{\pi}\int_0^{\infty}\frac{u(s\sigma)\mathrm{d}\sigma}{1+\sigma^2+2\sigma\cos\nu_i\pi}$$

$$|D^kAu(s)|=\left|\frac{\sin\nu_i\pi}{\pi}\int_0^{+\infty}\frac{u^{(k)}(s\sigma)\sigma^k\mathrm{d}\sigma}{1+\sigma+2\sigma\cos\nu_i\pi}\right|\leqslant$$

$$\frac{\sin|\nu_i|\pi}{\pi}\int_0^{\infty}\frac{s^{\alpha-k}\sigma^{\alpha}\mathrm{d}\sigma}{1+\sigma^2+2\sigma\cos\nu_i\pi}|||u|||_{k,\alpha}=$$

$$\frac{\sin\alpha|\nu_i|\pi}{\sin\alpha\pi}|||u|||_{k,\alpha}s^{\alpha-k}$$

故

$$|||A|||_{k,\alpha}\leqslant\frac{\sin\alpha|\nu_i|\pi}{\sin\alpha\pi}$$ ■

注　以上算子范数 $|||R|||_p$ 表示 $\|R\|_{L^p\to L^p}=\sup\limits_{\|u\|_{L^p}}\|Au\|_{L^p}$，而 $|||A|||_{k,\alpha}$ 表示

$$\|A\|_{C_\alpha^k\to C_\alpha^k}=\sup_{\|u\|_{k,\alpha}}\|Au\|_{k,\alpha}$$

为方便起见，定义乘积空间 $\mathbf{X}=C_\alpha^k(R_+)\times C_\alpha^k(R_+)$ 上的算子

$$B=\begin{pmatrix}I & A\\ A & I\end{pmatrix}$$

由引理3，B 是有界算子，又由公式(1.9.7)可得当 $\alpha<\dfrac{1}{1+|\nu_i|}$ 时，$|||A|||_{k,\alpha}<1$，从而 $(I-A^2)^{-1}$ 存在且有界，又因

$$B=\begin{pmatrix}I & 0\\ A & I\end{pmatrix}\begin{pmatrix}I & 0\\ 0 & I-A^2\end{pmatrix}\begin{pmatrix}I & A\\ 0 & I\end{pmatrix}$$

$$B^{-1}=\begin{pmatrix}I & -A\\ 0 & I\end{pmatrix}\begin{pmatrix}I & 0\\ 0 & (I-A^2)^{-1}\end{pmatrix}\begin{pmatrix}I & 0\\ -A & I\end{pmatrix}$$

故 B^{-1} 存在，而且

$$|||B^{-1}|||_{k,\alpha}\leqslant(1+|||A|||_{k,\alpha})^2\,|||(I-A^2)^{-1}|||_{k,\alpha}<\infty$$

现在我们来讨论(1.9.2)或(1.9.3)的解的正则性. 设 $\alpha_i<\dfrac{1}{1+|\nu_i|}$，$\alpha=(\alpha_1,\alpha_2,\cdots,\alpha_m)$，$f\in C_\alpha^k(\Gamma)$，由引理2有 $u\in L^\infty(\Gamma)$. 由于 K 是具有光滑核的积分算子阵，因此

$$Ku\in C_\alpha^k(\Gamma)$$

由方程(1.9.3)有

$$(u_{2i},u_{2i+1})+R_i(u_{2i},u_{2i+1})=$$
$$(f_{2i},f_{2i+1})-K_i(u_{2i},u_{2i+1})$$

从而

$$(u_{2i},u_{2i+1})+R_i(u_{2i},u_{2i+1})\in C_{\alpha_i}^k(\Gamma_{2i}\cup\Gamma_{2i+1})$$

记 $a=s_i-s_{i-\frac{1}{2}}$，$b=s_{i+\frac{1}{2}}-s_i$，为简单起见，不妨设 $a=b=1$，作

$$v(s)=u_{2i}(s_i-s),\ \forall s\in[0,1]$$
$$w(s)=u_{2i+1}(s_i+s),\ \forall s\in[0,1]$$

则它们满足方程

$$\begin{cases}v(s)+\displaystyle\int_0^1 K_i(s,\sigma)w(\sigma)\mathrm{d}\sigma=g_1(s)\\ w(s)+\displaystyle\int_0^1 K_i(s,\sigma)v(\sigma)\mathrm{d}\sigma=g_2(s)\end{cases}\tag{1.9.8}$$

其中 g_1,g_2 为 $C_{\alpha_i}^k([0,1])$ 中某函数，而

$$K_i(s,\sigma)=\frac{\sin\nu_i\pi}{\pi}\,\frac{s}{s^2+\sigma^2+2s\sigma\cos\nu_i\pi}$$

由方程组不难得出 $v,w\in C^k([0,1])$. 下面来证 $v,w\in C_{\alpha_i}^k([0,1])$. 作实轴 $\mathbf{R}$ 上的函数 $\psi\in C_0^\infty(\mathbf{R})$，

使当 $s \in \left[0,\frac{1}{2}\right]$时,$\psi(s)=1$;当 $s \geqslant \frac{2}{3}$ 时,$\psi(s)=0$. 延拓 v,w,g_1,g_2,使它们在$[0,1]$外取值0,记 $v_1=\psi v$, $w_1=\psi w$, $v_2=v-v_1$, $w_2=w-w_1$,在(1.9.8)两边同乘以 ψ,得

$$\begin{aligned} v_1(s)+\int_0^{\infty}K_i(s,\sigma)w_1(\sigma)\mathrm{d}\sigma=\hat{g}_1(s) \\ w_1(s)+\int_0^{\infty}K_i(s,\sigma)v_1(\sigma)\mathrm{d}\sigma=\hat{g}_2(s) \end{aligned} \quad (0<s<\infty)$$

其中

$$\hat{g}_1(s)=\psi(s)g_1(s)-\psi(s)\int_0^1 K_i(s,\sigma)w_2(\sigma)\mathrm{d}\sigma+ (1-\psi(s))\int_0^1 K_i(s,\sigma)w_1(\sigma)\mathrm{d}\sigma$$

易见 $\hat{g}_1(s)\in C^k_{\alpha_i}(R_+)$,类似地,有 $\hat{g}_2(s)\in C^k_{\alpha_i}(R_+)$. 由引理3有

$$\begin{pmatrix} v_1 \\ w_1 \end{pmatrix}=B^{-1}\begin{pmatrix} \hat{g}_1 \\ \hat{g}_2 \end{pmatrix}\in C^k_{\alpha_i}(R_+)\times C^k_{\alpha_i}(R_+)$$

从而得证 $v_1+v_2, w_1+w_2\in C^k_{\alpha_i}([0,1])$,即$(u_{2i},u_{2i+1})$属于 $C^k_{\alpha_i}(\Gamma_{2i}\cup\Gamma_{2i+1})$. 这就证得对任何 $f\in C^k_\alpha(\Gamma)$,有 $u\in C^k_\alpha(\Gamma)$,再由$(I+T)u=0$只有唯一零解,故 $I+T$ 是由 $C^k_\alpha(\Gamma)$ 到 $C^k_\alpha(\Gamma)$ 的一一对应的映射,从而$(I+T)^{-1}$ 存在并且有界.

综上所述得以下定理:

定理 1.9.1 设 k 为正整数,$0<\alpha_i<\frac{1}{1+|\nu_i|}$, 则对任何 $f\in C^k_\alpha(\Gamma)$,存在 $u\in C^k_\alpha(\Gamma)$ 满足(1.9.3),并且还有

$$\|(I+T)^{-1}\|_{k,\alpha}<+\infty \quad (1.9.9)■$$

以上说明,积分方程(1.9.1)中核函数在角点有

奇性,而且不管右边函数 f 有多光滑,解函数的光滑性通常只有 $(s-s_i)^{\alpha_i}$ $\left(\alpha_i<\dfrac{1}{1+\nu_i}\right)$ 的光滑性.

1.9.3　奇性积分方程的局部加密有限元方法及基本估计

边界积分方程(1.9.3)是一个方程组,形式复杂,书写起来十分不方便,我们可将它简化成如下形式:找 $u\in L^p([0,1])$,使得

$$(I+T)u=f \tag{1.9.10}$$

其中 T 是由函数

$$K(s,t)=\frac{\sin\nu\pi}{\pi}\frac{s}{s^2+t^2+2st\cos\nu\pi},s,t\in[0,1]$$

所产生的积分算子

$$Tu(s)=\int_0^1 K(s,\sigma)u(\sigma)\mathrm{d}\sigma$$

为获得在 $t=0$ 处有奇性的积分方程(1.9.10)的近似解,我们对区间 $[0,1]$ 作局部加密剖分

$$0=t_0<t_1<t_2<\cdots<t_n=1$$

令 $e_j=[t_j,t_{j+1}]$,$h_j=t_{j+1}-t_j$,$h=\dfrac{1}{n}$,假定存在常数 C,使得

$$t_{j+1}\leqslant Ct_j,1\leqslant j\leqslant n-1 \tag{1.9.11}$$

$$h_j\leqslant Cht_{j+1}^{1-\frac{1}{q}},0\leqslant j\leqslant n-1 \tag{1.9.12}$$

设 $S^h([0,1])$ 为 $[0,1]$ 上以 $\{t_j\}$ 为可能间断点的分段常数函数所构成的空间

$$S^h=\{v\in L^\infty([0,1]):v|_{e_j}\in P_0(e_j),\forall j\}$$

而 P_h 是 $L^2([0,1])$ 到 S^h 上的正交投影算子,易证

$$P_hu|_{e_j}=\frac{1}{h_j}\int_{e_j}u\,\mathrm{d}s,\forall j$$

$$\| P_h \|_{p,e_j} \equiv \| P_h \|_{L^p(e_j)\to L^p(e_j)} = 1,$$
$$1 \leqslant p \leqslant \infty, 0 \leqslant j \leqslant n-1$$

于是有以下引理(参见 1.5.1 小节):

引理 4 设 $1 \leqslant p \leqslant \infty, 0 < \alpha < 1$.

(1) 若 $u, Du \in L^p(e_j)$,则

$$\| u - P_h u \|_{0,p,e_j} \leqslant Ch_j \| Du \|_{0,p,e_j}$$

(2) 若 $u \in C_\alpha^1([0,t_1])$,则

$$\| u - P_h u \|_{0,\infty,e_0} \leqslant Ch_0^\alpha \;|||\; u \;|||_{1,\alpha}$$

引理 5 若 $u \in C^4(e_j), g \in C^3(e_j)$,则

$$\int_{e_j} (u - P_h u) g \mathrm{d}t = \frac{1}{12} h_j^2 \int_{e_j} DuDg \,\mathrm{d}t + \nu$$

其中

$$|\nu| \leqslant Ch_j^2 \sum_{i=0}^{2} \| D^{4-i} u \|_{0,\infty,e_j} \| D^i g \|_{0,1,e_j} \qquad \blacksquare$$

记

$$R_s(\sigma) = K(s,\sigma), s \in [0,1], t \in [0,1]$$

不难验证

$$| D_s^k D_\alpha^l R_s(\sigma) | \leqslant C(s^2 + \sigma^2)^{-\frac{k+l+1}{2}}, \forall k, l \geqslant 1 \tag{1.9.13}$$

对函数 $u \in L^\infty((0,1))$ 定义

$$v = \int_0^1 R_s(\sigma)(I - P_h) u(\sigma) \mathrm{d}\sigma$$

则有以下引理:

引理 6 设 $0 < \alpha < 1, \beta = \alpha - \dfrac{2}{q}, u \in C_\alpha^1((0,1))$.

若 $q > \dfrac{2}{\alpha}$,则存在与 h, u, v 无关的常数 C,使得:

(1) $\| v \|_{0,\infty} \leqslant Ch^2 \;|||\; u \;|||_{1,\alpha}$;

(2) $|||\; v \;|||_{1,\beta} \leqslant Ch^2 \;|||\; u \;|||_{1,\alpha}$.

证明　(1) 由引理 5 及(1.9.12)(1.9.11) 和(1.9.13) 可得,对 $j \geqslant 1$ 有

$$\left|\int_{e_j} R_s(\sigma)(I-P_h)u(\sigma)\mathrm{d}\sigma\right| =$$

$$\left|\int_{e_j}(I-P_h)R_s(\sigma)(I-P_h)u(\sigma)\mathrm{d}\sigma\right| \leqslant$$

$$\| R_s - P_h R_s \|_{0,1,e_j} \| (I-P_h)u \|_{0,\infty,e_j} \leqslant$$

$$Ch_j^2 \| DR_s \|_{0,1,e_j} \| Du \|_{0,\infty,e_j} \leqslant$$

$$Ch^2 t_j^{2-\frac{2}{q}} t_j^{\alpha-1} \int_{e_j} (s^2+\sigma^2)^{-1} \mathrm{d}\sigma \ ||| \ u \ ||| _{1,\alpha} \leqslant$$

$$Ch^2 \int_{e_j} (s^2+\sigma^2)^{-1} \sigma^{\alpha+1-\frac{2}{q}} \mathrm{d}\sigma \ ||| \ u \ ||| _{1,\alpha} \leqslant$$

$$Ch^2 \int_{e_j} \sigma^{\alpha-1-\frac{2}{q}} \mathrm{d}\sigma \ ||| \ u \ ||| _{1,\alpha}$$

由于 $\alpha > \dfrac{2}{q}$,因此

$$\left|\sum_{j=1}^{n-1}\int_{e_j} R_s(\sigma)(I-P_h)u(\sigma)\mathrm{d}\sigma\right| \leqslant$$

$$Ch^2 \ ||| \ u \ ||| _{1,\alpha} \int_0^1 \sigma^{\alpha-1-\frac{2}{q}} \mathrm{d}\sigma \leqslant$$

$$Ch^2 \ ||| \ u \ ||| _{1,\alpha}$$

为估计 $\int_{e_0} R_s(\sigma)(I-P_h)u(\sigma)\mathrm{d}\sigma$,利用引理 4 的(2),有

$$\left|\int_{e_0} R_s(\sigma)(I-P_h)u(\sigma)\mathrm{d}\sigma\right| \leqslant$$

$$\| (I-P_h)u \|_{0,\infty,e_0} \leqslant$$

$$Ch_0^\alpha \ ||| \ u \ ||| _{1,\alpha} \leqslant Ch^{q\alpha} \ ||| \ u \ ||| _{1,\alpha} \leqslant$$

$$Ch^2 \ ||| \ u \ ||| _{1,\alpha}$$

所以

$$\| v \|_{0,\infty} \leqslant Ch^2 ||| u |||_{1,\alpha}$$

(2) 由定义

$$D_s v = \int_0^1 D_s R_s(\sigma)(I - P_h) u(\sigma) \mathrm{d}\sigma =$$

$$\sum_{j=0}^{n-1} \int_{e_j} D_s R_s(\sigma)(I - P_h) u(\sigma) \mathrm{d}\sigma$$

对 $j \geqslant 1$,有

$$\left| \int_{e_j} D_s R_s(\sigma)(I - P_h) u(\sigma) \mathrm{d}\sigma \right| =$$

$$\left| \int_{e_j} (I - P_h) D_s R_s (I - P_h) u \mathrm{d}\sigma \right| \leqslant$$

$$Ch_j^2 \int_{e_j} | D_\sigma D_s R_s(\sigma) | \mathrm{d}\sigma \, \| Du \|_{0,\infty,e_j} \leqslant$$

$$Ch^2 t_j^{2-\frac{2}{q}} t_j^{\alpha-1} \int_{e_j} (s^2 + \sigma^2)^{-\frac{3}{2}} \mathrm{d}\sigma \; ||| u |||_{1,\alpha} =$$

$$Ch^2 t_j^{\alpha+1-\frac{2}{q}} \int_{e_j} (s^2 + \sigma^2)^{-\frac{3}{2}} \mathrm{d}\sigma \; ||| u |||_{1,\alpha} \leqslant$$

$$Ch^2 \int_{e_j} (s^2 + \sigma^2)^{\frac{\alpha-2-\frac{2}{q}}{2}} \mathrm{d}\sigma \; ||| u |||_{1,\alpha}$$

从而

$$\left| \sum_{j=1}^{n-1} \int_{e_j} D_s R_s(\sigma)(I - P_h) u(\sigma) \mathrm{d}\sigma \right| \leqslant$$

$$Ch^2 \int_0^1 (s^2 + \sigma^2)^{\frac{\alpha-2-\frac{2}{q}}{2}} \mathrm{d}\sigma \; ||| u |||_{1,\alpha} \leqslant$$

$$Ch^2 S^{\beta-1} \; ||| u |||_{1,\alpha}$$

又因

$$D_s R_s(\sigma) = -D_\sigma R_\sigma(s)$$

$$\int_{e_0} D_s R_s(\sigma)(u - P_h u)(\sigma)\mathrm{d}\sigma =$$

$$-\int_{e_0} D_\sigma R_\sigma(s)(I - P_h)u(\sigma)\mathrm{d}\sigma =$$

$$\int_{e_0} R_\sigma(s)Du(\sigma)\mathrm{d}\sigma -$$

$$R_{h_0}(s)(u - P_h u)(h_0)$$

而

$$\left|\int_{e_0} R_\sigma(s)Du(\sigma)\mathrm{d}\sigma\right| \leqslant$$

$$C\int_0^{h_0}(s^2+\sigma^2)^{-\frac{1}{2}}\sigma^{\alpha-1}\mathrm{d}\sigma \ |||\ u\ |||_{1,\alpha} \leqslant$$

$$Cs^{\beta-1}\int_0^{h_0}(s^2+\sigma^2)^{-\frac{\beta}{2}}\sigma^{\alpha-1}\mathrm{d}\sigma \ |||\ u\ |||_{1,\alpha} \leqslant$$

$$Cs^{\beta-1}\ |||\ u\ |||_{1,\alpha}\int_0^{h_0}\sigma^{\alpha-\beta-1}\mathrm{d}\sigma \leqslant$$

$$Ch_0^{\alpha-\beta}s^{\beta-1}\ |||\ u\ |||_{1,\alpha} \leqslant Ch^2 s^{\beta-1}\ |||\ u\ |||_{1,\alpha}$$

从而

$$|Dv(s)| \leqslant Cs^{\beta-1}\ |||\ u\ |||_{1,\alpha} h^2$$

再由(1)可得

$$|||\ v\ |||_{1,\beta} \leqslant Ch^2\ |||\ u\ |||_{1,\alpha}$$ ■

引理7　设 $u \in C_\alpha^4, q > \dfrac{4}{\alpha}$,则

$$v(s) = \sum_{j=1}^{n-1}\frac{1}{12}h_j^2\int_{e_j} D_\sigma R_s(\sigma)Du(\sigma)\mathrm{d}\sigma + \gamma(s)$$

其中

$$\|\gamma\|_{0,\infty} \leqslant Ch^4\ |||\ u\ |||_{4,\alpha}$$

证明　对 $j \geqslant 1$ 利用引理4可得

$$\int_{e_j} R_s(\sigma)(I-P_h)u(\sigma)\mathrm{d}\sigma =$$
$$\frac{1}{12}h_j^2\int_{e_j} D_\sigma R_s(\sigma)Du(\sigma)\mathrm{d}\sigma + \gamma_j$$

其中

$$|\gamma_j| \leqslant Ch_j^4\sum_{l=0}^{3}\| D_\sigma^l R_s(\sigma)\|_{0,1,e_j}\| D^{4-l}u\|_{0,\infty,e_j} \leqslant$$
$$Ch^4 t_j^{4-\frac{4}{q}} ||| u |||_{4,\alpha}\cdot$$
$$\sum_{l=0}^{3} t_j^{\alpha-4+l}\int_{e_j}(s^2+\sigma^2)^{-\frac{l+1}{2}}\mathrm{d}\sigma \leqslant$$
$$Ch^4 ||| u |||_{4,\alpha}\int_{e_j}(s^2+\sigma^2)^{\frac{\alpha-\frac{4}{q}-1}{2}}\mathrm{d}\sigma \leqslant$$
$$Ch^4 ||| u |||_{4,\alpha}\int_{e_j}\sigma^{\alpha-\frac{4}{q}-1}\mathrm{d}\sigma$$

若 $q > \frac{4}{\alpha}$,则

$$\left|\sum_{j=1}^{n-1}\gamma_j\right| \leqslant Ch^4 ||| u |||_{4,\alpha}\int_0^1\sigma^{\alpha-\frac{4}{q}-1}\mathrm{d}\sigma \leqslant$$
$$Ch^4 ||| u |||_{4,\alpha}$$

于是

$$\sum_{j=1}^{n-1}\int_{e_j} R_s(\sigma)(I-P_h)u(\sigma)\mathrm{d}\sigma =$$
$$\frac{1}{12}\sum_{j=1}^{n-1}h_j^2\int_{e_j} D_\sigma R_s(\sigma)Du(\sigma)\mathrm{d}\sigma + O(h^4) ||| u |||_{4,\alpha}$$

又由引理 4 有

$$\left|\int_{e_0} R_s(\sigma)(I-P_h)u(\sigma)\mathrm{d}\sigma\right| \leqslant$$
$$\|(I-P_h)u\|_{0,\infty,e_0} \leqslant Ch_0^\alpha ||| u |||_{1,\alpha} \leqslant$$
$$Ch^4 ||| u |||_{1,\alpha}$$

从而证得引理 7. ■

现在假定 u 是(1.9.10)的解,$u^h \in S^h$ 为有限元解,即满足方程(参见1.7.4小节)

$$(I+P_hT)u^h=P_hf \tag{1.9.14}$$

作迭代解

$$u_h^*=f-Tu^h(\text{或 } u_h^*-u=T(u-u^h)) \tag{1.9.15}$$

则有等式(利用(1.7.22)(1.9.15)和引理8)

$$(I+TP_h)(u_h^*-u)=T(I-P_h)u \tag{1.9.16}$$

引理8 $(I+P_hT)^{-1}$,$(I+TP_h)^{-1}$ 存在,且对 $p>(1+|\gamma|)$ 有

$$\|(I+P_hT)^{-1}\|_p+\|(I+TP_h)^{-1}\|_p\leqslant C$$

证明 由引理1知,当 $p>1+|\gamma|$ 时

$$\|T\|_p<1$$

又由于 $\|P_h\|_p=1$,因此 $(I+P_hT)^{-1}$,$(I+TP_h)^{-1}$ 存在,而且

$$\|(I+P_hT)^{-1}\|_p\leqslant(1-\|T\|_p)^{-1}\leqslant C$$

$$\|(I+TP_h)^{-1}\|_p\leqslant(1-\|T\|_p)^{-1}\leqslant C \quad \blacksquare$$

于是,由引理8可知,方程(1.9.14)有唯一解,且

$$\|u^h\|_{0,p}\leqslant C\|f\|_{0,p}$$

其次,由引理8和式(1.9.16)有

$$\|u_h^*-u\|_{0,\infty}=\|(I+TP_h)^{-1}T(I-P_h)u\|_{0,\infty}\leqslant C\|T(I-P_h)u\|_{0,\infty}$$

再利用引理6(注意 T 是 $K(s,t)$ 为核的积分算子),有

$$\|T(I-P_h)u\|_{0,\infty}\leqslant Ch^2\ |||\,u\,|||_{1,\alpha}$$

于是得到以下定理:

定理1.9.2 设 $q>\dfrac{2}{\alpha}(0<\alpha<1)$,剖分满足以

q 为参数的局部加密条件(1.9.11)及(1.9.12),如果对任何 $\alpha < \dfrac{1}{1+|\gamma|}$,有 $u \in C_\alpha^1([0,1])$,那么

$$\| u_h^* - u \|_{0,\infty} \leqslant Ch^2 \ ||| u |||_{1,\alpha}$$

对于一般方程(1.9.3),我们可以分别对每个角点相邻的弧 $\Gamma_{2i} \cup \Gamma_{2i+1}$,分别作以角点为奇点、以 q_i 为参数的局部加密剖分,在此基础上建立分片常数有限元空间 $S^h(\Gamma)$,在此空间上,也可构作有限元解 $u^h \in S^h(\Gamma)$,使满足

$$(I + P_h T) u^h = P_h f$$

其中 P_h 为 $L^2(\Gamma) \rightarrow S^h(\Gamma)$ 的投影算子. 如令

$$u_h^* = f - T u^h$$

同样可以证明如下定理:

定理 1.9.3 设 $q_i > \dfrac{2}{\alpha_i}$(或 $q_i > 2(1+|\gamma_i|)$),剖分满足局部加密条件,如果对任何 $\alpha_i < \dfrac{1}{1+|\gamma_i|}$,有 $u \in C_\alpha^1(\Gamma)$,那么

$$\| u_h^* - u \|_{0,\infty} \leqslant Ch^2 \ ||| u |||_{1,\alpha} \qquad \blacksquare$$

关于多角域边界元问题的详细介绍,可参看谢锐锋的博士论文[83] 以及 Shi[79] 的著作.

第二章 有限元的插值处理

为简单起见,我们仅考虑模型问题:找 $u \in H_0^1(\Omega)$,使得

$$a(u,v)=(f,v) \qquad (2.0.1)$$

其中 $\Omega \subset \mathbf{R}^d(d=1,2)$ 为有界区域. 当 $d=1$ 时,取 $\Omega=(0,1)$,且

$$a(u,v)=\int_0^1 (u'v'+pu'v+Quv)\mathrm{d}x,$$

$$Q \geqslant 0$$

当 $d=2$ 时

$$a(u,v)=\int_\Omega \sum_{i=1}^{2} D_i u D_i v \mathrm{d}x\mathrm{d}y$$

其中 $D_1 u=\frac{\partial}{\partial x}u, D_2 u=\frac{\partial}{\partial y}u$.

本章将讨论式(2.0.1)的有限元解的超收敛性及其插值处理技巧.

2.1 有限元逼近误差的插值处理

2.1.1 误差的初级插值处理

设 $S_0^h(\Omega)$ 为剖分 $\mathscr{T}^h$ 上的 k 次有限元空间,考虑 Lagrange 型插值算子

$$I_h : C_0(\overline{\Omega}) \to S_0^h(\Omega)$$

在 1.3 节中,我们已初步介绍了插值算子的各种性质.现在进一步研究它与 Ritz-Galërkin 投影算子

$$R_h : H_0^1(\Omega) \to S_0^h(\Omega)$$

之间的关系.

剖分 $\mathscr{T}^h$ 称为与 $S_0^h(\Omega)$ 有关的"好"剖分,如果有如下两个基本估计成立

$$|a(u - I_h u, v)| \leqslant Ch^{k+1} \| u \|_{k+2,q} \| v \|_{1,q'}, k \geqslant 1,$$
$$\forall u \in W^{k+2,q}(\Omega) \cap H_0^1(\Omega), \forall v \in S_0^h(\Omega) \tag{2.1.1}$$

$$|a(u - I_h u, I_h v)| \leqslant Ch^{k+2} \| u \|_{k+2,q} \| v \|_{2,q'}, k \geqslant 2,$$
$$\forall u \in W^{k+2,q}(\Omega) \cap H_0^1(\Omega), \forall v \in W^{2,q'}(\Omega) \cap W^{1,q'} \tag{2.1.2}$$

第一章以及 Zhu-Lin[94] 曾介绍过各种"好"剖分,它们有:

(1) 一维正规剖分($k \geqslant 1$);

(2) 二维均匀三角形剖分,几乎一致三角形剖分($k = 1,2$);

(3) 二维正规矩形剖分(对双 p 次元);

(4) 分片几乎一致的三角形剖分(对 $k = 1$).

现在考察有限元逼近误差

$$E=R_hu-u$$

用插值算子 I_h 作用于它,得

$$I_hE=R_hu-I_hu \tag{2.1.3}$$

这种用插值算子 I_h 去处理有限元误差的方法就是我们所讲的有限元逼近误差的初级插值处理.有趣的是,在 $\mathscr{T}^h$ 为"好"剖分的条件下,有限元逼近误差在初级插值处理之后有更高一阶的估计.

定理 2.1.1　设 $u\in W^{k+2,q}(\Omega)\cap H_0^1(\Omega)(2\leqslant q\leqslant\infty)$,$S_0^h(\Omega)$ 为定义在"好"剖分 $\mathscr{T}^h$ 上的 k 次(双 k 次)有限元空间,那么有如下超收敛估计:当 $q=2$ 时

$$\| I_h(I-R_h)u\|_1\leqslant Ch^{k+1}\| u\|_{k+2},k\geqslant 1 \tag{2.1.3a}$$

$$\| I_h(I-R_h)u\|_0\leqslant Ch^{k+2}\| u\|_{k+2},k\geqslant 2 \tag{2.1.3b}$$

当 $q=\infty$ 时,还有

$$\| I_h(I-R_h)u\|_{1,\infty}\leqslant Ch^{k+1}\,|\ln h|\,\| u\|_{k+2,\infty},\quad k\geqslant 1 \tag{2.1.4a}$$

$$\| I_h(I-R_h)u\|_{0,\infty}\leqslant Ch^{k+2}\,|\ln h|\,\| u\|_{k+2,\infty},\quad k\geqslant 2 \tag{2.1.4b}$$

其中 I 为恒等算子,R_h 为 Ritz-Galërkin 投影算子.

证明　先证(2.1.3),利用能量正交关系

$$a((I-R_h)u,v)=0,\forall v\in S_0^h(\Omega)$$

以及关系(2.1.1)$(q=2)$,得

$$\|I_h(I-R_h)u\|_1^2 \leqslant$$
$$Ca(I_hu-R_hu,I_hu-R_hu)=$$
$$Ca(I_hu-u,I_hu-R_hu)\leqslant$$
$$Ch^{k+1}\|u\|_{k+2}\|I_h(I-R_h)u\|_1$$

两边约去一个因子得(2.1.3a)，其次利用 Nitsche 技巧，可找 $W\in H^2\cap H_0'(\Omega)$，使得

$$\|W\|_2\leqslant C\|I_h(I-R_h)u\|_0$$
$$a(W,v)=(I_h(I-R_h)u,v),\forall v\in H_0'(\Omega)$$

于是利用能量正交性以及(2.1.2)，得

$$\|I_h(I-R_h)u\|_0^2=$$
$$(I_hu-R_hu,I_h(I-R_h)u)=$$
$$a(W,I_h(I-R_h)u)=$$
$$a(W-I_hW,I_hu-R_hu)-$$
$$a(I_hW,u-I_hu)\leqslant$$
$$Ch^{k+1}\|u\|_{k+2}h\|W\|_2+$$
$$Ch^{k+2}\|u\|_{k+2}\|W\|_2\leqslant$$
$$Ch^{k+2}\|u\|_{k+2}\|I_h(I-R_h)u\|_0$$

两边约去一个因子得(2.1.3b). 为证(2.1.5)，利用 1.5 节的知识和(2.1.2)，对任何 $z\in\overline{\Omega}$，有

$$|\partial_zI_h(I-R_h)u(z)|=$$
$$|a((I_h-R_h)u,\partial_zG_z^h)|=$$
$$|a(I_hu-u,\partial_zG_z^h)|\leqslant$$
$$Ch^{k+1}\|u\|_{k+2,\infty}\|\partial_zG_z^h\|_{1,1}\leqslant$$
$$Ch^{k+1}|\ln h|\ \|u\|_{k+2,\infty},k\geqslant 1$$

于是得(2.1.4a). 类似地，利用(2.1.2)($q=\infty$) 及 1.5

节的结果,得

$$
\begin{aligned}
&|I_h(I-R_h)u(z)|=\\
&|a(I_hu-R_hu,G_z^h)|=\\
&|a(I_hu-u,G_z^h)|\leqslant\\
&|a(I_hu-u,G_z^h-I_hG_z^*)|+\\
&|a(I_hu-u,I_hG_z^*)|\leqslant\\
&Ch^{k+1}\|u\|_{k+2,\infty}\cdot\\
&[\|G_z^h-I_hG_z^*\|_{1,1}+h\|G_z^*\|_{2,1}]\leqslant\\
&Ch^{k+2}|\ln h|\ \|u\|_{k+2,\infty},k\geqslant 2
\end{aligned}
$$

定理证毕. ■

注　式(2.1.4a)中的对数因子在 $k\geqslant 2$ 时可去掉.

2.1.2　用投影型插值来处理有限元逼近误差

假定 $\mathcal{T}^h$ 是 Ω 上的正规矩形剖分,$S_0^h(\Omega)$ 是 $\mathcal{T}^h$ 上的双 p 次有限元空间,i_h 是双 p 次投影型插值算子(参见1.4节,在 $u\in W^{p+3,q}(\Omega)\cap H_0^1(\Omega)$ 条件下,3.4节将证明更好的两个基本估计

$$|a(u-i_hu,v)|\leqslant Ch^{p+3-r}\|u\|_{p+3,q}\|v\|'_{2-r,q'}$$

其中

$$r=\begin{cases}0\text{ 或 }1,\text{当 }p\geqslant 3\\ 1,\text{当 }p=2\end{cases}$$

于是,类似于定理2.1.1的证法可得如下定理:

定理 2.1.2　设 $u\in W^{p+3,q}(\Omega)\cap H_0^1(\Omega)(2\leqslant q\leqslant\infty)$,$S_0^h(\Omega)$ 是定义在矩形剖分 $\mathcal{T}^h$ 上的双 p 次有限元空间,那么相应的有如下估计

$$\|i_h(I-R_h)u\|_1\leqslant Ch^{p+2}\|u\|_{p+3},p\geqslant 2$$

$$\| i_h(I-R_h)u \|_0 \leqslant Ch^{p+3} \| u \|_{p+3}, p \geqslant 3$$

此外还有

$$\| i_h(I-R_h)u \|_{1,\infty} \leqslant Ch^{p+2} \mid \ln h \mid \| u \|_{\bar{p}+3,\infty},\quad p \geqslant 2$$

$$\| i_h(I-R_h)u \|_{0,\infty} \leqslant Ch^{p+3} \mid \ln h \mid \| u \|_{p+3,\infty},\quad p \geqslant 3$$

其中 $i_h: H^2 \cap H_0 \to S_0^h(\Omega)$ 为双 p 次投影型插值算子.

■

2.2　有限元的局部估计

一般地讲,方程(1) 的解不可能整体充分光滑,而剖分 $\mathscr{T}^h$ 也不可能在整个区域Ω 上都是好的,我们有必要进行局部估计.

2.2.1　几个引理

设 D_0 为 Ω 的一部分,可以在 Ω 的内部,也可以包含 Ω 的一部分边界. 对于 Ω 的子域 $D_0 \subset D$,如果满足

$$\text{dist}(\partial D \backslash \partial \Omega_0, \partial D_0 \backslash \partial \Omega) > 0 \qquad (2.2.1)$$

那么就称 D_0 严格含于 D 内,记为 $D_0 \subsetneqq D$,引入记号

$$C_d^\infty(D) = \{\omega \in C^\infty(D): \omega \text{ 在 } \partial D \backslash \partial \Omega \text{ 附近为 } 0\}$$

相应地,还可引进负范数

$$\| W \|_{-S,D} = \sup_{\varphi \in C_d^\infty(D)} \frac{(W,\varphi)}{\| \varphi \|_{S,D}} \qquad (2.2.2)$$

其中 $S \geqslant 0$ 为整数.

容易证明: $\| W \|_{-S,D_1} \leqslant \| W \|_{-S,D_2}$,如果 $D_1 \subset D_2$,且

$$|(W,v)| \leqslant \|W\|_{-S}\|v\|_{s}, \forall v \in H_{d}^{S}(D) \tag{2.2.3}$$

其中 $H_{d}^{S}(D)$ 是 $C_{d}^{\infty}(D)$ 在 $H^{S}(D)$ 中的闭包.

此外还可看到,Ritz-Galërkin 逼近误差 $u(x)-R_{h}u(x)$ 依负范数 $\|\cdot\|_{-S}$ 可达到最理想阶的估计.例如,当 Ω 充分光滑时,k 次元的最佳阶估计为

$$\|u-R_{h}u\|_{-(k-1)}=O(h^{2k}), k \geqslant 1 \tag{2.2.4}$$

引理 1 设 $\omega \in C^{\infty}(D)$, $\operatorname{supp}\omega \subsetneqq D \subset \Omega$, $D_{0} \subsetneqq D$,且 ω 在 D_{0} 的邻域内恒为1,则对任给的 $v \in S^{h}(\Omega)$,有

$$\|\omega v-I_{h}(\omega v)\|_{1,D} \leqslant Ch\|v\|_{1,D \backslash D_{0}} \tag{2.2.5}$$

证明 我们仅对 k 次 Lagrange 型三角形元来证明,任给 $e \in \mathscr{T}^{h}$,v 限制在 e 上为 k 次多项式,利用插值估计(见 1.3 节中命题 2)和一个单元 e 上的逆估计

$$\begin{aligned}
&\|\omega v-I_{h}(\omega v)\|_{1,e} \leqslant \\
&Ch_{e}^{k}|\omega v|_{k+1,e} \leqslant \\
&Ch_{e}^{k}\sum_{i=0}^{k}|D^{i}vD^{k+1-i}\omega|_{0,e} \leqslant \\
&Ch_{e}^{k}\sum_{i=0}^{k}|v|_{i,e} \leqslant \\
&Ch_{e}\|v\|_{1,e}
\end{aligned}$$

其中 D^{j} 为 j 阶导算子,两边平方并关于 $e \in \mathscr{T}^{h}$ 求和与开方立即得(2.2.5).一般情况的证明参见 Zhu-Lin[94] 第五章. ■

注 引理 1 中将 Lagrange 型插值 I_{h} 换成投影型插值 i_{p},结论仍然成立.

引理 2 设 $\Omega \subset \mathbf{R}^{2}$ 由分段光滑曲线围成,$\overline{\Omega}_{0} \subset \Omega$

不含 Ω 的凹角点(如果 Ω 有凹角点的话)以及定点 z，那么

$$\| G_z' \|_{2,\Omega_0} + \| \partial_z G_z \|_{2,\Omega_0} \leqslant C(\rho) \quad (2.2.6)$$

其中 ρ 为 z 到 $\overline{\Omega}_0$ 的距离，G_z 为 Green 函数. ■

2.2.2 局部估计的主要定理

定理 2.2.1 设 Ω 为凸角域或光滑域，又设 $D_0 \subsetneqq D \subset \Omega$，$W \in S^h(\Omega)$ 满足

$$a(W,v)=0, \forall v \in \mathring{S}^h(D) \quad (2.2.7)$$

此处

$$\mathring{S}^h(D)=\{v \in S^h(\Omega); \text{supp } v \subsetneqq D\}$$

那么

$$\| W \|_{1,D_0} \leqslant C \| W \|_{1,\infty,D_0} \leqslant Ch \| W \|_{0,D} + C \| W \|_{-1,D} \quad (2.2.8)$$

证明 取 D_0 使 $D_0 \subsetneqq D_1 \subset D$，作 $\omega \in C_d^\infty(D)$，使得 ω 在 D_1 的邻域内恒为 1，记

$$\widetilde{W} = \omega W$$

于是当 $z \in D_1$ 时，有

$$W(z)=\widetilde{W}(z)=I_h\widetilde{W}(z)$$

从而当 $z \in D_0$ 时，有

$$a(I_h\widetilde{W},g^h)=\begin{cases} W(z), \text{当 } g^h = G_z^h \\ \partial_z W(z), \text{当 } g^h = \partial_z G_z^h \end{cases} \quad (2.2.9)$$

一方面利用引理 1 和 1.5 节命题 4(即 $\| g^h \|_{1,D\backslash D_1} \leqslant \| g^h \|_{1,\phi^{-1-\varepsilon}} \leqslant C$)，得

$$| a(I_h\widetilde{W}-\widetilde{W},g^h) | \leqslant \| I_h\widetilde{W}-\widetilde{W} \|_{1,D\backslash D_1} \| g^h \|_{1,D\backslash D_1} \leqslant Ch \| W \|_{1,D} \quad (2.2.10)$$

另一方面

$$a(\widetilde{W},g^h)=a(W,\widetilde{g}^h)+I \tag{2.2.11}$$

其中 $\widetilde{g}^h=\omega g^h$（下面省略和号 $\sum\limits_i$ 和积分域 Ω）

$$I=\int[D_i\omega D_i g^h+D_i(D_i\omega\cdot g^h)]W\mathrm{d}x\mathrm{d}y \tag{2.2.12}$$

由条件(2.2.7)及引理1，有

$$\begin{aligned}|a(W,\widetilde{g}^h)|=|a(W,\widetilde{g}^h-I_h\widetilde{g}^h)|\leqslant\\ Ch\|W\|_{1,D\backslash D_1}\|g^h\|_{1,D\backslash D_1}\leqslant\\ Ch\|W\|_{1,D}\end{aligned} \tag{2.2.13}$$

注意 ω 在 D_1 上导数为0，故

$$|I|\leqslant C\|W\|_{0,D\backslash D_1}\|g^h\|_{1,D\backslash D_1}\leqslant C\|W\|_{0,D} \tag{2.2.14}$$

或者，利用1.5节命题6的公式（取 $g=G_z$ 或 $\partial_z G_z$）得

$$\begin{aligned}\|g^h-g\|_{1,D\backslash D_0}\leqslant C\|g^h-g\|_{1,\sigma^{-1-\varepsilon}}\leqslant Ch^{\varepsilon},\\ 0<\varepsilon<1-\frac{2}{q_0}\end{aligned} \tag{2.2.15}$$

即得

$$\begin{aligned}|I|\leqslant C\|W\|_{0,D\backslash D_1}\|g^h-g\|_{1,D\backslash D_0}+\\ C\|W\|_{-1,D}\|g\|_{2,D\backslash D_0}\leqslant\\ Ch^{\varepsilon}\|W\|_{0,D\backslash D_0}+C\|W\|_{-1,D}\end{aligned} \tag{2.2.16}$$

由(2.2.9)～(2.2.16)和逆估计得

$$\begin{aligned}|\partial_z W(z)|+|W(z)|\leqslant\\ Ch\|W\|_{1,D}+C\|W\|_{0,D}\leqslant\\ C\|W\|_{0,D},\forall z\in D_0\end{aligned}$$

即

$$\|W\|_{1,\infty,D_0}\leqslant C\|W\|_{0,D} \tag{2.2.17}$$

如果重新应用(2.2.9)～(2.2.16)，还有

$$\| W \|_{1,\infty,D_0} \leqslant Ch^{\varepsilon} \| W \|_{1,D} + C \| W \|_{-1,D} \tag{2.2.18}$$

对 $D_0 \subsetneqq D$ 应用(2.2.18)，再对 $D_1 \subsetneqq D$ 应用(2.2.17)，得

$$\| W \|_{1,\infty,D_0} \leqslant Ch^{\varepsilon} \| W \|_{0,D} + C \| W \|_{-1,D} \tag{2.2.19}$$

选 r 使 $r\varepsilon > 2$，作 $D_0 \subsetneqq D_1 \subsetneqq \cdots \subsetneqq D_{r+1} \subset D$，依次应用(2.2.19)，可得

$$\| W \|_{1,\infty,D_0} \leqslant Ch^{r\varepsilon} \| W \|_{0,D_{r+1}} + C \| W \|_{-1,D} \leqslant Ch^{2} \| W \|_{0,D_{r+1}} + C \| W \|_{-1,D}$$

利用逆估计即得证定理 2.2.1. ■

引理 3 如果 D_0 为 Ω 的内子域或仅含 Ω 的光滑边界，$D_0 \subsetneqq D$，那么对任何非负的但固定的整数 S，有

$$\| v \|_{0,D_0} \leqslant Ch^{-S} \| v \|_{-S,D},\ \forall v \in S^h(\Omega) \tag{2.2.20}$$

证明参见 Zhu-Lin[94] 第五章 §2. ■

定理 2.2.2 在定理 2.2.1 条件下，如果 D 为 Ω 的内子域或仅含 Ω 的光滑边界，$D_0 \subsetneqq D$，那么对任何非负整数 S，有

$$\| W \|_{1,\infty,D_0} \leqslant C \| W \|_{-S,D} \tag{2.2.21}$$

其中 S 为任意固定的非负整数.

证明 由于 D 为 Ω 的内子域或 Ω 的光滑边界(不含角点)，因此

$$\| \partial_z G_z \|_{S+1,D\backslash D_1} \leqslant C$$

$$| I | \leqslant Ch^{\varepsilon} \| W \|_{0,D\backslash D_1} + C \| W \|_{-S,D}$$

(即把(2.2.16) 适当改写一下)，利用前面同样的处理可得

$$\|W\|_{1,\infty,D_0} \leqslant Ch^{r\varepsilon}\|W\|_{0,D_r} + \|W\|_{-S,D_r}$$

其中 r 可选取如此大,使 $r\varepsilon > S$,于是由引理 3 得

$$h^{r\varepsilon}\|W\|_{0,D_r} \leqslant Ch^S\|W\|_{0,D_r} \leqslant C\|W\|_{-S,D}$$

从而定理 2.2.2 证毕. ■

推论 1 设 $D_0 \subsetneqq D \subset \Omega, D_0, D$ 为 Ω 的内子域或至多仅含 Ω 的光滑边界,那么对 k 次有限元问题,有局部估计

$$\|u-R_hu\|_{1,\infty,D_0} \leqslant C\|u-v\|_{1,\infty,D} + \|u-R_hu\|_{-S,D}, \forall v \in S_0^h(\Omega) \quad (2.2.22)$$

$$\|u-R_hu\|_{0,\infty,D_0} \leqslant Ch|\ln h|\ \|u-v\|_{1,\infty,D} + \|u-R_hu\|_{-S,D}, \forall v \in S_0^h(\Omega) \quad (2.2.23)$$

其中 $S \geqslant 0$ 为任意固定的整数.

证明 作 $D_0 \subsetneqq D_1 \subsetneqq D$,以及 $\omega \in C_d^\infty(D)$,使 ω 在 D_1 及附近恒为 1. 令 $u=u_1+u_2, u_1=\omega u$,由于

$$a(R_hu_2,v)=a(u_2,v)=0, \forall v \in S_0^h(D_1)$$

因此由定理 2.2.1 并注意 $u_2|_{D_1}=0$,有

$$\begin{aligned}&\|u_2-R_hu_2\|_{1,\infty,D_0} = \\ &\|R_hu_2\|_{1,\infty,D_0} \leqslant \\ &C\|R_hu_z\|_{-S,D_1} = \\ &C\|u_2-R_hu_2\|_{-S,D_1} \leqslant \\ &C\|u-R_hu\|_{-S,D} + \\ &C\|u_1-R_hu_1\|_{-S,D_1}\end{aligned}$$

又

$$\| u_1 - R_h u_1 \|_{-S,D_1} \leqslant$$
$$C \| u_1 - R_h u_1 \|_{1,\infty} \leqslant$$
$$C \| u_1 \|_{1,\infty} \leqslant$$
$$C \| u \|_{1,\infty,D_1}$$
$$\| u_1 - R_h u_1 \|_{1,\infty,D_0} \leqslant$$
$$C \| u_1 \|_{1,\infty} \leqslant$$
$$C \| u \|_{1,\infty,D_1}$$

综上所述得

$$\| u - R_h u \|_{1,\infty,D_0} \leqslant$$
$$\| u_1 - R_h u_1 \|_{1,\infty,D_0} +$$
$$\| u_2 - R_h u_2 \|_{1,\infty,D_0} \leqslant$$
$$C \| u \|_{1,\infty,D} +$$
$$\| u - R_h u \|_{-S,D}$$

$\forall v \in S_0^h(\Omega)$，用 $u - v$ 代替上式的 u，立即得式(2.2.22)，类似可证明式(2.2.23). ■

推论 2 设 $D_0 \subsetneqq D \subset \Omega$，$D_0$，$D$ 被“好”剖分覆盖，而且或者为 Ω 的内子域或者至多含 Ω 的光滑边界，并设 $u \in W^{k+2,q}(D) \cap H_0^1(\Omega)$，$2 \leqslant q \leqslant \infty$，那么对 k 次有限元问题，当 $q = 2$ 时有局部超收敛估计

$$\| I_h(u - R_h u) \|_{1,D_0} \leqslant$$
$$Ch^{k+1} \| u \|_{k+2,D} +$$
$$\| u - R_h u \|_{-S,D}, k \geqslant 1 \tag{2.2.24}$$
$$\| I_h(u - R_h u) \|_{0,D_0} \leqslant$$
$$Ch^{k+2} \| u \|_{k+2,D} +$$
$$\| u - R_h u \|_{-S,D}, k \geqslant 2 \tag{2.2.25}$$

当 $q = \infty$ 时，还有

$$\| I_h(u - R_h u) \|_{1,\infty,D_0} \leqslant$$

$$Ch^{k+1}\ |\ln h|^{\bar{k}}\ \|u\|_{k+2,\infty,D}+$$
$$\|u-R_h u\|_{-S,D},k\geqslant 1 \qquad (2.2.26)$$
$$\|I_h(u-R_h u)\|_{0,\infty,D_0}\leqslant$$
$$Ch^{k+2}\ |\ln h|\ \|u\|_{k+2,\infty,D}+$$
$$\|u-R_h u\|_{-S,D},k\geqslant 2 \qquad (2.2.27)$$

其中 S 为任意固定的非负整数,$\bar{k}=\begin{cases}1,当\ k=1\\0,当\ k\geqslant 2\end{cases}$.

证明　按推论 1 的证明,也作分解 $u=u_1+u_2$,于是 $u_1=\omega u\in W^{k+2,q}(D)\cap H_0^1(D)$,因为 D 被"好"剖分覆盖,所以有(见定理 2.1.1)

$$\|I_h u_1-R_h u_1\|_{1,D_0}\leqslant$$
$$Ch^{k+1}\ \|u_1\|_{k+2}\leqslant$$
$$Ch^{k+1}\ \|u\|_{k+2,D}$$

类似于前面(不妨设 $k\geqslant 2$)

$$\|I_h u_2-R_h u_2\|_{1,D_0}=$$
$$\|R_h u_2\|_{1,D_0}\leqslant$$
$$C\|R_h u_2\|_{-S,D_1}=$$
$$C\|u_2-R_h u_2\|_{-S,D_1}\leqslant$$
$$C\|u-R_h u\|_{-S,D_1}+$$
$$C\|u_1-R_h u_1\|_{-S,D_1}$$
$$\|u_1-R_h u_1\|_{-S,D_1}\leqslant$$
$$Ch^{k+2}\ \|u_1\|_{k+2,\Omega}\leqslant$$
$$Ch^{k+2}\ \|u\|_{k+2,D}\quad (见(1.5.3))$$

综合以上三式得(2.2.24),类似可证明其他各式,当然要用到定理 2.1.1.　■

如果注意到定理 2.1.2,那么有以下推论:

推论 3　在推论 2 的条件下,如果 D 被正规矩形

剖分覆盖,而 $S_0^h(\Omega)$ 为双 p 次有限元空间,那么有

$$\| i_h(u-R_hu) \|_{0,D_0} + h \| i_h(u-R_hu) \|_{1,D_0} \leqslant Ch^{p+3} \| u \|_{\bar{p}+3,D} + \| u-R_hu \|_{-S} \tag{2.2.28}$$

$$| i_h(u-R_hu) \|_{0,\infty,D_0} + h \| i_h(u-R_hu) \|_{1,\infty,D_0} \leqslant Ch^{p+3} | \ln h | \| u \|_{\bar{p}+3,\infty,D} + \| u-R_hu \|_{-S}, p \geqslant 3 \tag{2.2.29}$$

其中 i_h 为投影型插值,而 S 为任意固定的非负整数.

■

2.3 有限元解的二级插值处理

2.3.1 基本概念

设 $\mathscr{T}^H$ 是Ω上的一个以 H 为尺寸的剖分,$H=2h$,$\mathscr{T}^h$ 是剖分 $\mathscr{T}^H$ 经中点加密后所得的剖分,规定

$$\bar{P}_k(e) = \begin{cases} P_k(e), \text{当 } e \text{ 为三角形} \\ Q_k(e), \text{当 } e \text{ 为四边形} \end{cases}$$

并且定义有限元空间

$$S^h = \{v \in C(\bar{\Omega}): v|_e \in \bar{P}_k(e), e \in \mathscr{T}^H\}$$

$$V^H = \{v \in C(\bar{\Omega}): v|_E \in \bar{P}_{2k}(E), E \in \mathscr{T}^H\}$$

于是 $\mathscr{T}^H$ 与 $\mathscr{T}^h$ 两个结点集完全相同,即

$$T^H = T^h$$

分别定义 S^h 上和V^H 上的 Lagrange 插值算子 $I_h, I_{2h}^{(2k)}$,算子 $I_{2h}^{(2k)}$ 的上、下角标分别表明了分片多项式的次数和剖分的尺寸.

命题 1 对于插值算子 $I_h, I_{2h}^{(2k)}$ 有如下性质:

(1) 存在常数 $C>0$,使得

$$\| I_{2h}^{(2k)} u \|_{m,p} \leqslant C \| u \|_{m,p},$$
$$1 \leqslant p \leqslant \infty, m=0,1, \forall u \in S^h(\Omega)$$

其中 C 可能与 k,p 有关.

(2) $(I_{2h}^{(2k)})^2 = I_{2h}^{(2k)}, I_{2h}^{(2k)} I_h = I_{2h}^{(2k)}, I_h I_{2h}^{(2k)} = I_h$.

(3) $\forall z \in T^h$,有

$$I_{2h}^{(2k)} u(z) = I_h u(z) = u(z), \forall u \in C(\overline{\Omega})$$

(4) 存在常数 $C > 0$①,使得

$$\| u - I_{2h}^{(2k)} u \|_{m,p,E} \leqslant C h^{2k+1-m} \| u \|_{2k+1,p,E},$$
$$\forall u \in W^{2k+1,p}(E), \forall E \in \mathcal{T}^H, m=0,1,1 \leqslant p \leqslant \infty \tag{2.3.1}$$

证明　性质(2) ~ (4) 是显然的,只需证明(1),或者只需证明存在与 $E \in \mathcal{T}^H$ 无关的常数 C,使得

$$| I_{2h}^{(2k)} u |_{m,p,E} \leqslant C | u |_{m,p,E},$$
$$\forall E \in \mathcal{T}^H, \forall u \in S^h(\Omega), m=0,1 \tag{2.3.2}$$

我们仅对 $m=1$ 的情况来证明,作可逆仿射变换

$$F_E : \hat{E} \to E, F_E(\hat{x}) = B_E \hat{x} + b$$

其中 B_E 为可逆的满秩矩阵,$\hat{E}$ 为标准单元,$\text{mes}\,\hat{E} = 1$,由变换公式(参见 Zhu-Lin[94] 第二章 §5 引理 1) 得

$$| I_{2h}^{(2k)} u |_{1,p,E} \leqslant C \| B_E^{-1} \| \, | \det B_E |^{\frac{1}{p}} \, | I_{2h}^{(2k)} \hat{u} |_{1,p,\hat{E}}$$
$$| \hat{u} |_{1,p,\hat{E}} \leqslant C \| B_E \| \, | \det B_E |^{-\frac{1}{p}} \, | u |_{1,p,E} \tag{2.3.3}$$

构作有限维空间

$$\mathbf{K} = \{ \hat{u} : \hat{u}(\hat{P}_0) = 0, \hat{u} = u \circ F_E, \forall u \in S^h(\Omega) \}$$

其中 $\hat{P}_0 = F_E^{-1} P_0$,P_0 为 E 内固定点,定义

---

① 从形式上看,此常数 C 与 2^{2k+1-m} 有关,实际上还应与 $\frac{1}{(2k+1-m)!}$ 成正比,因此,当剖分加密一倍时,常数变化依然微弱.

$$\| \hat{u} \|^{(1)} = | I_{2h}^{(2k)} \hat{u} |_{1,p,\hat{E}}$$
$$\| \hat{u} \|^{(2)} = | \hat{u} |_{1,p,\hat{E}}$$

易证 $\|\cdot\|^{(1)}$，$\|\cdot\|^{(2)}$ 为 $\mathbf{K}$ 上两个范数，因为 $\mathbf{K}$ 的维数 S 与 h 无关，作为 S 维空间 $\mathbf{K}$ 上的两个范数是等价的，所以存在与 h 无关的常数 C，使得

$$| I_{2h}^{(2k)} \hat{u} |_{1,p,\hat{E}} = \| \hat{u} \|^{(1)} \leqslant C \| \hat{u} \|^{(2)} = C | \hat{u} |_{1,p,\hat{E}} \tag{2.3.4}$$

于是由(2.3.3)(2.3.4)得

$$| I_{2h}^{(2k)} u |_{1,p,E} \leqslant C \| B_E^{-1} \| \, \| B_E \| \, | u |_{1,p,E} \leqslant C | u |_{1,p,E}$$ ①

这里 C 仅与标准单元 $\hat{E}$ 有关. 证毕. ■

以 $2h$ 为剖分尺寸的插值算子 $I_{2h}^{(2k)}$ 叫作二级 $2k$ 次插值算子. 当 $k=1$ 时，常把 $I_{2h}^{(2k)}$ 简记成 I_{2h}，下面不再声明.

2.3.2　一次有限元解的插值处理

本小节假定 $\mathscr{T}^H$ 为三角形剖分(矩形剖分或四边形剖分)，$\mathscr{T}^h$ 为它经中点加密后产生的三角形剖分(四边形剖分)，$S^h(\Omega)$ 为 $\mathscr{T}^h$ 上的分片线性(双线性)有限元空间，V^H 为定义在 $\mathscr{T}^H$ 上的分片 2 次(双 2 次)有限元空间.

定理 2.3.1　设 Ω 上实现了“好”剖分 $\mathscr{T}^h$，那么有

$$\| u - I_{2h} R_h u \|_1 \leqslant Ch^2 \| u \|_3 \tag{2.3.5a}$$

---

① $\forall u \in S^h(\Omega)$，未必有 $u(P_0)=0$，注意有

$$| I_{2h}^{(2k)} (u - u(P_0)) |_{1,p,E} = | I_{2h}^{(2k)} u |_{1,p,E}$$
$$| u - u(P_0) |_{1,p,E} = | u |_{1,p,E}$$

因此并不影响结论的普遍性.

$$\| u - I_{2h}R_h u \|_{1,\infty} \leqslant Ch^2 \mid \ln h \mid \| u \|_{3,\infty} \tag{2.3.5b}$$

进一步,如果 $D_0 \subsetneqq D$,D 被“好”剖分覆盖,那么有

$$\| u - I_{2h}R_h u \|_{1,D_0} \leqslant C[h^2 \| u \|_{3,D} + \| u - R_h u \|_0] \tag{2.3.6a}$$

$$\| u - I_{2h}R_h u \|_{1,\infty,D_0} \leqslant C[h^2 \mid \ln h \mid \| u \|_{3,\infty,D} + \| u - R_h u \|_0] \tag{2.3.6b}$$

证明　由命题 1 的(1)(2) 及定理 2.1.1 得

$$\| I_{2h}u - I_{2h}R_h u \|_1 = \| I_{2h}(I_h u - R_h u) \|_1 \leqslant C \| I_h u - R_h u \|_1 \leqslant Ch^2 \| u \|_3$$

又由三角不等式得

$$\| u - I_{2h}R_h u \|_1 \leqslant \| u - I_{2h}u \|_1 + \| I_{2h}u - I_{2h}R_h u \|_1 \leqslant Ch^2 \| u \|_3$$

于是(2.3.5a) 证毕,类似可证明(2.3.5b).

如果利用命题 1 的(1)(2) 及定理 2.2.2 推论 2 还有

$$\| I_{2h}u - I_{2h}R_h u \|_{1,D_0} = \| I_{2h}(I_{2h}u - R_h u) \|_{1,D_0} \leqslant C \| I_h u - R_h u \|_{1,D_0} \leqslant Ch^2 \| u \|_{3,D} + C \| u - R_h u \|_{-S,D}$$

再利用三角不等式和 I_{2h} 的插值估计立即得(2.3.6a),(2.3.6b) 亦可类似证得.　■

这个定理说明，当剖分好的时候，Ritz-Galërkin 解被二级插值处理之后将有整体的超收敛性，而不是某些特殊点上的导数的超收敛性. ■

2.3.3 二次有限元解的插值处理

本小节仅限于二次三角形元及双二次四边形元，有如下定理：

定理 2.3.2 设 $S_0^k(\Omega)$ 是定义在"好"剖分上的二次有限元空间，$R_h u \in S_0^h(\Omega)$ 是 $u \in W^{4,p}(\Omega) \cap H_0^1(\Omega)(2 \leqslant p \leqslant \infty)$ 的有限元解，那么当 $p=2$ 时，有

$$\| u - I_{2h}^{(4)} R_h u \|_1 \leqslant Ch^3 \| u \|_4 \quad (2.3.7a)$$

$$\| u - I_{2h}^{(4)} R_h u \|_0 \leqslant Ch^4 \| u \|_4 \quad (2.3.7b)$$

当 $p=\infty$ 时，还有

$$\| u - I_{2h}^{(4)} R_h u \|_{1,\infty} \leqslant Ch^3 \| u \|_{4,\infty} \quad (2.3.8a)$$

$$\| u - I_{2h}^{(4)} R_h u \|_{0,\infty} \leqslant Ch^4 | \ln h | \| u \|_{4,\infty} \quad (2.3.8b)$$

如果 $D_0 \subsetneqq D \subset \Omega$，$D$ 被"好"剖分覆盖，$u \in W^{4,p}(D) \cap H_0^1(\Omega)(2 \leqslant p \leqslant \infty)$，那么还有

$$\| u - I_{2h}^{(4)} R_h u \|_{0,D_0} + h \| u - I_{2h}^{(4)} R_h u \|_{1,D_0} \leqslant Ch^4 \| u \|_{4,D} + \| u - R_h u \|_{-S}$$

$$\| u - I_{2h}^{(4)} R_h u \|_{1,\infty,D_0} \leqslant Ch^3 \| u \|_{4,\infty,D} + \| u - R_h u \|_{-S}$$

$$\| u - I_h^{(4)} R_h u \|_{0,\infty,D_0} \leqslant Ch^4 | \ln h | \| u \|_{4,\infty,D} + \| u - R_h u \|_{-S}$$

其中 S 为任意的但固定的非负整数.

证明同定理 2.3.1. ■

注　对双二次矩形有限元,导数插值后的误差可达到 $O(h^4)$,但必须改进插值方式(参见 2.4 节). 对于高次三角形元($k \geqslant 3$),目前尚未有好的结果.

2.3.4　高次四边形有限元解的二级插值处理

本小节假定 $\mathscr{T}^h$ 为区域 Ω 上的正规四边形剖分,$S_0^h(\Omega)$ 是定义在 $\mathscr{T}^h$ 上的双 k 次($k \geqslant 3$)有限元空间.

定理 2.3.3　设 $S_0^h(\Omega)$ 是定义在正规矩形剖分 $\mathscr{T}^h$ 上的双 k 次有限元空间,$R_h u \in S_0^h(\Omega)$ 是函数 $u \in W^{k+2,p}(\Omega) \cap H_0^1(\Omega)(2 \leqslant p \leqslant \infty)$ 的有限元解,那么当 $p=2$ 时,有

$$\| u - I_{2h}^{(2k)} R_h u \|_0 + h \| u - I_{2h}^{(2k)} R_h u \|_1 \leqslant Ch^{k+2} \| u \|_{k+2} \tag{2.3.9}$$

当 $p=\infty$ 时,还有

$$\| u - I_{2h}^{(2k)} R_h u \|_{1,\infty} \leqslant Ch^{k+1} \| u \|_{k+2,\infty} \tag{2.3.10a}$$

$$\| u - I_{2h}^{(2k)} R_h u \|_{0,\infty} \leqslant Ch^{k+2} | \ln h | \| u \|_{k+2,\infty} \tag{2.3.10b}$$

如果 $D_0 \subsetneqq D \subset \Omega$,$D$ 被正规矩形剖分覆盖,$u \in W^{k+2,p}(D) \cap H_0^1(\Omega)(2 \leqslant p \leqslant \infty)$,那么将有局部估计

$$\| u - I_{2h}^{(2k)} R_h u \|_{0,D_0} + h \| u - I_{2h}^{(2k)} R_h u \|_{1,D_0} \leqslant C[h^{k+2} \| u \|_{k+2,D} + \| u - R_h u \|_{-S}] \tag{2.3.11}$$

$$h | \ln h | \| u - I_{2h}^{(2k)} R_h u \|_{1,\infty,D_0} + \| u - I_{2h}^{(2k)} R_h u \|_{0,\infty,D_0} \leqslant C[h^{k+2} | \ln h | \| u \|_{k+2,\infty,D} +$$

$$\|u-R_h u\|_{-S}] \tag{2.3.12}$$

其中 $S\geqslant 0$ 为任意固定的整数.

证明同定理 2.3.1. ■

2.4 有限元解的其他插值处理方法

2.4.1 高级插值算子 $I_{mh}^{(r)}$ 和插值有限元

设 $\mathcal{T}^H$ 为 Ω 上的四边形剖分，$H=mh$，$\mathcal{T}^h$ 为 Ω 上的另一四边形剖分，假定 $\mathcal{T}^H$ 中每个单元 E 可由 $\mathcal{T}^h$ 中 m^2 个全等的单元组成，定义有限元空间

$$S^h=\{v\in C(\overline{\Omega}):v|_e\in Q_k(e),e\in\mathcal{T}^h\} \tag{2.4.1}$$

$$V^H=\{v\in C(\overline{\Omega}):v|_E\in Q_r(E),E\in\mathcal{T}^H\} \tag{2.4.2}$$

仍用 $I_h^k,I_{mh}^{(r)}$ 表示 S^h 和 V^H 上的 Lagrange 型插值算子，显然有：

命题 $I_{mh}^{(r)}$ 具有如下性质：

(1) 存在常数 $C>0$，使得

$$\|I_{mh}^{(r)}u\|_{S,p}\leqslant C\|u\|_{S,p},$$

$$S=0,1,1\leqslant p\leqslant\infty,\forall u\in S^h(\Omega)$$

(2) $(I_{mh}^{(r)})^2=I_{mh}^{(r)}$，$I_{mh}^{(r)}i_h=I_{mh}^{(r)}$(当 $r=m$).

(3) 当 $r=mk$ 时

$$I_{mh}^{(r)}u(z)=I_h u(z)=u(z)$$

对任何单元角结点 z.

(4) 存在常数 $C>0$，使得

$$\| u - I_{mh}^{(r)} u \|_{S,p,E} \leqslant Ch^{r+1-S} \| u \|_{r+1,p,E}, S=0,1 \tag{2.4.3}$$ ■

注　这里剖分尺寸为 mh，它不是 h，对右边的常数是有影响的，但影响微弱，见 2.4.5 小节.

我们把插值算子 $I_{mh}^{(r)}$ 作用在 Ritz-Galërkin 投影算子 R_h 上得算子 $I_{mh}^{(r)} R_h$，这种算子叫作插值有限元算子 (Interpolation Ritz-Galërkin Projection)，简称 IR 算子，2.3 节介绍的算子 $I_{2h} R_h$（对一次元），$I_{2h}^{(2k)} R_h$ ($k \geqslant 2$) 都属于这种算子. 在有限元的计算中，求解 $R_h u$ 的工作量与求解 $I_{mh}^{(r)} R_h u$ 的工作量相差不大，但后者则有整体高精度的逼近，这是 IR 算子的特殊功能之一. 第四章还会看到，IR 算子对于高精度的校正方法也有奇效.

2.4.2　双 k 次有限元解的高级插值处理

利用定理 2.1.2 和定理 2.2.2 的推论 3 则有以下定理：

定理 2.4.1　设 $\mathscr{T}^h$ 为 Ω 上正规矩形剖分，$S_0^h(\Omega)$ 是定义在 $\mathscr{T}^h$ 上双 k 次 ($k \geqslant 3$) 有限元空间，$R_h u \in S_0^h(\Omega)$ 为 $u \in W^{k+3,p}(\Omega) \cap H_0^1(\Omega)$ 的有限元解，$2 \leqslant p \leqslant \infty$，那么有

$$\| u - I_{mh}^{(r)} R_h u \|_0 + h \| u - I_{mh}^{(r)} R_h u \|_1 \leqslant Ch^{k+3} \| u \|_{k+3} \tag{2.4.4}$$

$$\| u - I_{mh}^{(r)} R_h u \|_{0,\infty} + h \| u - I_{mh}^{(r)} R_h u \|_{1,\infty} \leqslant Ch^{k+3} | \ln h | \| u \|_{k+3,\infty} \tag{2.4.5}$$

其中 $m = k+2$，$r = k+2$. 如果 $D_0 \subsetneqq D \subset \Omega$，$D$ 被正规矩形剖分覆盖，$u \in W^{k+3,p}(D) \cap H_0^1(\Omega)$，那么还有

$$\| u - I_{mh}^{(r)} R_h u \|_{0,D_0} + h \| u - I_{mh}^{(r)} R_h u \|_{1,D_0} \leqslant$$

$$Ch^{k+3}\|u\|_{k+3,D}+C\|u-R_hu\|_{-s} \tag{2.4.6}$$

$$\|u-I_{mh}^{(r)}R_hu\|_{0,\infty,D_0}+h\|u-I_{mh}^{(r)}R_hu\|_{1,\infty,D_0}\leqslant$$
$$Ch^{k+3}|\ln h|\|u\|_{k+3,\infty,D}+C\|u-R_hu\|_{-s} \tag{2.4.7}$$

其中 $m=r=k+2$,s 为任意的固定的非负整数.

证明 首先利用命题1的性质(2),当 $m=r=k+2$,$\nu=0,1$ 时

$$\|(I_{mh}^{(r)}-I_{mh}^{(r)}R_h)u\|_\nu=$$
$$\|I_{mh}^{(r)}(i_h-R_h)u\|_\nu\leqslant$$
$$C\|(i_h-R_h)u\|_\nu$$

其中 i_h 为 k 次投影型插值. 再利用定理 2.1.2 得

$$\|(i_h-R_h)u\|_0+h\|(i_h-R_h)u\|_1\leqslant Ch^{k+3}\|u\|_{k+3}$$

于是利用插值估计($r=k+2$)

$$\|u-I_{mh}^{(r)}u\|_\nu\leqslant Ch^{k+3-\nu}\|u\|_{k+3}$$

和三角不等式得(2.4.4),类似可证明(2.4.7),当然后者要用到对定理 2.1.2 的后一估计. 其次注意,对于局部区域 D_0,也有

$$\|I_{mh}^{(r)}(i_h-R_h)u\|_{\nu,p,D_0}\leqslant C\|(i_h-R_h)u\|_{\nu,p,D_0},$$
$$\nu=0,1,p=2,\infty$$

因此利用定理 2.2.2 的推论 3 并重复前面的类似推导方法证得(2.4.6) 和(2.4.7). ■

推论 在定理2.4.1的条件下,如果 $\mathscr{T}^h$ 为一致矩形剖分,$k=2$,那么还有

$$\|u-I_{4h}^{(4)}R_hu\|_1\leqslant Ch^4\|u\|_5$$

$$\|u-I_{4h}^{(4)}R_hu\|_{1,\infty}\leqslant Ch^4\|u\|_{5,\infty}|\ln h|$$

并且当 $D_0\subsetneqq D\subset\Omega$,$D$ 被一致矩形剖分覆盖时,在 $u\in W^{5,p}(D)\cap H_0^1(\Omega)$ 时,还有

$$\|u-I_{4h}^{(4)}R_hu\|_{1,D_0}\leqslant Ch^4\|u\|_{5,D}+C\|u-R_hu\|_{-S}$$

$$\| u - I_{4h}^{(4)} R_h u \|_{1,\infty,D_0} \leqslant$$
$$Ch^4 \mid \ln h \mid \| u \|_{5,\infty,D} +$$
$$C \| u - R_h u \|_{-S}$$

其中 S 为任意的但固定的非负整数.

证明类似于前面. ■

2.4.3　利用投影型插值作有限元解的低级插值处理

前面已经讲到,为了获得 $O(h^{p+3})$ 的精度,往往要作 $m = p+2$ 级的插值处理,这样大大增加了插值处理的难度.本小节将对双 p 次元问题来讨论低级插值处理问题.我们要问:能不能找一个二级投影型算子 $i_{2h}^{(2p)}$(其上、下指标的意义与 $I_{2h}^{(2p)}$ 的相应指标意义相同),使相应的插值有限元解 $i_{2h}^{(2p)}R_h$ 具有同样的逼近精度?

如图 2.4.1,考虑任意矩形单元 $E \in \mathscr{T}^H$,它由四个单元 $e_i \in \mathscr{T}^h (i=1,2,3,4)$ 组成,记

$$T = \{P_i : i = 1,2,\cdots,9\}$$
$$S = \{l_j : j = 1,2,\cdots,12\}$$

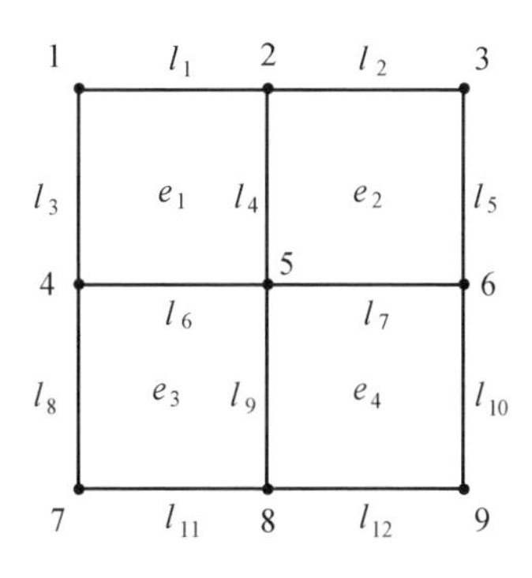

图 2.4.1

对函数 $u \in C(\bar{E})$，构作双 p 次多项式 $J_{2p}u$，使满足

$$\begin{cases} J_{2p}u(P_i)=u(P_i), i=1,2,\cdots,9 \\ \int_{l_j} J_{2p}u \cdot v\mathrm{d}\Gamma=\int_{l_j} u \cdot v\mathrm{d}\Gamma, \forall v \in P_{p-2}(l_j), \\ \qquad j=1,2,\cdots,12 \\ \int_{e_j} J_{2p}u \cdot v\mathrm{d}x\mathrm{d}y=\int_{e_j} u \cdot v\mathrm{d}x\mathrm{d}y, \forall v \in Q_{p-2}(e_j), \\ \qquad j=1,2,3,4 \end{cases} \tag{2.4.8}$$

设以上方程的个数为 M(方程组正则)，有

$$M=4(p-1)^2+12(p-1)+9=(2p+1)^2$$

刚好是 $Q_{2p}(E)$ 的维数，因此 $J_{2p}u \in Q_{2p}(E)$ 是唯一确定的，从而可断定 $J_{2p}u$ 就是 u 在 E 上的双 $2p$ 次投影型插值(参见 1.4.3 小节中命题 5)，即 $J_{2p}=i_{2h}^{(2p)}$. 不难证明 J_{2p} 满足：

(1) $\| J_{2p}u \|_{s,p} \leqslant C \| u \|_{s,p}, s=0,1,1 \leqslant p \leqslant \infty$, $\forall u \in S^h(\Omega)$;

(2) $(J_{2p})^2=J_{2p}, J_{2p}i_h=J_{2p}, i_hJ_{2p}=i_h$($i_h$ 为双 p 次投影型插值).

(3) $\| u-J_{2p}u \|_{s,q,E} \leqslant Ch^{2p+1-s} \| u \|_{2p+1,q,E}, s=0$, $1, 1 \leqslant q \leqslant \infty$.

定理 2.4.2 设 $\mathscr{T}^h$ 为 Ω 上的正规矩形剖分，$S_0^h(\Omega)$ 为定义在 $\mathscr{T}^h$ 上的双 p 次有限元空间，$R_hu \in S_0^h(\Omega)$ 为 $u \in W^{p+3,q}(\Omega) \cap H_0^1(\Omega)$($q=2$ 或 ∞) 的有限元解，那么有估计

$$\| u-J_{2p}R_hu \|_0+h \| u-J_{2p}R_hu \|_1 \leqslant$$
$$Ch^{p+3} \| u \|_{p+3}, p \geqslant 2 \tag{2.4.9}$$

$$\| u-J_{2p}R_hu \|_{0,\infty}+h \| u-J_{2p}R_hu \|_{1,\infty} \leqslant$$

$$Ch^{p+3} \mid \ln h \mid \ \| u \|_{p+3,\infty}$$

当 D 被一致剖分覆盖时，如果 $D_0 \subsetneqq D$，那么还有

$$\| u - J_{2p}R_h u \|_{0,D_0} + h \| u - J_{2p}R_h u \|_{1,D_0} \leqslant$$
$$C[h^{p+3} \| u \|_{p+3,D} + \| u - R_h u \|_{-s}], p \geqslant 3$$
$$\| u - J_{2p}R_h u \|_{0,\infty,D_0} + h \| u - J_{2p}R_h u \|_{1,\infty,D_0} \leqslant$$
$$C[h^{p+3} \mid \ln h \mid \ \| u \|_{p+3,\infty,D} + \| u - R_h u \|_{-s}] \tag{2.4.10}$$

其中 $s \geqslant 0$ 为任意固定整数. ■

证明　利用定理2.1.2($p \geqslant 3$)，定理2.2.2的推论3以及 J_{2p} 的性质，仿照定理2.4.1的证法即得本定理. ■

推广　当 $p=2$ 时，如果剖分 $\mathscr{T}^h$ 为矩形剖分，那么有

$$\| u - J_{2p}R_h u \|_{1,q} \leqslant Ch^4 \| u \|_{5,q}, q=2,\infty$$
$$\| u - J_{2p}R_h u \|_{1,q,D_0} \leqslant$$
$$C[h^4 \| u \|_{5,q,D} +$$
$$\| u - R_h u \|_{-s}], q=2,\infty$$

其中 $q=\infty$ 时右边要增加一个对数因子 $\mid \ln h \mid$. ■

2.5　天然超收敛性与插值有限元结果比较

Zhu-Lin[94] 曾引进了所谓"天然的"超收敛点概念. $x_0 \in \Omega$ 叫作应力佳点(导数超收敛点)，如果忽略一个对数因子，有估计

$$\overline{\nabla}(u - R_h u)(x_0) = O(h^{k+1}) \tag{2.5.1}$$

其中 $R_h u$ 为 u 的 Ritz-Galërkin 投影，$\overline{\nabla} u(x_0)$ 表示 u 在

点 x_0 的平均梯度. 由超收敛理论,当 x_0 有邻域 U_{x_0} 被"好"剖分覆盖,而且 $u \in W^{k+2,\infty}(U_{x_0}) \cap H_0^1(\Omega)$ 时,有

$$|\overline{\nabla}(I_h - R_h)u(x_0)| = O(h^{k+1}) \qquad (2.5.2)$$

因此(2.5.1) 等价于

$$|\overline{\nabla}(u - I_h u)(x_0)| \leqslant O(h^{k+1}) \qquad (2.5.3)$$

但是用(2.5.1) 定义应力佳点并不方便,因为我们无法由它确定 x_0 的位置. 因此我们这样来定义应力佳点:称 $x_0 \in \overline{\Omega}$ 为应力佳点,如果

$$|\overline{\nabla}(u - I_h u)(x_0)| \leqslant C_0 h^{k+1} |u|_{k+2,\infty,E} \qquad (2.5.4)$$

这里 E 是 x_0 所在单元 e 的加边扩充单元,在 E 上可作 $k+1$ 次 Lagrange 插值(图 2.5.1),例如,当 $e = \triangle ABC$ 时,尺寸为 h,加边形成的单元 $E = \triangle AB'C'$,e 的结点有$\frac{1}{2}(k+1)(k+2)$ 个,而 E 的结点个数为$\frac{1}{2}(k+2)(k+3)$ 个,类似对矩形单元 e 加边. 由于加边单元 E 的尺寸为 $mh = \frac{k+1}{k}h$,因此在 E 上确定的插值算子记为 $I_{mh}^{(k+1)}$,称为 m 级插值算子.

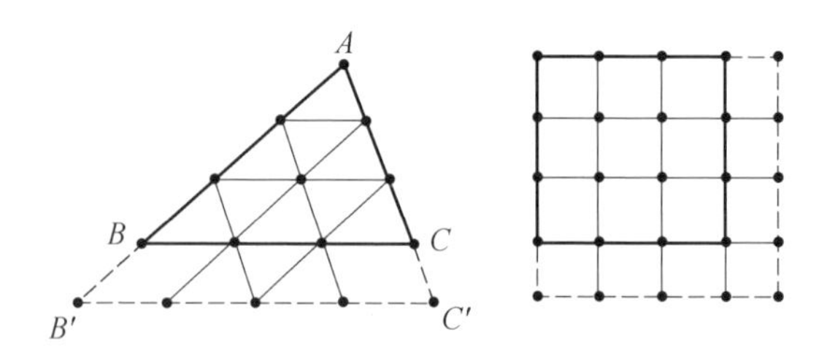

图 2.5.1

前面已经讲到, 如果采用二级插值有限元解 $I_{2h}^{(2k)} R_h u$,那么有估计

$$|\overline{\nabla}(u-I_{2h}^{(2k)}R_hu)(x_0)|\leqslant C_1h^{k+1}\quad(2.5.5)$$

因为二级插值的尺寸为 $2h$,所以(2.5.5) 中的常数 C_1 应是(2.5.4) 中常数 $C_0|u|_{k+2,\infty,E}$ 的 2^{k+1} 倍,这是非常糟糕的事情.为了克服这个困难,我们采用级数为 $m=\frac{k+1}{k}$ 的低级插值算子 $I_{mh}^{(k+1)}$ 来代替 $I_{2h}^{(2k)}$,与式(2.5.5) 的证明方法相同,也可以得到

$$|\nabla(u-I_{mh}^{(k+1)}R_hu)(x_0)|\leqslant C_2h^{k+1}\quad(2.5.6)$$

这时常数 C_2 至多是(2.5.4) 中常数的 $\left(\frac{k+1}{k}\right)^{k+1}$ 倍,它近似于常数 $\mathrm{e}=2.71\cdots$.

下面的定理表明,如果采用插值有限元 $I_{mh}^{(k+1)}R_hu$,$m=\frac{k+1}{k}$,那么将有

$$|\overline{\nabla}(I_{mh}^{(k+1)}R_hu(x_0)-R_hu(x_0))|=0$$

它说明(2.5.6) 和(2.5.4) 中的常数相同.

定理 2.5.1　设 $x_0\in e\in\mathscr{T}^h$,并且可以加边成单元 E,使得在 E 上有

$$I_{mh}^{(k+1)}I_h=I_{mh}^{(k+1)},I_hI_{mh}^{(k+1)}=I_h$$

那么如下条件等价:

(1) $|\overline{\nabla}(u-I_hu)(x_0)|\leqslant Ch^{k+1}|u|_{k+2,\infty,E}$,$\forall u\in W^{k+2,\infty}(E)\cap H_0^1(\Omega)$;

(2) $\overline{\nabla}(u-I_hu)(x_0)=0,\forall u\in P_{k+1}(E)$;

(3) $\overline{\nabla}I_{mh}^{(k+1)}R_hu(x_0)=\overline{\nabla}R_hu(x_0),\forall u\in W^{k+2,\infty}(E)\cap H_0^1(\Omega)$.

证明　利用插值展开(参见 Zhu-Lin[94] 第二章)容易证明(1)⇔(2).记

$$v = I_{mh}^{(k+1)} R_h u$$

则 $v \in P_{k+1}(E)$ 且 $R_h u = I_h I_{mh}^{(k+1)} R_h u = I_h v$，于是由条件(2)立即得(3). 反之，$\forall u \in P_{k+1}(E)$，不难找一个函数 $W \in W^{k+2,\infty}(E) \cap H_0^1(\Omega)$，使得

$$\overline{\nabla} I_{mh}^{(k+1)} R_h W(x_0) = \overline{\nabla} u(x_0)$$

$$I_{mh}^{(k+1)} R_h W = u, \text{在 } E \text{ 上}$$

从而 $I_h u = R_h W$ 在 E 上，由条件(3)立即得

$$\overline{\nabla} I_h u(x_0) = \overline{\nabla} R_h W(x_0) = \overline{\nabla} I_{mh}^{(k+1)} R_h W(x_0) = \overline{\nabla} u(x_0)$$

于是(3)⇒(2)成立. ■

注 当 $k=1$ 时，由以上定理，有：

(3) $\overline{\nabla} I_{2h}^{(2)} R_h u(x_0) = \overline{\nabla} R_h u(x_0)$.

这说明，对一次元，在应力佳点上，二级插值有限元解不改变有限元解的导数值.

2.6 有限元局部误差的渐近准确后验估计

在有限元方法的求解过程中，只能获得真解 u 的近似解 $R_h u$，而一般地讲，真解 u 是求不出来的，因而误差

$$E(x) = u(x) - R_h u(x)$$

是一个不可算的量. 如果我们能够获得某个可算的量 $\Delta(x)$，使得

$$C'\|\Delta\|_{D_0} \leqslant \|E\|_{D_0} \leqslant C\|\Delta\|_{D_0}$$

$$或\frac{\|E\|_{D_0}}{\|\Delta\|_{D_0}} \to 1, h \to 0 \qquad (2.6.1)$$

我们就称 $\|\Delta\|_{D_0}$ 为 $\|E\|_{D_0}$ 的等价的或渐近准确后验估计量(aposteriori error estimator or asymptotic exactness),此处 $\|\cdot\|_{D_0}$ 是 D_0 上某种范数.

后验估计量可以用来判断局部误差的大小,利用这一信息就可判断有限元逼近的好坏,从而对坏的地方可采取一些措施,例如,局部加密剖分或局部提高多项式的次数,如此反复下去,就可多快好省地获得理想结果.这一思想来自于 Babuska[1],它在有限元计算中特别具有生命力.本节也要讨论这一问题,不过,我们的认识来自于局部超收敛理论或插值有限元理论.

2.6.1　低次元的局部后验估计

任给 $x_0 \in \overline{\Omega}$,记

$$U_\rho = \{x \in \Omega: |x - x_0| < \rho\}$$

由定理 2.3.1 得下面的定理:

定理 2.6.1　设 $S^h(\Omega)$ 为一次(双一次)有限元空间,又设 $x_0 \in \overline{\Omega}$ 有一个固定的邻域 U_ρ 被 $\mathcal{T}^h$ 的“好”剖分覆盖(定义见 1.2 节),而且不含 Ω 的角点,那么有展开式

$$\overline{\nabla}(u - R_h u)(x_0) = \nabla(I_{2h}R_h u - R_h u)(x_0) + O(h^2 |\ln h|) \qquad (2.6.2)$$

进一步,如果

$$|\overline{\nabla}(u - I_h u)(x_0)| \geqslant Ch, 当\ h \to 0$$

那么还有

$$\lim_{h\to 0}\frac{|\overline{\nabla}(u-R_hu)(x_0)|}{|\overline{\nabla}(I_{2h}R_hu-R_hu)(x_0)|}=1 \quad (2.6.3)$$

其中$\overline{\nabla}$为平均梯度. 当然,如果$D_0\subsetneqq D\subset\Omega$,$D$被“好”剖分覆盖,$u$在$D$上充分光滑,那么还有

$$\lim_{h\to 0}\frac{\|u-R_hu\|_{a,D_0}}{\|I_{2h}R_hu-R_hu\|_{a,D_0}}=1 \quad (2.6.4)$$

其中$\|\cdot\|_a$为能量范数

$$\|u\|_{a,D_0}=\sqrt{a(u,u)_{D_0}}$$

证明 由于

$$\|u-R_hu\|_0=O(h^2)$$

因此(2.6.2)是(2.3.6b)(见定理2.3.1)的等价形式,由于

$$|\overline{\nabla}(I_hu-R_hu)(x_0)|=O(h^2|\ln h|)$$

因此从条件$|\overline{\nabla}(u-I_hu)(x_0)|\geqslant Ch$,可得

$$|\overline{\nabla}(u-R_hu)(x_0)|\geqslant Ch$$

于是从(2.6.2)立即得(2.6.3). 类似可证(2.6.4).

说明 定理2.6.1表明,只要$|\nabla(u-R_hu)(x_0)|$不是h的高阶无穷小量,可算量

$$\Delta_{x_0}=|\nabla(I_{2h}R_hu-R_hu)(x_0)| \quad (2.6.5)$$

就是误差$|\nabla E(x_0)|$的一个极好的后验估计量. 然而以上条件一般不能事先确定,因而在实算中常以

$$\Delta_{D_0}=\|\nabla(I_{2h}R_hu-R_hu)\|_{0,D_0} \quad (2.6.6)$$

或

$$\Delta_{D_0}=\|I_{2h}R_hu-R_hu\|_{a,D_0}$$

来作$\|\nabla E\|_{0,D_0}$或$\|E\|_{a,D_0}$的后验估计. 估计量(2.6.6)的可靠性很大,这是因为,对固定的区域D_0,常有

$$\|\nabla(I_hu-u)\|_{0,D_0}\geqslant Ch$$

除非 u 为一次函数.

下面来考虑二次三角形元或双二次四边形元问题,对光滑域,一般有估计(见第一章)

$$\| u - R_h u \|_{-s} = O(h^4)$$

对凹角域,一般有

$$\| u - R_h u \|_{-s} = O(h^{\min\{4, 2\beta_M - \varepsilon\}}) \qquad (2.6.7)$$

其中 $\frac{\pi}{\beta_M}$ 为 Ω 的最大内角.

于是,由定理 2.3.2 有以下定理:

定理 2.6.2　设 Ω 为光滑域或满足条件 $\beta_M > \frac{3}{2}$ 的角域,点 $x_0 \in \overline{\Omega}$ 有一个固定邻域 U_ρ 被“好”剖分覆盖,又设 $S_0^h(\Omega)$ 为二次三角形(或双二次四边形)有限元空间,那么当 x_0 的邻域 U_ρ 不含角点时,有展开式

$$(u - R_h u)(x_0) = (I_{\frac{2}{3}h}^{(4)} R_h u - R_h u)(x_0) + \varepsilon_0 \qquad (2.6.8)$$

$$\overline{\nabla}(u - R_h u)(x_0) = \nabla(I_{\frac{3}{2}h}^{(4)} R_h u - R_h u)(x_0) + \varepsilon_1 \qquad (2.6.9)$$

其中

$$| \varepsilon_0 | \leqslant Ch^4 | \ln h | \| u \|_{4,\infty,U_\rho} + \| u - R_h u \|_{-s}$$

$$| \varepsilon_1 | \leqslant Ch^3 \| u \|_{4,\infty,U_\rho} + \| u - R_h u \|_{-s}$$

进一步,当 $|(u - I_h u)(x_0)| \geqslant Ch^3$ 时,有

$$\frac{|(u - R_h u)(x_0)|}{|(I_{\frac{3}{2}h}^{(3)} R_h u - R_h u)(x_0)|} \to 1, h \to 0 \qquad (2.6.10)$$

当 $|\nabla(u - I_h u)(x_0)| \geqslant Ch^2$ 时,那么还有

$$\frac{|\nabla(u - R_h u)(x_0)|}{|\nabla(I_{\frac{3}{2}}^{(3)} R_h u - R_h u)(x_0)|} \to 1, h \to 0 \qquad (2.6.11)$$

其中(2.6.11)甚至对一般凸角域均成立.

证明与定理 2.6.1 类似. ■

注 实际计算中,我们不用

$$\Delta_{x_0}=(I_{\frac{3}{2}h}^{(3)}R_hu-R_hu)(x_0)$$

作$(u-R_hu)(x_0)$的后验估计,而宁愿用

$$\Delta_{D_0}=\| I_{\frac{3}{2}h}^{(4)}R_hu-R_hu\|_{a,D_0}$$

作 $\|u-R_hu\|_{a,D_0}$ 的后验估计,其道理与前面相同.

2.6.2 高次有限元的后验估计

我们仅考虑 $p(p\geqslant 3)$ 次的四边形有限元问题,对于 $p(p\geqslant 3)$ 次三角形元,由于超收敛问题尚未弄清,因此不考虑它.

与前段情况类似,利用式(2.5.6)可得以下定理:

定理 2.6.3 设 $S_0^h(\Omega)$ 为双 p 次有限元空间,$X_0\in\overline{\Omega}$,它的某固定邻域不含 Ω 的角点,被均匀矩形剖分覆盖,那么有展开式

$$(u-R_hu)(x_0)=(I_{mh}^{(p+1)}R_hu-R_hu)(x_0)+\varepsilon_0 \tag{2.6.12}$$

$$\overline{\nabla}(u-R_hu)(x_0)=\overline{\nabla}(I_{mh}^{(p+1)}R_hu-R_hu)(x_0)+\varepsilon_1$$

其中

$$m=\frac{p+1}{p}$$

$$|\varepsilon_0|\leqslant Ch^{p+2}\|u\|_{p+2,\infty,U_p}+C\|u-R_hu\|_{-s}$$

$$|\varepsilon_1|\leqslant Ch^{p+1}\|u\|_{p+2,\infty,U_p}+C\|u-R_hu\|_{-s}$$

s 为任意的但固定的非负整数. ■

对于奇点(角点)附近的后验估计,我们将在第五章里介绍.

第三章 有限元解的展开式

设 $\mathscr{T}^h$ 为 $\Omega \subset \mathbf{R}^2$ 上的一个剖分(三角形剖分或四边形剖分),$S^h(\Omega)$ 为 $\mathscr{T}^h$ 上的 p 次(双 p 次)有限元空间,$u_h = R_h u \in S_0^h(\Omega)$ 为有限元解. 在 Zhu-Lin[94] 第六章,我们曾针对一些简单问题,讨论了有限元解的展开问题,例如对一次元,证明了结点 z 上的展开式

$$u^h(z) = u(z) + Ch^2 + O(h^4) \tag{3.0.1}$$

从而立即获得高精度的外推公式

$$\frac{4u^{\frac{h}{2}}(z) - u^h(z)}{3} = u(z) + O(h^4)$$

然而,展开式(3.0.1)的应用,决不仅限于外推,更重要的是,本书要重点介绍的例如插值有限元、校正和后验估计等一系列问题,都必须以这种展开式为基础. 由于插值函数 $u^I = I_h u$ 在结点 z 处的值就是 $u(z)$,因此我们有必要在更广泛的意义下,讨论

$$u^h(z)-u^I(z)=a(u-u^I,G_z^h),z\in\overline{\Omega}$$

的展开问题，其中 $G_z^h\in S_0^h(\Omega)$ 为离散 Green 函数（参见 1.5.2 小节或 Zhu-Lin[94] 第三章），或者更一般地，要讨论

$$I=a(u-u^I,v),\forall v\in S_0^h(\Omega)\qquad(3.0.2)$$

的展开问题.

本章不仅对 $p=1$ 的情况进行了讨论，而且对 $p\geqslant 2$ 的情况进行了讨论；不仅对三角形元进行了讨论，而且对四边形元进行了讨论.

3.1 线性三角形有限元上的基本展开式

3.1.1 一般正规剖分上的基本展开式

设 $e\in\mathscr{T}^h$ 为任一个三角形元，用 $|e|$ 表示它的面积，如图 3.1.1，用 s_1,s_2,s_3（按逆时针方向排序）表示它的三条边，用 $t_i,n_i(i=1,2,3)$ 表示相应边的切向和法向单位矢，$h_i(i=1,2,3)$ 表示三边之长，$H_i(i=1,2,3)$ 表示对应边上的高，采用循环记号 $s_{i+3}=s_i$，其余依此类推. 令 $\partial_i=\dfrac{\partial}{\partial t_i}$，我们有：

引理 1 (1) $t_i\cdot n_{i+1}=\dfrac{2|e|}{h_ih_{i+1}},n_i\cdot t_{i+1}=-\dfrac{2|e|}{h_ih_{i+1}}$；

(2) $n_i=\dfrac{h_ih_{i+1}}{|e|}[(n_i\cdot n_{i+1})t_i-t_{i+1}],i=1,2,3.$

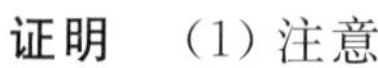

证明 (1) 注意

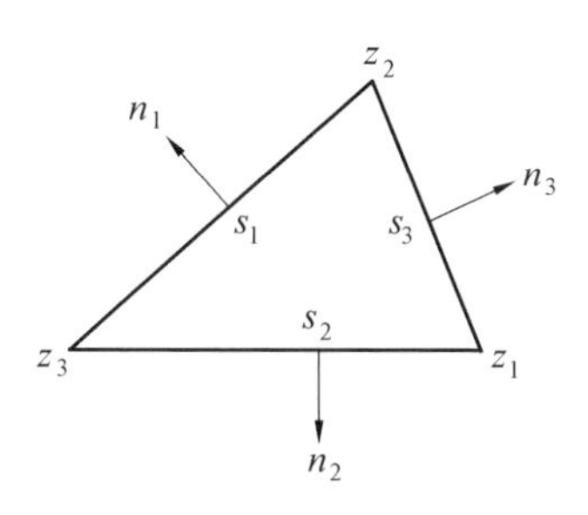

图 3.1.1

$$\frac{1}{2}h_iH_i=|e|,(h_it_i)\cdot n_{i+1}=H_{i+1}$$

从而

$$t_i\cdot n_{i+1}=\frac{1}{h_i}H_i=\frac{2|e|}{h_ih_{i+1}}$$

类似可证

$$n_i\cdot t_{i+1}=-\frac{2|e|}{h_ih_{i+1}}$$

(2) 因 t_i,t_{i+1} 线性无关,故存在 β_1,β_2,使得

$$n_i=\beta_1t_i+\beta_2t_{i+1}$$

由于 $n_{i+1}\cdot t_{i+1}=0$,得

$$n_i\cdot n_{i+1}=\beta_1t_i\cdot n_i=\frac{2|e|\beta_1}{h_ih_{i+1}}$$

因此

$$\beta_1=\frac{h_ih_{i+1}}{2|e|}n_i\cdot n_{i+1}$$

又由 $n_i\cdot t_i=0$ 可得 $\beta_2=-\frac{h_ih_{i+1}}{2|e|}$,所以

$$n_i=\frac{h_ih_{i+1}}{2|e|}[(n_i\cdot n_{i+1})t_i-t_{i+1}]$$ ■

下面的引理是众所周知的 Euler-Maclaurin(欧

拉一麦克劳林）公式：

引理 2　设 $u \in C^{2n}(s_i)$，则

$$\int_{s_i}(u-u^I)\mathrm{d}s=\sum_{k=1}^{n-1}\beta_k h_i^{2k}\int_{s_i}\partial_i^{2k}u\,\mathrm{d}s+h_i^{2n}\int_{s_i}\beta_n(s)\partial_i^{2n}u\,\mathrm{d}s$$

其中 β_k 为 Bernoulli（伯努利）数，与 h_i 无关，$\beta_n(s)\in C_0^1(s_i)$ 满足

$$|\beta_n(s)|\leqslant C,\int_{s_i}\beta_n(s)\mathrm{d}s=\beta_n h_i$$

$$\beta_n(s-c_0)=\beta_n(c_0-s)\quad(c_0\text{ 为 }s_i\text{ 的中心})$$

∂_i^m 为 t_i 方向的 m 次导数.　■

引理 3　对 $v\in C'(\bar{e})$，有

$$h_{i+1}\int_{s_i}v\mathrm{d}s-h_i\int_{s_{i+1}}v\mathrm{d}s=\frac{h_1h_2h_3}{2|e|}\int_e\partial_{i+2}v\mathrm{d}x\mathrm{d}y \tag{3.1.1}$$

证明　利用 Green 公式

$$\int_e\partial_{i+2}v\mathrm{d}x\mathrm{d}y=\int_{\partial e}vt_{i+2}\cdot n\mathrm{d}s$$

其中 ∂e 为 e 的周界，而且在 s_{i+2} 上，$t_{i+2}\cdot n_{i+2}=0$，由引理 1 可得

$$\int_e\partial_{i+2}v\mathrm{d}x\mathrm{d}y=\int_{s_i}vt_{i+2}\cdot n_i\mathrm{d}s+\int_{s_{i+1}}vt_{i+1}\cdot n_{i+1}\mathrm{d}s=$$
$$\frac{2h_{i+1}|e|}{h_1h_2h_3}\int_{s_i}v\mathrm{d}s-\frac{2h_i|e|}{h_1h_2h_3}\int_{s_{i+1}}v\mathrm{d}s$$

此即证得引理 3.　■

定理 3.1.1　设 $\mathscr{T}^h$ 为 Ω 上的正规三角形剖分（定义见 1.3.1 小节），$S^h(\Omega)$ 为 $\mathscr{T}^h$ 上的分片线性有限元空间，那么有展开式

$$a(u-u^I,v)=\sum_{k=1}^{n-1}h^{2k}W_k(u,v,\mathscr{T}^h)+h^{2n}R_n(u,v,\mathscr{T}^h),$$
$$\forall v\in S^h(\Omega) \tag{3.1.2}$$

其中

$$W_k(u,v,\mathscr{T}^h)=\sum_{e\in\mathscr{T}^h}\beta_k\sum_{i=1}^{3}\lambda_i^{2k}\int_{s_i}\partial_i^{2k}u\ \frac{\partial v}{\partial n_i}\mathrm{d}s \tag{3.1.3}$$

$$R_n(u,v,\mathscr{T}^h)=\sum_{e\in\mathscr{T}^h}\sum_{i=1}^{3}\int_{s_i}\lambda_i^{2n}\beta_n(s)\partial_i^{2n}u\ \frac{\partial v}{\partial n_i}\mathrm{d}s,$$

$$\lambda_i=\frac{h_i}{h} \tag{3.1.4}$$

证明

$$\begin{aligned}I=&\int_\Omega\nabla(u-u^I)\nabla v\mathrm{d}x\mathrm{d}y=\\&\sum_{e\in\mathscr{T}^h}\int_e\nabla(u-u^I)\nabla v\mathrm{d}x\mathrm{d}y=\\&\sum_{e\in\mathscr{T}^h}\int_{\partial e}(u-u^I)\ \frac{\partial v}{\partial n}\mathrm{d}s=\\&\sum_{e\in\mathscr{T}^h}\sum_{i=1}^{3}\int_{s_i}(u-u^I)\ \frac{\partial v}{\partial n_i}\mathrm{d}s\end{aligned}$$

因为$\frac{\partial v}{\partial n_i}$在$s_i$上为常数，所以利用引理2就证得本定理. ■

命题1　由定理3.1.1确定的W_k，R_n有如下性质：

(1) $W_k(u,v,\mathscr{T}^h)$关于u，v都是线性的；

(2) 当$v\in H^2(\Omega)$时，有

$$W_k(u,v,\mathscr{T}^h)=\sum_{i=1}^{3}\beta_k\sum_{s_i\subset\partial\Omega}\lambda_i^{2k}\int_{s_i}\partial_i^{2k}u\ \frac{\partial v}{\partial n_i}\mathrm{d}s$$

因而它与区域内部的剖分结构无关. 类似地，$R_n(u,v,\mathscr{T}^h)$也是如此. 它们分别可简记为$W_k(u,v)$，$R_n(u,v)$.

(3) 存在$\varphi_k^{(i)}\in C(\overline{\Omega})\cap H^1(\Omega)$，满足：

(ⅰ) $|\varphi_n^{(i)}|\leqslant Ch$，$|\nabla\varphi_n^{(i)}|\leqslant C$，且在 s_i 上有

$$\partial_i\varphi_n^{(i)}(s)=\beta_n(s)-\beta_n$$

(ⅱ) 在每个边 s_i 的端点有 $\varphi_n^{(i)}=0$；

(ⅲ) 在每个单元 e 上有 $\partial_{i+2}\varphi_n^{(i)}=0$ 且

$$h_i\partial_i\varphi_n^{(i)}=-h_{i+1}\partial_{i+1}\varphi_n^{(i)}$$

证明 我们只需验证(ⅲ)，事实上，对每个单元 e 的边 s_i 上的点 s(弧参)，令

$$\tilde{\varphi}_n(s)=\beta_n(s)-\beta_n$$

则 $\int_{s_i}\tilde{\varphi}(s)\mathrm{d}s=0$. 若用区间 $[\alpha,\beta]$ 表示弧，可在 s_i 上定义函数

$$\psi_n(s)=\int_\alpha^s\tilde{\varphi}_n(s)\mathrm{d}s$$

那么 $\psi_n\in C_0^1([\alpha,\beta])$，且

$$\partial_i\psi_n=\tilde{\varphi}_n,\ |\psi_n|\leqslant Ch,\ |\partial_i\psi|\leqslant C$$

对任意的点 $p\in e$，经过它作线段 $l\,/\!/\,s_{i+2}$ 交 s_i 于 s，定义

$$\tilde{\psi}_n(p)=\psi_n(s)$$

那么 $\tilde{\psi}_n$ 是 ψ_n 的延拓，且满足 $\partial_{i+2}\tilde{\psi}_n(p)=0$. 这样，我们可以构作 Ω 上的函数 $\varphi_n^{(i)}(p)$，使得

$$\varphi_n^{(i)}|_e=\tilde{\psi}_n,\ \forall e\in\mathscr{T}^h$$

显然 $\varphi_n^{(i)}\in C(\overline{\Omega})\cap H^1(\Omega)$，且满足(ⅰ)(ⅱ)及(ⅲ). 又

$$h_it_i+h_{i+1}t_{i+1}+h_{i+2}t_{i+2}=0(\text{零向量})$$

两边同乘以 $\nabla\varphi_n^{(i)}$，得

$$\sum_{j=i}^{i+2}h_j\partial_j\varphi_n^{(i)}=0$$

由于 $\partial_{i+2}\varphi_n^{(i)}=0$，因此可见(ⅲ)的第二式成立. ■

定理 3.1.1 的推论 对任何 $z\in\overline{\Omega}$，有展开式

$$(u^h - u^I)(z) = \sum_{k=1}^{n-1} h^{2k} W_k^h(z) + h^{2n} r_n^h(z) \tag{3.1.5a}$$

其中

$$\begin{cases} W_k^h(z) = W_k(u, G_2^h, \mathscr{T}^h) \\ r_n^h(z) = R_n(u, G_z, \mathscr{T}^h) \end{cases} \tag{3.1.5b}$$

是 $S_0^h(\Omega)$ 中的函数，而且满足

$$|W_k^h(z)| + |h\ln h||\partial_z W_k^h(z)| \leqslant C|\ln h| \|u\|_{2k,\infty} \tag{3.1.6a}$$

$$|r_n^h(z)| + |h\ln h||\partial_z r_n^h(z)| \leqslant C|\ln h| \|u\|_{2n,\infty} \tag{3.1.6b}$$

证明　在(3.1.2)中，令 $v = G_z^h$ 得

$$(u^h - u^I)(z) = a(u^h - u^I, G_z^h) = a(u - u^I, G_z^h) = \sum_{k=1}^{n-1} h^{2k} W_k^h(z) + h^{2n} r_n^h(z)$$

其中 $W_k^h(z)$，$r_n^h(z)$ 满足(3.1.5b)．若用 φ_{z_i} 表示点 $z_i \in T_0^h$ 处的基函数(T_0^h 为剖分 $\mathscr{T}^h$ 的内结点集)，那么有展开式

$$G_z^h(X) = \sum_{z_i \in T_0^h} \sum_{z_j \in T_0^h} G_{z_i}^h(z_j) \varphi_{z_i}(z) \varphi_{z_j}(X)$$

代入表达式(3.1.3)(3.1.4)的 v 中，易见 $W_k^h(z)$，$r_n^h(z)$ 是$\{\varphi_{z_i}(z) : z_i \in T_0^h\}$的线性组合，因而 $W_k^h, r_n^h \in S_0^h(\Omega)$．下面借助于1.5.1引进的准Green函数，有

$$r_n^h(z) = R_n(u, G_z^*, \mathscr{T}^h) + R_n(u, G_z^h - G_z^*, \mathscr{T}^h)$$

由于 $G_z^* \in H^2(\Omega) \cap H_0^1(\Omega)$，利用命题1的性质(2)，有

$$|R_n(u, G_z^*, \mathscr{T}^h)| \leqslant C\|u\|_{2n,\infty} \|\nabla G_z^*\|_{0,1,\partial\Omega} \leqslant C\|u\|_{2n,\infty} \|G_z^*\|_{2,1}$$

又

$$|R_n(u,G_z^h-G_z^*,\mathscr{T}^h)|\leqslant$$
$$C\|u\|_{2n,\infty}\sum_e\|\nabla(G_z^h-G_z^*)\|_{0,1,\partial e}$$

将 e 仿射变换到标准单元 $\hat{e}$ 上，并利用嵌入关系 $W^{2,1}(\hat{e})\hookrightarrow W^{1,1}(\partial\hat{e})$，得

$$\|\nabla(G_z^h-G_z^*)\|_{0,1,\partial e}\leqslant$$
$$C\|\nabla^2G_z^*\|_{0,1,e}+$$
$$Ch^{-1}|G_z^*-G_z^h|_{1,1,e},\forall e\in\mathscr{T}^h$$

于是

$$|R_n(u,G_2^h-G_z^*,\mathscr{T}^h)|\leqslant$$
$$C\|u\|_{2n,\infty}(\|G_z^*\|_{2,1}+h^{-1}\|G_z^*-G_z^h\|_{1,1})$$

注意熟知的估计(见 1.5.1 小节)

$$\|G_z^*\|_{2,1}'+h^{-1}\|G_z^*-G_z^h\|_{1,1}\leqslant C|\ln h|$$

得证

$$|r_n^h(z)|\leqslant C|\ln h|\ \|u\|_{2n,\infty}$$

类似可证明 $W_k^h(z)$ 的相应估计. 如果用 $\partial_zG_z^h,\partial_zG_z^*$ 分别代替上述推导中的 G_z^h,G_z^*，并注意

$$\|\partial_zG_z^*\|_{2,1}\leqslant Ch^{-1}$$
$$\|\partial_zG_z^h-\partial_zG_z^*\|_{1,1}\leqslant C$$

就可得 $r_n^h(z),W_k^h(z)$ 导数的相应估计. ■

3.1.2 Ω 为三角形的情形

设 $\Omega=\triangle A_1A_2A_3$，那么 Ω 上可实现一致三角形剖分 $\mathscr{T}^h$，用 T_1,T_2,T_3 分别表示 A_2A_3,A_3A_1,A_1A_2 方向的单位矢量(图 3.1.2)，N_i 分别表示相应边的外法向单位矢量，那么对任何 $e\in\mathscr{T}^h$，有

$$t_i=T_i,n_i=N_i$$

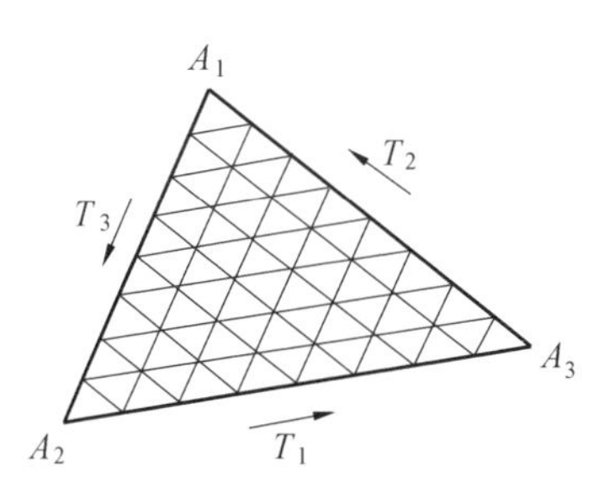

图 3.1.2

或

$$t_i = -T_i, n_i = -N_i$$

若记 $D_i = \dfrac{\partial}{\partial T_i}, \partial_i = \dfrac{\partial}{\partial t_i}$,则有

$$D_j v D_1^{\alpha_1} D_2^{\alpha_2} D_3^{\alpha_3} u = \partial_j v \partial_1^{\alpha_1} \partial_2^{\alpha_2} \partial_3^{\alpha_3} u$$

当 $\alpha_1 + \alpha_2 + \alpha_3 + 1$ 为偶数.

此外若记

$$\lambda_i = \frac{h_i}{h}, \alpha = \frac{|e|}{h^2}$$

那么,对于一致剖分,λ_i, α 是与 e, h 无关的常数. 我们有如下定理:

定理 3.1.2　若 Ω 为三角形区域,实现了一致三角形剖分 $\mathscr{T}^h$,$S^h(\Omega)$ 是 $\mathscr{T}^h$ 上的一次有限元空间,那么展开式(3.1.2)可简写成

$$\alpha(u - u^I, v) = \sum_{k=1}^{n-1} h^{2k} W_k(u,v) + h^{2n} r_n(u,v),$$
$$\forall v \in S^h(\Omega)$$

其中

$$W_k(u,v) = -\beta_k \sum_{i=1}^{3} \lambda_{i-1}^{2k+1} \frac{\lambda_1\lambda_2\lambda_3}{(2\alpha)^2} \int_\Omega D_{i+1} D_{i-1}^{2k} u D_i v \mathrm{d}x\mathrm{d}y +$$

$$\beta_k \sum_{i=1}^{3} \int_{\Gamma_i} (\lambda_i^{2k+1} \lambda_{i+1} \frac{N_i \cdot N_{i+1}}{2\alpha} D_i^{2k} u - \lambda_{i+2}^{2k+2} \frac{1}{2\alpha} D_{i+2}^{2k} u) D_i v \mathrm{d}\Gamma \tag{3.1.7a}$$

$$r_n(u,v) = R_n(u,v,\mathcal{T}^h) = W_n(u,v) + \tilde{r}_n(u,v) \tag{3.1.7b}$$

$$\tilde{r}_n(u,v) = \sum_{i=1}^{3} \int_{\Omega} D_{i-1} \varphi_n^{(i-1)} \lambda_{i-1}^{2n+1} \frac{\lambda_1 \lambda_2 \lambda_3}{(2\alpha)^2} D_{i+1} D_{i-1}^{2n} u D_i v \mathrm{d}x\mathrm{d}y - \sum_{i=1}^{3} \int_{\Gamma_i} (\varphi_n^{(i)} \lambda_i^{2n+1} \lambda_{i+1} \frac{N_i \cdot N_{i+1}}{2\alpha} D_i^{2n+1} u - \varphi_n^{(i-1)} \frac{\lambda_{i-1}^{2n+1} \lambda_i}{2\alpha} D_i D_{i+2}^{2n} u) D_i v \mathrm{d}\Gamma \tag{3.1.7c}$$

此处 $\Gamma_i = A_{i+1} A_{i+2}$.

证明 由引理 1 有

$$\frac{\partial v}{\partial n_i} = \nabla v \cdot n_i = \frac{\lambda_i \lambda_{i+1}}{2\alpha} \nabla v \cdot [(N_i \cdot N_{i+1}) t_i - t_{i+1}] = \frac{\lambda_i \lambda_{i+1}}{2\alpha} [(N_i \cdot N_{i+1}) \partial_i v - \partial_{i+1} v]$$

代入(3.1.3)得

$$W_k(u,v,\mathcal{T}^h) = \beta_k \sum_{i=1}^{3} \lambda_i^{2k} \sum_{e \in \mathcal{T}^h} \frac{\lambda_i \lambda_{i+1}}{2\alpha} \cdot \left[(N_i \cdot N_{i+1}) \int_{s_i} \partial_i v D_i^{2k} u \mathrm{d}s - \int_{s_i} \partial_i^{2k} u \cdot D_{i+1} v \mathrm{d}s \right] \tag{3.1.8}$$

由引理 3 得

$$\int_{s_i} D_i^{2k} u \mathrm{d}s = \frac{\lambda_i}{\lambda_{i+1}} \int_{s_{i+1}} D_i^{2k} u \mathrm{d}s + \frac{\lambda_i \lambda_{i+1}}{2\alpha} \int_e \partial_{i+2} D_i^{2k} u \mathrm{d}x\mathrm{d}y$$

代入(3.1.8)并消去处于 Ω 内部的线积分得

$$W_k(u,v,\mathcal{T}^h) = \beta_k \sum_{i=1}^{3} \lambda_i^{2k+1} \frac{\lambda_{i+1}(N_i \cdot N_{i+1})}{2\alpha} \int_{\Gamma_i} D_i^{2k} u D_i v \mathrm{d}\Gamma -$$

$$\beta_k \sum_{i=1}^{3} \lambda_{i+2}^{2k+1} \frac{\lambda_{i+2}}{2\alpha} \int_{\Gamma_i} D_{i+2}^{2k} u D_i v \mathrm{d}\Gamma -$$

$$\beta_k \sum_{i=1}^{3} \lambda_{i-1}^{2k+1} \frac{\lambda_1 \lambda_2 \lambda_3}{(2\alpha)^2} \int_{\Omega} D_{i+1} D_{i-1}^{2k} u D_i v \mathrm{d}x \mathrm{d}y$$

(3.1.9)

这个表达式与剖分无关了，可简记为 $W_k(u,v)$. 将上式整理得(3.1.7a). 考虑(3.1.4)，注意 $\partial_i^{2k} = D_i^{2k}$ 有

$$\int_{s_i} \beta_n(s) \partial_i^{2n} u \mathrm{d}s = \int_{s_i} D_i \varphi_n^{(i)} D_i^{2n} u \mathrm{d}s + \beta_n \int_{s_i} D_i^{2n} u \mathrm{d}s$$

于是有

$$R_n(u,v,\mathscr{T}^h) = W_n(u,v) + \sum_{e \in \mathscr{T}^h} \sum_{i=1}^{3} \lambda_i^{2n} \int_{s_i} D_i \varphi_n^{(i)} D_i^{2n} u \frac{\partial v}{\partial n_i} \mathrm{d}s =$$

$$W_n(u,v) + \tilde{r}_n(u,v)$$

与 W_k 的推导相同，也有

$$\tilde{r}_n(u,v) = \sum_{e \in \mathscr{T}^h} \sum_{i=1}^{3} \lambda_i^{2n} \int_{s_i} D_i \varphi_n^{(i)} D_i^{2n} u \frac{\partial v}{\partial n_i} \mathrm{d}s =$$

$$\sum_{i=1}^{3} \frac{\lambda_i^{2n+1}}{2\alpha} \Big\{ \lambda_{i+1} N_i \cdot N_{i+1} \sum_{e} \int_{s_i} D_i \varphi_n^{(i)} \partial_i v D_i^{2n} u \mathrm{d}s -$$

$$\lambda_i \sum_{e \in \mathscr{T}^h} \int_{s_{i+1}} D_i \varphi_n^{(i)} \partial_{i+1} v D_i^{2n} u \mathrm{d}s -$$

$$\frac{\lambda_1 \lambda_2 \lambda_3}{2\alpha} \sum_{e \in \mathscr{T}^h} \int_{e} \partial_{i+2} D_i^{2n} u \partial_{i+1} v D_i \varphi_n^{(i)} \mathrm{d}x \mathrm{d}y \Big\}$$

又因 $\lambda_i D_i \varphi_n^{(i)} = -\lambda_{i+1} D_{i+1} \varphi_n^{(i)}$(命题 1 性质(3))，且

$$\int_{s_i} \partial_i v D_i \varphi_n^{(i)} D_i^{2n} u \mathrm{d}s = -\int_{s_i} \partial_i v \varphi_n^{(i)} D_i^{2n+1} u \mathrm{d}s$$

注意对以 s_i 为公共边的两相邻单元 e, e'，有 $\partial_i v = -\partial_i v'$，故和号 $\sum_{e \in \mathscr{T}^h}$ 在 Ω 内的项都消失，得

$$\tilde{r}_n(u,v) = -\sum_{i=1}^{3} \frac{\lambda_i^{2n+1}}{2\alpha} \Big\{ \lambda_{i+1} N_i \cdot N_{i+1} \int_{\Gamma_i} \varphi_n^{(i)} D_i v D_i^{2n+1} u \mathrm{d}\Gamma +$$

$$\lambda_{i+1}\int_{\Gamma_{i+1}}\varphi_n^{(i)}D_{i+1}vD_{i+1}D_i^{2n}u\,\mathrm{d}\Gamma-$$

$$\left.\frac{\lambda_1\lambda_2\lambda_3}{2\alpha}\int_{\Omega}D_i\varphi_n^{(i)}D_{i+2}D_i^{2n}uD_{i+1}v\mathrm{d}x\mathrm{d}y\right\}$$

将上式的第二项、第三项标号换一下立即得(3.1.7c). ■

注 如果简记

$$P_i\cdot D^{2k+1}u=-\beta_k\lambda_{i-1}^{2k+1}\frac{\lambda_1\lambda_2\lambda_3}{(2\alpha)^2}D_{i+1}D_{i-1}^{2k}u$$

$$Q_i\cdot D^{2k}u=\beta_k\left(\lambda_i^{2k+1}\lambda_{i+1}\frac{N_i\cdot N_{i+1}}{2\alpha}D_i^{2k}u-\lambda_{i+2}^{2k+2}\frac{1}{2\alpha}D_{i+2}^{2k}u\right)$$

$$\widetilde{P}_i\cdot D^{2n+1}u=P_i\cdot D^{2n+1}u+$$

$$D_{i-1}\varphi_n^{(i-1)}\lambda_{-1}^{2n+1}\frac{\lambda_1\lambda_2\lambda_3}{(2\alpha)^2}D_{i+1}D_{i-1}^{2n}u$$

$$\widetilde{Q}_i\cdot D^{2n}u=Q_i\cdot D^{2n}u-$$

$$\left(\varphi_n^{(i)}\lambda_i^{2n+1}\lambda_{i+1}\frac{N_i\cdot N_{i+1}}{2\alpha}D_i^{2n}u+D_{i-1}\varphi_n^{(i-1)}\frac{\lambda_{i-1}^{2n}}{2\alpha}D_{i-1}^{2n}u\right)$$

那么还有

$$W_k(u,v)=\sum_{i=1}^{3}[(P_i\cdot D^{2k+1}u,D_iv)_{\Omega}+(Q_i\cdot D^{2k}u,D_iv)_{\Gamma_i}]\qquad(3.1.10\text{a})$$

$$r_n(u,v)=\sum_{i=1}^{3}[(\widetilde{P}_i\cdot D^{2n+1}u,D_iv)_{\Omega}+(\widetilde{Q}_i\cdot D^{2n}u,D_ix)_{\Gamma_i}]=W_n+\widetilde{r}_n\qquad(3.1.10\text{b})$$

$$\widetilde{r}_n(u,v)=\sum_{i=1}^{3}(D\varphi\cdot D^{2n+1}u,Dv)_{\Omega}+(\varphi D^{2n+1}u,D_Tv)_{\partial\Omega},\varphi=o(h)\qquad(3.1.10\text{c})$$

或者，如果我们把 m 阶导数的常系数组合一律记成

$C\cdot D^m u$，把 m 阶导数的有界变系数的组合简记成 $Q\cdot D^m u$，那么我们还有更加清楚的表达式

$$\alpha(u-u^I,v)=\sum_{k=1}^{n-1}h^{2h}[(C\cdot D^{2k+2}u,v)_\Omega+(D^{2k+1}u,D_r v)_{\partial\Omega}]+h^{2n}R_n(u,v,\mathscr{T}^h) \tag{3.1.11a}$$

$$R_n(u,v,\mathscr{T}^h)=(Q\cdot D^{2n+1}u,Dv)_\Omega+(Q\cdot D^{2n}u,D_T v)_{\partial\Omega}=W_n+\tilde{r}_n \tag{3.1.11b}$$

$$\tilde{r}_n(u,v)=(D\varphi\cdot D^{2n+1}u,Dv)_\Omega+(\varphi D^{2n+1}u,D_T v)_{\partial\Omega} \tag{3.1.11c}$$

其中 D_T 表示切向导数. 特别地，当 $v\in S_0^h(\Omega)$ 时，(3.1.11a) ~ (3.1.11c) 中的线积分全部为 0.

3.1.3　一致三角形剖分上的基本展开式

从 3.1.2 小节的分析可知，如果 Ω 为角域并实现了一致三角形剖分 $\mathscr{T}^h$，若记

$$\Gamma_i=\bigcup_{s_i\subset\partial\Omega}s_i$$

采用 3.1.2 小节注中的记号，利用前面同样的推导可得：

定理 3.1.3　若 $S_0^h(\Omega)$ 是定义在一致三角形剖分 $\mathscr{T}^h$ 上的一次有限元空间，$u\in W^{2n+2,q}(\Omega)\cap H_0^1(\Omega)$，那么有展开式

$$a(u-u^I,v)=\sum_{k=1}^{n-1}h^{2k}W_k(u,v)+h^{2n}r_n(u,v),\quad\forall v\in S_0^h(\Omega) \tag{3.1.12a}$$

其中

$$W_k(u,v)=\int_\Omega C\cdot D^{2k+1}uDv\mathrm{d}x\mathrm{d}y=$$

$$\int_\Omega C \cdot D^{2k+2} uv\,\mathrm{d}x\,\mathrm{d}y \quad (3.1.12b)$$

$$r_n(u,v) = \int_\Omega Q \cdot D^{2n+1} u D v\,\mathrm{d}x\,\mathrm{d}y = \int_\Omega D(Q \cdot D^{2n+1} u) v\,\mathrm{d}x\,\mathrm{d}y \quad (3.1.12c)$$

其中 $D^m u$ 表示关于 u 的某些 m 阶导数的常系数组合，而 $Q \cdot D^m u$ 表示 u 的某些 m 阶导数的有界变系数的组合. ■

类似还有：

定理 3.1.4 在定理 3.1.3 的条件下，如果 $u \in W^{2n+1,q}(\Omega) \cap H_0^1(\Omega)$，那么展开式(3.1.2a)可改写成

$$a(u-u^I,v) = \sum_{k=1}^{n} h^{2k} W_k(u,v) + h^{2n}\tilde{r}_n(u,v), \quad \forall v \in S_0^h(\Omega) \quad (3.1.13a)$$

其中

$$\tilde{r}_n(u,v) = \int_\Omega O(h) D^{2n+1} u D^2 g\,\mathrm{d}x\,\mathrm{d}y + \int_\Omega Q \cdot D^{2n+1} u \cdot D(v-g)\,\mathrm{d}x\,\mathrm{d}y + \int_{\partial\Omega} O(h) D^{2n+1} u D g\,\mathrm{d}\Gamma, \forall g \in H^2(\Omega) \quad (3.1.13b)$$

证明 在重复定理 3.1.2 的证明过程中，须重新处理余项 $r_n(u,v)$. 考虑(3.1.7b)和(3.1.7c)，由于 $v \in S_0^h(\Omega)$，因此(3.1.7c)中所有边界积分消失，故只需处理

$$A = \int_\Omega D_{i-1} \varphi_n^{(i-1)} D_{i+1} D_{i-1}^{2n} u D_i v\,\mathrm{d}x\,\mathrm{d}y$$

记 $W=D_{i-1}^{2n}u$，则有

$$A=\int_{\Omega}D_{i-1}\varphi_n^{(i-1)}D_{i+1}WD_iv\,\mathrm{d}x\mathrm{d}y=$$

$$\int_{\Omega}D_{i-1}\varphi_n^{(i-1)}D_{i+1}WD_i(v-g)\mathrm{d}x\mathrm{d}y+$$

$$\int_{\Omega}D_{i-1}\varphi_n^{(i-1)}D_{i+1}WD_ig\,\mathrm{d}x\mathrm{d}y$$

由于 $D_{i-1}\varphi_n^{(i-1)}=O(1)$，因此只需处理上式第二项

$$\int_{\Omega}D_{i-1}\varphi_n^{(i-1)}D_igD_{i+1}W\mathrm{d}x\mathrm{d}y=$$

$$\int_{\Omega}\varphi_n^{(i-1)}(D_{i-1}WD_{i+1}D_ig-D_{i+1}WD_{i-1}D_ig)\mathrm{d}x\mathrm{d}y+$$

$$\int_{\Omega}[D_{i-1}(\varphi_n^{(i-1)}D_{i+1}WD_ig)-$$

$$D_{i+1}(\varphi_n^{(i-1)}D_{i-1}WD_ig)]\mathrm{d}x\mathrm{d}y$$

由于 $D_{i+1}\varphi_n^{(i-1)}=0$，而且 $\varphi_n^{(i-1)}$ 在 Γ_{i+1} 上为 0，因此上式可简写成

$$\int_{\Omega}\varphi D^{2n+1}uD^2g\mathrm{d}x\mathrm{d}y+\int_{\Gamma_i}\varphi D^{2n+1}uDg\,\mathrm{d}\Gamma+$$

$$\int_{\Gamma_{i-1}}\varphi D^{2n+1}uDg\,\mathrm{d}\Gamma$$

其中 $\varphi=O(h)$，这便证得定理 3.1.4 的余项表达式.

3.1.4　角域上分片一致剖分上的基本展开式

设 Ω 为任意角域，设 P 为 Ω 内任一点或者一个顶点，将 P 与 Ω 的各顶点相联结得若干个三角形区域 Ω_j，在 Ω_j 上分别作一致剖分 $\mathscr{T}_j^h$，作

$$\mathscr{T}^h=\bigcup_j\mathscr{T}_j^h$$

构成 Ω 上的正规剖分(图 3.1.3).

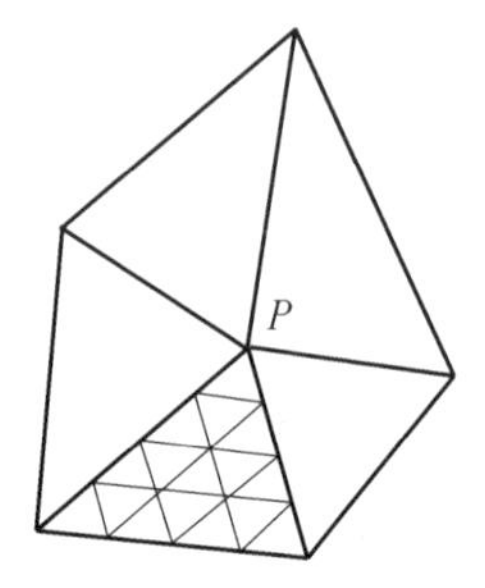

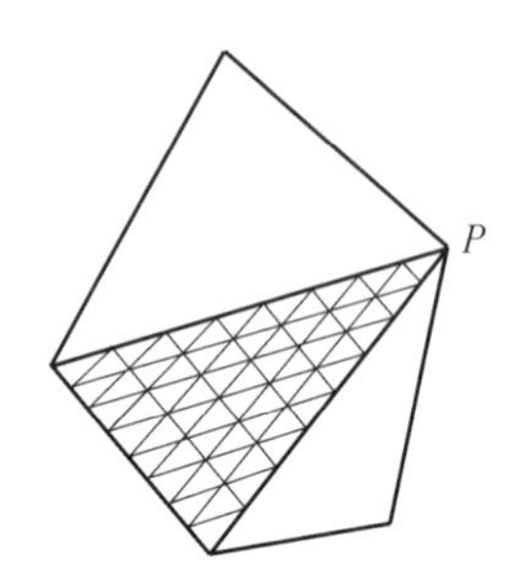

图 3.1.3

利用定理 3.1.1 和定理 3.1.3 可得以下定理：

定理 3.1.5 设角域 $\Omega=\bigcup_j \Omega_j$ 上实现了分片一致剖分 $\mathscr{T}^h=\bigcup_j \mathscr{T}_j^h$，$S^h(\Omega)$ 是剖分 $\mathscr{T}^h$ 上的一次有限元空间

$$u\in\left(\prod_j W^{2n+1,q}(\Omega_j)\right)\cap H^1(\Omega)$$

那么 $\forall v\in S^h(\Omega)$ 也有展开式

$$a(u-u^I,v)=\sum_{k=1}^{n-1}h^{2k}W_k+h^{2n}r_n \quad (3.1.14\text{a})$$

其中

$$W_k=\sum_j\left[(c_jD^{2k+1}u,Dv)_{\Omega_j}+(c_jD^{2k}u,D_Tv)_{\partial\Omega_j}\right]$$

$$(3.1.14\text{b})$$

$$r_n=R_n(u,v,\mathscr{T}^h)=W_n+\tilde{r}_n \quad (3.1.14\text{c})$$

$$\tilde{r}_n=O(1)\mid u\mid'_{2n+1,q}\parallel v\parallel_{1,q'}+$$
$$o(1)\mid D^{2n+1}u(p)v(p)\mid \quad (3.1.14\text{d})$$

这里 $\Gamma=\bigcup_j \partial\Omega_j$，$D_T$ 表示切向导数，$C\cdot D^m u$ 表示 u 的 m 次导数的常系数组合($q=2,\infty$；$q'=2$ 或 1).

说明 把子域 Ω_j 包含在 Ω 内的那些边界线记成

PP_j,那么还有表达式

$$W_k = \sum_j [(c_j D^{2k+1} u, Dv)_{\Omega_j} + (C \cdot D^{2k} u, D_T v)_{PP_j}] = \sum_j (c_j D^{2k+1} u, Dv)_{\Omega_j} + C \cdot D^{2k} u(P) v(P) + \sum_j (C \cdot D^{2k+1} u, v)_{PP_j} \quad (3.1.15)$$

Lin-Xie[55] 还讨论了任意光滑区域的展开式，证明这种区域可以分割成所谓的龟板形，从而也可类似进行展开(参见 Zhu-Lin[94] 第五章).

3.2　一次有限元解的展开式及超收敛估计——基本展开式的几个应用

3.2.1　一次有限元解的超收敛估计

定理 3.2.1　设 $S_0^h(\Omega)$ 定义在一致三角形剖分上，即定理 2.1.3 条件满足，又设 $u \in W^{3,q}(\Omega) \cap H_0^1(\Omega)$, $q=2$ 或 ∞,那么有

$$\| u^h - u^I \|_1 \leqslant Ch^2 \| u \|_3 \quad (3.2.1a)$$

$$\| u^h - u^I \|_{1,\infty} \leqslant Ch^2 |\ln h| \| u \|_{3,\infty} \quad (3.2.1b)$$

证明　在(3.1.12)中取 $n=1$, $v=u^h-u^I$,得

$$\| u^h - u^I \|_1^2 \leqslant Ca(u^h - u^I, u^h - u^I) = Ca(u - u^I, u^h - u^I) = h^2 \int_\Omega Q \cdot D^3 u D(u^h - u^I) \mathrm{d}x\mathrm{d}y \leqslant Ch^2 \| u \|_3 \| u^h - u^I \|_1$$

两边约去 $\|u^h-u^I\|$，证得(3.2.1a). 若在(3.1.12)中取 $n=1, v=\partial_z G_z^h$，则得

$$|\partial_z(u^h-u^I)(z)|= a(u-u^I,\partial_z G_z^h)\leqslant Ch^2\|u\|_{3,\infty}\|\partial_z G_z^h\|_{1,1}\leqslant Ch^2|\ln h|\ \|u\|_{3,\infty}$$

从而证得(3.2.1b). ■

定理 3.2.2 设 Ω 为凸角域，实现了分片一致剖分，P 为各子三角域的交点(可在 Ω 内，也可是顶点). 那么，当 $u\in H^3(\Omega)\cap H_0^1(\Omega)$ 时，有

$$\|u^h-u^I\|_1\leqslant Ch^2\|u\|_3 \quad (3.2.2a)$$

如果 $u\in W^{3,\infty}(\Omega)\cap H_0^1(\Omega)$，那么还有

$$|\partial_z(u^h-u^I)(z)|\leqslant Ch^2|\ln h|\ \|u\|_{3,\infty},\quad \text{当 } p\in\partial\Omega \text{ 或 } |z-P|\geqslant C \quad (3.2.2b)$$

其中 ∂_z 表示任意指定的方向导数.

证明 在式(3.1.14)中取 $n=1$，并注意定理3.1.5后面的说明，有

$$|a(u-u^I,v)|\leqslant Ch^2[\|u\|_3\|v\|_1+\|u\|_{2+\frac{1}{2},\Gamma}\|v\|_{\frac{1}{2},\Gamma}]\leqslant Ch^2\|u\|_3\|v\|_1$$

(Γ 为 P 与 Ω 各顶点 P_j 连线的并)

同前一定理的证法，在上式中令 $v=u^h-u^I$，即得证(3.2.2a). 在(3.1.14)中取 $n=1$，并注意(3.1.15)，有

$$|\partial_z(u^h-u^I)(z)|= |a(u-u^I,\partial_z G_z^h)|= h^2|r_1(u,\partial_z G_z^h)|\leqslant Ch^2[\|u\|_{3,\infty}\|\partial_z G_z^h\|_{1,1}+|D^2u(P)||\partial_z G_z^h(P)|]$$

当 $P \in \partial\Omega$ 时，有 $\partial_z G_z^h(P)=0$；当 $|z-P| \geqslant C$ 时，有

$$|\partial_z G_z^h(P)| \leqslant C$$

并注意

$$\|\partial_z G_z^h\|_{1,1} \leqslant C|\ln h|$$

立即证得(3.2.2b). ■

3.2.2　有限元解的展开式

定理 3.2.3　设 Ω 为凸角域，实现了一致三角形剖分 $\mathscr{T}^h$，$S_0^h(\Omega)$ 是定义在 $\mathscr{T}^h$ 上的一次有限元空间，$u \in C^{2n+\varepsilon}(\Omega) \cap H_0^1(\Omega)$，那么有展开式

$$u^h(z)=u^I(z)+\sum_{k=1}^{n-1} W_k^h(z)h^{2k}+r_n^h(z)h^{2n} \tag{3.2.3a}$$

其中

$$W_k^h(z)=\int_\Omega C \cdot D^{2k+1}uDG_z^h \mathrm{d}x\mathrm{d}y \tag{3.2.3b}$$

$$|r_n^h(z)| \leqslant \begin{cases} C|\ln h| \ \|u\|_{C^{2n}}, & \text{当 } \varepsilon=0 \\ C\|u\|_{C^{2n+\varepsilon}}, & \text{当 } \varepsilon>0 \end{cases} \tag{3.2.3c}$$

证明　注意定理 3.1.3 中式(3.1.12)，并令 $v=G_z^h$，得

$$u^h(z)=u^I(z)+\sum_{k=1}^{n-1} W_k^h(z)h^{2k}+r_n^h(z)h^{2n}$$

其中 $W_k^h(z)$ 满足(3.2.3b). 其次利用定理 3.1.1 及推论(见式(3.1.6b))，得

$$|r_n^h(z)|=|R_{k_n}(u_1 G_z^h,\mathscr{T}^h)| \leqslant C|\ln h| \ \|u\|_{C^{2n}}$$

此即(3.2.3c)的第一式成立.

当 $\varepsilon>0$ 时，由于 $G_z^h \in S_0^h(\Omega)$，因此从定理 3.1.3 有

$$R_n(u,G_z^h,\mathcal{T}^h)=\int_\Omega Q\cdot D^{2n+1}uDG_z^h\mathrm{d}x\mathrm{d}y,$$
$$\forall u\in W^{2n+1,q}(\Omega)$$

特别地，有

$$R_n(P_z,G_z^h,\mathcal{T}^h)=0$$

其中

$$P_z(X)=\sum_{|\alpha|\leqslant 2n}\frac{D^\alpha u(z)}{\alpha!}(X-z)^\alpha,X\in\Omega$$
$$(\alpha=(\alpha_1,\alpha_2)\text{ 为重指标})$$

注意，当 $|\alpha|=2n$ 时有

$$D^\alpha P_z(X)=D^\alpha u(z)$$

从而

$$\begin{aligned}&|D^\alpha(u-P_z)(x)|=\\&|D^\alpha u(X)-D^\alpha u(z)|\leqslant\\&\|u\|_{C^{2n+\varepsilon}}|X-z|^\varepsilon\leqslant\\&C\|u\|_{C^{2n+\varepsilon}}\phi_z^{-\frac{\varepsilon}{2}}\end{aligned}$$

其中 $\phi_z=(h^2\gamma^2+|X-z|^2)^{-1}$（见 Zhu-Lin[94] 第三章），可见（参见 3.1.1 小节命题 1 中的(2)）

$$\begin{aligned}|r_n^h(z)|=&|R_n(u,G_z^h,\mathcal{T}^h)|=\\&|R_n(u-P_z,G_z^h,\mathcal{T}^h)|\leqslant\\&|R_n(u-P_z,G_z^h-G_z^*,\mathcal{T}^h)|+\\&|R_n(u-P_z,G_z^*)|\leqslant\\&C\|u\|_{C^{2n+\varepsilon}}\sum_{e\in\mathcal{T}^h}\int_{\partial e}\phi^{-\frac{\varepsilon}{2}}\cdot\\&|\nabla(G_z^h-G_z^*)|\mathrm{d}S+\\&C\|u\|_{C^{2n+\varepsilon}}\int_{\partial\Omega}\phi^{-\frac{\varepsilon}{2}}|\nabla G_z^*|\mathrm{d}\Gamma\end{aligned}$$

又由于$\max\limits_{x\in\bar{e}}\phi_z \leqslant C\min\limits_{z\in\bar{e}}\phi_z$，因此①

$$\int_{\partial e}\phi_z^{-\frac{\varepsilon}{2}}|\nabla(G_z^h - G_z^*)|\mathrm{d}S \leqslant$$

$$C\int_e \phi_z^{-\frac{\varepsilon}{2}}|\nabla^2 G_z^*|\mathrm{d}x\mathrm{d}y +$$

$$Ch_e^{-1}\int_e \phi_z^{-\frac{\varepsilon}{2}}\nabla|(G_z^h - G_z^*)|\mathrm{d}x\mathrm{d}y^{②}$$

$$\sum_{e\in\mathcal{T}^h}\int_{\partial e}\phi_z^{-\frac{\varepsilon}{2}}|\nabla(G_z^h - G_z^*)|\mathrm{d}S \leqslant$$

$$C\int_\Omega \phi_z^{-\frac{\varepsilon}{2}}|\nabla^2 G_z^*|\mathrm{d}x\mathrm{d}y +$$

$$Ch^{-1}\int_\Omega \phi_z^{-\frac{\varepsilon}{2}}|\nabla(G_z^* - G_z^h)|\mathrm{d}x\mathrm{d}y \leqslant$$

$$C\left(\int_\Omega \phi_z^{1-\frac{\varepsilon}{2}}\mathrm{d}x\mathrm{d}y\right)^{\frac{1}{2}}\left[\int_\Omega \phi^{-1-\frac{\varepsilon}{2}}|\nabla^2 G_z^*|^2 -\right.$$

$$\left.h^{-2}|\nabla(G_z^* - G_z^h)|\mathrm{d}x\mathrm{d}y\right]^{\frac{1}{2}} \leqslant C$$

（ϕ_z 的性质可参见 Zhu-Lin[94] 第三章）

以上推导利用了如下基本估计

$$\int_\Omega \phi^{1-\frac{\varepsilon}{2}}\mathrm{d}x\mathrm{d}y \leqslant C$$

---

① 这里权 $\phi^{-\frac{\varepsilon}{2}}$ 可从积分号$\int_e$中取进、取出，不会影响整体结果.

② 这里要利用标准单元$\hat{e}$上的嵌入关系 $W^{1,1}(\hat{e})\hookrightarrow W^{0,1}(\partial\hat{e})$. 事实上，通过仿射等价变换 $F_e: e\rightarrow\hat{e}$ 可得

$$\int_{\partial e}|\nabla W|\mathrm{d}s \leqslant C\int_{\partial\hat{e}}|\hat{\nabla}\hat{W}|\mathrm{d}\hat{s} \leqslant C\|\hat{\nabla}\hat{W}\|_{1,1,\hat{e}} \leqslant$$

$$C\left[\int_{\hat{e}}|\hat{\nabla}^2\hat{W}|\mathrm{d}\hat{x} + \int_{\hat{e}}|\hat{\nabla}^2\hat{W}|\mathrm{d}\hat{x}\right] \leqslant$$

$$C\left[\int_e|\nabla^2 W|\mathrm{d}x + h_e^{-1}\int_e|\nabla W|\mathrm{d}x\right]$$

用 $G_z^* - G_z^h$ 代入 W 中，并注意 $|\nabla^2(G_z^* - G_z^h)| = |\nabla^2 G_z^*|$（在 e 上），即本处结果.

$$\left(\int_{\Omega}\phi^{-1-\frac{\varepsilon}{2}}\mid\nabla(G_z^h-G_z^*)\mid^2\mathrm{d}x\mathrm{d}y\right)^{\frac{1}{2}}\leqslant Ch$$

$$\int_{\Omega}\phi^{-1-\frac{\varepsilon}{2}}\mid\nabla^2 G_z^*\mid^2\mathrm{d}x\mathrm{d}y\leqslant C$$

综上所述得

$$\mid r_n^h(z)\mid\leqslant C\parallel u\parallel_{C^{2n+\varepsilon}}$$ ■

推论 1 在(3.2.3)中，令 $n=1$，得

$$\parallel u^h-u^I\parallel_{0,\infty}\leqslant Ch^2\parallel u\parallel_{C^{2+\varepsilon}},\quad \forall u\in C^{2+\varepsilon}(\Omega)\cap H_0^1(\Omega)\qquad(3.2.4\text{a})$$

如果 $u\in C^{2+\varepsilon}(D)\cap H_0^1(\Omega)$，$D_0\subsetneqq D$，那么利用局部估计还有

$$\parallel u^h-u^I\parallel_{0,\infty,D_0}\leqslant Ch^2\parallel u\parallel_{C^{2+\varepsilon}}+\parallel u-u^h\parallel_{-S}\qquad(3.2.4\text{b})$$

从而只要 $u\in C^{2+\varepsilon}(D)\cap H^2(\Omega)\cap H_0^1(\Omega)$，还有

$$\mid(u-u^h)(z)\mid\leqslant Ch^2,\forall z\in D_0\qquad(3.2.4\text{c})$$ ■

推论 2 在定理 3.2.3 的条件下，如果 $u\in C^{2n+1+\varepsilon}(\overline{\Omega})$，那么还有

$$\partial_z u^h(z)=\partial_z u^I(z)+\sum_{k=1}^{n-1}\partial_z W_k^h(z)h^{2k}+O(h^{2n})\qquad(3.2.5\text{a})$$

特别在 $n=1$ 时，如果 $D_0\subsetneqq D\subset\Omega$，那么有

$$\parallel u^h-u^I\parallel_{1,\infty,D_0}\leqslant Ch^2(\parallel u\parallel_{C^{3+\varepsilon}(D)}+\parallel u\parallel_2)\qquad(3.2.5\text{b})$$

以上 ∂_z 为关于 z 的沿任意指定方向的导数. ■

定理 3.2.4 设 Ω 为凸角域，实现了分片一致剖分，P 为各子三角域的交点(可在 Ω 内也可为 Ω 的顶点)，那么，当 $u\in C^{2n+\varepsilon}(\overline{\Omega})\cap H_0^1(\Omega)$ 时，有展开式

$$u^h(z)=u^I(z)+\sum_{k=1}^{n-1}W_k^h(z)h^{2k}+r_n^h(z)h^{2n} \tag{3.2.6a}$$

其中

$$W_k^h(z)=W_k(u,G_z^h)=\sum_j[(C_j\cdot D^{2k+1}u,DG_z^h)_{\Omega_j}+(C_j\cdot D^{2k}u,D_TG_z^h)_{PP_j}] \tag{3.2.6b}$$

$$r_n^h(z)=\begin{cases}O(|\ln h|),当\ \varepsilon=0\\ O(1),当\ \varepsilon>0,P\in\partial\Omega\ 或\\ \qquad \varepsilon>0,|z-P|\geqslant C\end{cases} \tag{3.2.6c}$$

其中 P_j 是 Ω 的各顶点，D_T 表示切向导数.

证明　由定理 3.1.5 知，在(3.1.14a) 中，令 $v=G_z^h$，得

$$u^h(z)-u^I(z)=\sum_{k=1}^{n-1}h^{2k}W_k^h(z)+h^{2n}r_n^h(z)$$

其中 W_k^k 由(3.2.6b) 表示，而由定理 3.1.1 及推论有

$$r_n^h(z)=R_n(u,G_z^h,\mathscr{T}^h)=O(|\ln h|),当\ u\in C^{2n}(\overline{\Omega})$$

注意，当 u 充分光滑时，由表达式(3.1.14a) ～(3.1.14d) 有

$$r_n^h(z)=R_n(u,G_z^h,\mathscr{T}^h)=O(1)[|u|_{2n+1,q}\|G_z^h\|_{1,q'}+|D^{2n}u(P)G_z^h(P)|+|D^{2n+1}u(P)G_z^h(P)|] \tag{3.2.6d}$$

因此也和定理 3.2.3 情况一样，有

$$R_n(u,G_z^h,\mathscr{T}^h)=0,\forall u\in P_{2n}(\Omega),当\ P\in\partial\Omega$$

因此定理 3.2.3 的证明过程仍适应于本定理，故

$$|r_n^h(z)|=O(1)\|u\|_{C^{2n+\varepsilon}},当\ P\notin\partial\Omega$$

注意(参见 Zhu-Lin[94] 第五章)

$$|G_z^h(P)| \leqslant C,\text{当} |z-P| \geqslant C$$

因此也有以上估计. 定理证毕. ■

注 1 在定理 3.2.4 中,令 $n=1$,得

$$\| u^h - u^I \|_{0,\infty} \leqslant Ch^2 \| u \|_{C^{2+\varepsilon}},\text{当 } P \in \partial\Omega \tag{3.2.6e}$$

如果 $u \in C^{2+\varepsilon}(D) \cap H^2(\Omega) \cap H_0^1(\Omega), D_0 \subset D, P \notin \overline{D}$,那么由局部估计理论也有

$$\| u^h - u^I \|_{0,\infty,D_0} \leqslant C[h^2 \| u \|_{C^{2+\varepsilon}(D)} + h^2 \| u \|_2] \tag{3.2.6f}$$

从而

$$\| u - u^h \|_{0,\infty,D_0} \leqslant Ch^2[\| u \|_{C^{2+\varepsilon}(D)} + \| u \|_2]$$

注 2 在(3.2.6c)中用 $\partial_z G_z^h$ 代替 G_z^h,得

$$\begin{aligned}\partial_z r_n^h(z) = O(1)[&| u |_{2n+1,\infty} \| \partial_z G_z^h \|_{1,1} + \\ &| D^{2n}u(P)\partial_z G_z^h(P) | + \\ &| D^{2n+1}u(P) || \partial_z G_z^h(P) |] = \\ &O(| \ln h |) \| u \|_{2n+1,\infty}, \\ &\text{当 } P \in \partial\Omega \text{ 或 } | z-P | \geqslant C\end{aligned}$$

因此,我们还有展开式:当 $u \in C^{2n+1}(\overline{\Omega})$ 时,有

$$\begin{aligned}\partial_z u^h(z) = \partial_z u^I(z) + \sum_{k=1}^{n-1} \partial_z W_k^h(z) h^{2k} + \\ O(h^{2n} | \ln h |) \| u \|_{C^{2n+1}}\end{aligned} \tag{3.2.6g}$$

其中 $P \in \partial\Omega$ 或者 $| z-P | \geqslant C$. ■

3.2.3 有限元解的标准展开式

定理 3.2.3 和定理 3.2.4 所给出的展开式中,h^{2k} 的系数仍是某函数 W_k 的 Ritz-Galërkin 投影解 W_k^h,这是不理想的,我们既不能利用它作外推估计,也不能利用它作插值有限元处理. 因此,我们认为这种展开式是

不标准的,本小节的目的在于:将 W_k^h 换成 W_k^I 或 W_k,这种形式的展开式就叫标准展开式.它既可用于外推,也可用于插值处理以及第四章将要介绍的校正处理.

为了进一步说明上述问题,我们需要重新分析定理 3.2.2,大家知道,如果 $u \in H_0^1(\Omega)$ 是方程

$$a(u,v)=(f,v),\ \forall\, v \in H_0^1(\Omega)$$

的解,即使 f 充分光滑,我们并不能保证 $u \in H^3(\Omega)$,因而一般不会有(3.2.2a)成立,但由方程理论(见 1.2 节式(1.2.8)),我们有 $u \in W^{3,r}(\Omega)$,$1 < r < \dfrac{2}{3-\beta}$,这里 $\dfrac{\pi}{\beta}$ 为 Ω 的最大内角,例如,对任给的 $\varepsilon > 0$,可取 $r = \dfrac{2}{3-\beta+\varepsilon}$,于是由定理 3.2.2 的证明

$$\begin{aligned}
&\| u^h - u^I \|_1^2 \leqslant \\
&Ca(u-u^I, u^h-u^I) = \\
&Ch^2 \sum_j \int_{\Omega_j} QD^3 u \cdot D(u^h-u^I)\mathrm{d}x\mathrm{d}y \leqslant \\
&Ch^2 \| u \|_{3,r} \| u^h - u^I \|_{1,r'} \leqslant \\
&Ch^{3-\frac{2}{r}} \| u \|_{3,r} \| u^h - u^I \|_1 = \\
&Ch^{\beta-\varepsilon} \| u \|_{3,r} \| u^h - u^I \|_1,\text{当 } \beta \leqslant z
\end{aligned}$$

可得

$$\| u^h - u^I \|_1 \leqslant Ch^{\min\{2,\beta-\varepsilon\}} \tag{3.2.7}$$

当然,要使 $u \in \prod_j W^{3,r}(\Omega_j) \cap H_0^1(\Omega)$,只要 Ω_j 的边界是 Ω 的剖分 $\mathscr{T}^h$ 的线上,(3.2.7)也同样是成立的.

现在设诸 Ω_j 的公共顶点 $P \in \partial\Omega$,于是式(3.1.14b)确定的泛函

$$W_k(u,v) = \sum_j [(C_j \cdot D^{2k+1} u, Dv)_{\Omega_j} +$$

$$(C_j \cdot D^{2k}u, D_T v)_{\partial\Omega_j}] =$$
$$\sum_j [(C_j \cdot D^{2k+2}u, v)_{\Omega_j} +$$
$$(C_j \cdot D^{2k+1}u, v)_{PP_j} +$$
$$C_j \cdot D^{2k}u(P)v(P)] =$$
$$\sum_j [(C_j \cdot D^{2k+2}u, v)_{\Omega_j} +$$
$$(C_j \cdot D^{2k+1}u, v)_{PP_j}]$$

这里 $C \cdot D^m u$ 表示 u 的 m 级导数的某种常系数组合，$(\cdot, \cdot)_D$ 表示 D 上的 $L^2(D)$ 内积. 由方程理论知，存在 $W_k \in (\prod_j W^{3,r}(\Omega_j)) \cap H_0^1(\Omega), 1 < r < r_0 = \dfrac{2}{3-\beta_M}$ 使得

$$a(W_k, v) = W_k(u, v), \forall v \in H_0^1(\Omega) \tag{3.2.8a}$$

可见，由式(3.2.7)，只要 $u \in H^5(\Omega)$，就有

$$\| W_1^h - W_1^I \|_1 \leqslant Ch^{\min\{2, \beta-\varepsilon\}} \tag{3.2.8b}$$

此处$\dfrac{\pi}{\beta_M}$为 Ω 的最大内角. 利用这个结果则有以下定理：

定理 3.2.5 设 Ω 为凸角域，实现了分片一致三角形剖分，P 为各子域 Ω_j 的公共交点，$P \in \partial\Omega$，那么，当 $u \in H^5(\Omega) \cap H_0^1(\Omega)$ 时，有

$$\| u^h - u^I - h^2 W_1^h \|_1 \leqslant Ch^4 \| u \|_5 \tag{3.2.9a}$$

$$\| u^h - u^I - h^2 W_1^I \|_1 \leqslant Ch^{\min\{4, 2+\beta_M-\varepsilon\}} \| u \|_5 \tag{3.2.9b}$$

$$\| u^h - u^I - h^2 W_1^I \|_0 \leqslant Ch^4 \| u \|_4 \tag{3.2.9c}$$

其中 $W_1 \in H_0^1(\Omega)$ 是由(3.2.8a)确定的解.

证明 由定理 3.1.5，有

$$a(u^h - u^I, v) = W_1(u, v)h^2 + h^4 r_2(u, v) =$$

$$a(h^2W_1^h,v)+o(h^4)\|u\|_5\|v\|_1,\forall v\in S_0^h(\Omega)$$

令 $v=u^h-u^I-h^2W_1^h$，立即得

$$\begin{aligned}&\|u^h-u^I-h^2W_1^h\|_1^2\leqslant\\&Ca(u^h-u^I-h^2W_1^h,v)=\\&Ch^4r_2(u,v)\leqslant\\&Ch^4\|u\|_5\|v\|_1\end{aligned}$$

再约去 $\|v\|_1$，即得(3.2.9a)，再由(3.2.8b)得(3.2.9b). 式(3.2.9c)要求在 $u\in H^4(\Omega)\cap H_0^1(\Omega)$ 的条件下成立，这一点需要用 Nitsche 技巧和基本估计

$$|r_2(u,\varphi^I)|\leqslant C\|u\|_4\|\varphi\|_2,$$
$$\forall\varphi\in H^2(\Omega)\cap H_0^1(\Omega)$$

这一点不难直接验证. 证毕. ■

注　当 $P\in\Omega$ 且 $P\notin\partial\Omega$，$D_0\subsetneqq D$ 且 D 不含角点和点 P（有正距离），我们不会有整体估计(3.2.8b)，但有局部估计

$$\|W_1^h-W_1^I\|_{1,D_0}\leqslant Ch^{\min\{2,2\beta_M-\varepsilon\}}$$

因此我们只能有如下估计

$$\|u^h-u^I-h^2W_1^I\|_{1,D_0}\leqslant Ch^{\min\{4,2+2\beta_M-\varepsilon\}}\tag{3.2.9d}$$

只要 u 在 Ω 上充分光滑就行了.

现在假定点 $z\in\overline{\Omega}$ 与 Ω 的角点及交点 P 有与 h 无关的正距离，那么由方程理论可知 z 有邻域 D，使 W_1 在 D 上充分光滑，只要 u 充分光滑，那么由局部估计理论（见式(3.2.4b)），有

$$(W_1^h-W_1^I)(z)=O(h^2)\tag{3.2.10a}$$

此外由局部超收敛理论有（见式(3.2.2b)）

$$\partial_z(W_1^h-W_1^I)(z)=O(h^2|\ln h|)\tag{3.2.10b}$$

这样，还有以下定理：

定理 3.2.6 在定理 3.2.5 的条件下，如果 $u\in C^{4+\varepsilon}(\overline{\Omega})\cap H_0^1(\Omega)$，$z\in\overline{\Omega}$ 与 Ω 的各角点有与 h 无关的正距离，那么有展开式

$$u^h(z)=u^I(z)+h^2W_1^I(z)+r_2^h(z)h^4 \quad (3.2.11a)$$

$$\partial_z u^h(z)=\partial_z u^I(z)+h^2\partial_z(W_1^I(z))+\partial_z r_2^h(z)h^4 \quad (3.2.11b)$$

其中

$$r_2^h(z)=\begin{cases}O(|\ln h|),\text{当 }\varepsilon=0\\ O(1),\text{当 }\varepsilon>0\end{cases}$$

$$\partial_z r_2^h(z)=O(h^{-1})$$

■

注 1 由(3.2.6)可知，如果交点 $P\in\Omega$(它是结点)，那么有

$$\begin{aligned}u^h(P)=u(P)+h^2r_1^h(P)=\\ u(P)+h^2W_1^h(P)+h^2\tilde{r}_1(P)=\\ u(P)+C\cdot D^2u(P_P^h)G_P^h(P)h^2+O(h^2)\end{aligned}$$

如果 $\sigma\equiv|C\cdot D^2u(P_0)|\neq 0$，那么有

$$\begin{aligned}|u^h(P)-u(P)|\geqslant\sigma h^2|G_P^h(P)|+O(h^2)\geqslant\\ Ch^2|\ln h|\end{aligned}$$

也就是说，一般地，不论 u 如何光滑，有限元解在内交点 P 处不可展成如下形式

$$u^h(P)=u(P)+h^2W(P)+o(h^2)$$

其中 $o(h^2)$ 为比 h^2 高阶的无穷小量. ■

注 2 当 $u\in C^{5+s}(\Omega)$ 时，可保证

$$h^4\partial_z r_2^h(z)=O(h^4|\ln h|)$$

这一点利用(3.2.10b)可得到. ■

注 3 在定理 3.2.6 及注 2 中，条件 $u\in C^{4+\varepsilon}(\overline{\Omega})$，$u\in C^{5+\varepsilon}(\overline{\Omega})$ 可以减弱为 $u\in C^{4+\varepsilon}(D)\cap H^4(\Omega)$ 或 $C^{5+\varepsilon}(D)\cap H^5(\Omega)$ 就可以了，因为估计(3.2.10b)只

要求 W_1 在局部 D 上充分光滑即可(此处 D 为 z 的邻域).至于余项估计完全决定于 $G_z^h,\partial_z G_z^h$ 的估计,但它们在 D 外都有很好的常数阶的估计.

3.3　双线性元上的基本展开式

3.3.1　双线性矩形元上的基本展开式

设 $\mathscr{T}^h$ 为 $\Omega\subset\mathbf{R}^2$ 上的正规矩形剖分,$S^h(\Omega)$ 是定义在 $S^h(\Omega)$ 上的双线性有限元空间,即

$$S^h(\Omega)=\{v\in C(\overline{\Omega}):v|_e\in Q_1(e),\forall e\in\mathscr{T}^h\}$$

任给矩形单元 $e\in\mathscr{T}^h$,并记

$$e=(x_e-h_e,x_e+h_e)\times(y_e-k_e,y_e+k_e) \tag{3.3.1}$$

我们在 1.6 节中已引进了一个积分恒等式

$$\begin{aligned}&\int_e D_1(u-u^I)D_1v\mathrm{d}x\mathrm{d}y=\\&\int_e B(y)D_2^2(D_1(u-u^I)D_1v)\mathrm{d}x\mathrm{d}y=\\&\int_e B(y)D_2^2D_1uD_1v\mathrm{d}x\mathrm{d}y+\\&\int_e 2B(y)D_1D_2(u-u^I)D_1D_2v\mathrm{d}x\mathrm{d}y\end{aligned} \tag{3.3.2}$$

其中

$$D_1=\frac{\partial}{\partial x},D_2=\frac{\partial}{\partial_y}$$

$$B(y)=\frac{1}{2}((y-y_e)^2-k_e^2) \tag{3.3.3}$$

注意

$$B(y)=F''(y)-\frac{1}{3}k_e^2,F(y)=\frac{1}{6}[B(y)]^2 \tag{3.3.4}$$

得

$$\int_e B(y)2D_1D_2(u-u^I)D_1D_2v\mathrm{d}x\mathrm{d}y=$$
$$2\int_e F''(y)D_1D_2(u-u^I)D_1D_2v\mathrm{d}x\mathrm{d}y-$$
$$\frac{2k_e^2}{3}\int_e D_1D_2(u-u^I)D_1D_2v\mathrm{d}x\mathrm{d}y=$$
$$-2\int_e F'(y)D_2^2D_1uD_1D_2v\mathrm{d}x\mathrm{d}y$$

于是得

$$\int_e D_1(u-u^I)D_1v\mathrm{d}x\mathrm{d}y=$$
$$\int_e B(y)D_2^2D_1uD_1v\mathrm{d}x\mathrm{d}y-$$
$$2\int_e F'(y)D_2^2D_1uD_1D_2v\mathrm{d}x\mathrm{d}y \tag{3.3.5}$$

此外，重新从(3.3.2)出发，并对$F''(y)$两次分部积分，有

$$\int_e D_1(u-u^I)D_1v\mathrm{d}x\mathrm{d}y=$$
$$-\frac{1}{3}k_e^2\int_e D_2^2D_1uD_1v\mathrm{d}x\mathrm{d}y-$$
$$\frac{2}{3}k_e^2\int_e D_2D_1(u-u^I)D_1D_2v\mathrm{d}x\mathrm{d}y+$$
$$\int_e F''(y)D_2^2D_1uD_1v\mathrm{d}x\mathrm{d}y+$$
$$2\int_e F(y)D_2^2(D_2D_1(u-u^I)D_1D_2v)\mathrm{d}x\mathrm{d}y=$$
$$-\frac{1}{3}k_e^2\int_e D_2^2D_1uD_1v\mathrm{d}x\mathrm{d}y+$$

$$\int_e F(y)(D_2^4 D_1 u D_1 v + 4D_2^3 D_1 u D_1 D_2 v)\mathrm{d}x\mathrm{d}y \tag{3.3.6}$$

为简单起见，我们采用记号

$$\int_\Omega' f(x,y)\mathrm{d}x\mathrm{d}y = \sum_{e\in\mathcal{T}^h}\int_e f(x,y)\mathrm{d}x\mathrm{d}y$$

$$\| u \|'_{m,p,\Omega} = (\sum_{e\in\mathcal{T}^h} \| u \|^p_{m,p,e})^{\frac{1}{p}}$$

我们有：

定理 3.3.1　在正规矩形剖分 $\mathcal{T}^h$ 下，作双线性有限元空间 $S_0^h(\Omega)$，如果 $u\in(\prod_e W^{3,q}(e))\cap H_0^1(\Omega)$，那么 $\forall v\in S_0^h(\Omega)$ 有展开式

$$\begin{aligned}&a(u-u^I,v)=\\&\int_\Omega'(B(y)D_2^2 D_1 u D_1 v-\\&2F'(y)D_2^2 D_1 u D_1 D_2 v)\mathrm{d}x\mathrm{d}y+\\&\int_\Omega'(A(x)D_1^2 D_2 u D_2 v-\\&2E'(x)D_1^2 D_2 u D_1 D_2 v)\mathrm{d}x\mathrm{d}y\end{aligned} \tag{3.3.7a}$$

如果 $u\in(\prod_{e\in\mathcal{T}^h} W^{4,q}(e))\cap H_0^1(\Omega)$ $(1\leqslant q\leqslant\infty)$，那么还有展开式

$$\begin{aligned}&a(u-u^I,v)=-\frac{h^2}{3}\int_\Omega'(\lambda_e^2 D_1^2 D_2 u D_2 v+\\&\mu_e^2 D_2^2 D_1 u D_1 v)\mathrm{d}x\mathrm{d}y+\\&\int_\Omega'[-D_2^3 D_1 u D_2(F(y)D_1 v)+\\&4F'(y)D_2^3 D_1 u D_1 D_2 v]\mathrm{d}x\mathrm{d}y+\\&\int_\Omega'[-D_1^3 D_2 u D_1(E(x)D_2 v)+\end{aligned}$$

$$4E'(x)D_1^3D_2uD_1D_2v]\mathrm{d}x\mathrm{d}y \qquad (3.3.7b)$$

其中

$$\begin{cases} E(x)=\frac{1}{6}[A(x)]^2, A(x)=\frac{1}{2}((x-x_e)^2-h_e^2), \\ \qquad \lambda_e=\frac{h_e}{h} \\ F(y)=\frac{1}{6}[B(y)]^2, B(y)=\frac{1}{2}((y-y_e)^2-k_e^2), \\ \qquad \mu_e=\frac{k_e}{h} \end{cases} \qquad (3.3.7c)$$

如果 $u\in(\prod_{e\in\mathcal{T}^h}W^{5,q}(e))\cap W^{4,q}(\Omega)\cap H_0^1(\Omega)$，那么还有

$$a(u-u^I,v)=$$

$$-\frac{1}{3}\int_\Omega'(h_e^2+k_e^2)D_1^2D_2^2uv\mathrm{d}x\mathrm{d}y+$$

$$\int_\Omega'[E(x)(D_1^4D_2uD_1v-4D_1^3D_2^2uD_1v)+$$

$$F(y)(D_2^4D_1uD_2v-4D_2^3D_1^2uD_2v)]\mathrm{d}x\mathrm{d}y \qquad (3.3.7d)$$

证明 由(3.3.5)(3.3.6)得(3.3.7a)(3.3.7b). 注意，对于矩形剖分，当沿 y 方向分部积分时，λ_e 不变，因此

$$\int_\Omega'\lambda_e^2D_1^2D_2uD_2v\mathrm{d}x\mathrm{d}y=-\int_\Omega'\lambda_e^2D_1^2D_2^2uv\mathrm{d}x\mathrm{d}y$$

其次注意，当 $u\in W^{4,q}(\Omega)\cap(\prod_{e\in\mathcal{T}^h}W^{5,q}(e))\cap H_0^1(\Omega)$ 时，对于剖分线平行于两坐标轴的矩形剖分，在

(3.3.6) 中,含混合导数 D_1D_2v 的项可以分别关于 x 和 y 分部积分,例如

$$\int_\Omega F'(y)4D_2^3D_1uD_1D_2v\mathrm{d}x\mathrm{d}y=$$

$$-4\int_\Omega F'(y)D_2^3D_1^2uD_2v\mathrm{d}x\mathrm{d}y$$

因此(3.3.7d) 成立. ■

推论 1　在定理条件下,如果

$$u\in(\prod_e W^{3,q}(e))\cap H_0^1(\Omega),q=2\text{ 或 }\infty$$

那么分别有估计

$$\|u^h-u^I\|_1\leqslant Ch^2\|u\|_3' \tag{3.3.8a}$$

$$\|u^h-u^I\|_{1,\infty}\leqslant Ch^2|\ln h|\ \|u\|_{3,\infty}' \tag{3.3.8b}$$

证明　在(3.3.7a) 中,令 $u=u^h-u^I$,得

$$\begin{aligned}&\|u^h-u^I\|_1^2\leqslant\\&Ca(u^h-u^I,u^h-u^I)=\\&Ca(u-u^I,u^h-u^I)\leqslant\\&Ch^2\|u\|_3'\|v\|_1+\\&Ch^3\|u\|_3'\|v\|_2'\leqslant\\&Ch^2\|u\|_3'\|v\|_1=\\&Ch^2\|u\|_3'\|u^h-u^I\|_1\end{aligned}$$

两边约去一个因子得推论 1 的第一式. 在(3.3.7a) 中,令 $v=\partial_zG_z^h$,并注意

$$\|\partial_zG_z^h\|_{1,1}=O(|\ln h|)$$

便得

$$\begin{aligned}
&|\partial_z(u^h-u^I)(z)|= \\
&|a(u-u^I,\partial_z G_z^h)|\leqslant \\
&Ch^2\|u\|_{3,\infty}'\|\partial_z G_z^h\|_{1,1}\leqslant \\
&Ch^2|\ln h|\ \|u\|_{3,\infty}',\forall z\in\overline{\Omega}
\end{aligned}$$

■

注 利用局部超收敛理论还可以得到

$$\|u^h-u^I\|_{1,D_0}\leqslant Ch^2[\|u\|_{3,D}'+\|u\|_{2,\Omega}] \tag{3.3.8c}$$

$$\|u^h-u^I\|_{1,\infty,D}\leqslant Ch^2|\ln h|[\|u\|_{3,\infty,D}'+\|u\|_{2,\Omega}]$$

其中 $D_0\subsetneqq D$,$D\subset\Omega$ 且不含 Ω 的角点,Ω 为凸角域,D 被正规矩形剖分覆盖. ■

推论 2 在定理条件下(一般 Ω 为凸域),如果

$$u\in(\prod_h W^{4,q}(e))\cap H_0^1(\Omega),q=2\text{ 或 }\infty$$

那么存在 $W_1\in H_0^1(\Omega)$,使得

$$\|R_h u-I_h u-h^2R_hW_1\|_1\leqslant Ch^3\|u\|_4' \tag{3.3.9a}$$

$$\|R_h u-I_h u-h^2R_hW_1\|_{1,\infty}\leqslant Ch^3\|u\|_{4,\infty}' \tag{3.3.9b}$$

其中

$$\|W_1\|_1\leqslant\frac{1}{3}\|u\|_3',R_hu=u^h,I_hu=u^I$$

证明 考虑 $H_0^1(\Omega)$ 上的线性泛函

$$\mathbf{F}(v)=-\frac{1}{3}\int_\Omega'[\lambda_e^2D_1^2D_2uD_2v+\mu_e^2D_2^2D_1uD_1v]\mathrm{d}x\mathrm{d}y \tag{3.3.9c}$$

其中

$$\lambda_e=\frac{h_e}{h},\mu_e=\frac{k_e}{h}$$

显然

$$|\mathbf{F}(v)| \leqslant \frac{1}{3}\|u\|_3'\|v\|_1$$

由 Lax-Milgram 定理(见 1.2 节),存在唯一的

$$W_1 \in W^{2,q}(\Omega) \cap H_0^1(\Omega), 1 < q < q_0$$

使得

$$a(W_1, v) = \mathbf{F}(v), \forall v \in H_0^1(\Omega)$$

(显然 $\|W_1\|_1 \leqslant \frac{1}{3}\|u\|_3'$). 于是由(3.3.7b)有

$$a(R_h u - I_h u, v) = h^2 a(W_1, v) + o(h^3)\|u\|_4'\|v\|_1, \quad \forall v \in S_0^h(\Omega)$$

注意 $a(W_1, v) = a(R_h W_1, v), \forall v \in S_0^h(\Omega)$,于是移项并令

$$v = R_h u - I_h u - h^2 R_h W_1$$

得

$$\|R_h u - I_h u - h^2 R_h W_1\|_1 \leqslant Ch^3\|u\|_4'$$

其次由 W_1 的定义我们还有

$$a(R_h u - I_h u - h^2 R_h W_1, v) = O(h^3)\|u\|_{4,\infty}'\|v\|_{1,1}$$

在式中令 $v = \partial_z G_z^h$,并注意

$$\|\partial_z G_z^h\|_{1,1} = O(|\ln h|)$$

得

$$\partial_z(R_h u - I_h u - h^2 R_h W_1)(z) = o(h^3|\ln h|)\|u\|_{4,\infty}'$$

故(3.3.9a)(3.3.9b)都成立. ■

注　如果假定 $D_0 \subsetneqq D \subset \Omega$,$u$ 在 $\overline{D}$ 上充分光滑,D 被一致矩形剖分覆盖,于是任给 $e \in \mathscr{T}^h, e \subset D, \lambda_e, \mu_e$ 都是常数(与 e 无关),因而

$$f = [\lambda_e^2 D_1^2 D_2^2 u + \mu_e^2 D_1^2 D_2^2 u]$$

在 $\overline{D}$ 上充分光滑,但

$$\mathbf{F}(v)=\frac{1}{3}\int_{\Omega}'(\lambda_e^2+\mu_e^2)D_1^2D_2^2uv\mathrm{d}x\mathrm{d}y$$

由 W_1 的定义及方程理论知 W_1 在 $\overline{D}$ 上充分光滑，当然我们要求 D 不含 Ω 的角点. 这时利用局部超收敛性，得

$$\begin{cases}\|R_hW_1-I_hW_1\|_{1,D_0}\leqslant Ch^2[\|W_1\|_{3,D}+\|W_1\|_{2,\Omega}]\\ \|R_hW_1-I_hW_1\|_{1,\infty,D_0}\leqslant Ch^2|\ln h|[\|W_1\|_{3,\infty,D}+\\ \qquad\|W_1\|_{2,\Omega}]\end{cases}\tag{3.3.9d}$$

这样我们得到(3.3.9a)(3.3.9b) 的补充式：如果 $D_0\subsetneqq D\subset\Omega$，$D$ 不含 Ω 的角点，u 在 D 上充分光滑，D 被一致矩形剖分覆盖，那么有

$$\begin{cases}\|R_hu-I_hu-h^2I_hW_1\|_{1,D_0}\leqslant Ch^3\\ \|R_hu-I_hu-h^2I_hW_1\|_{1,\infty,D_0}\leqslant Ch^3|\ln h|\end{cases}\tag{3.3.9e}$$ ■

推论 3 在定理条件下(Ω 为凸域)，如果

$$u\in W^{3,q}(\Omega)\cap(\prod_e W^{4,q}(e))\cap H_0^1(\Omega),q=2,\infty\tag{3.3.10a}$$

那么有

$$\|R_hu-I_hu-h^2R_hW_1\|_0\leqslant Ch^4\|u\|_4'\tag{3.3.10b}$$

$$\|R_hu-I_hu-h^2R_hW_1\|_{0,\infty}\leqslant Ch^4|\ln h|\ \|u\|_{4,\infty}'\tag{3.3.10c}$$

其中 W_1 按推论 2 的方式定义. 从而还有

$$\|R_hu-I_hu-h^2I_hW_1\|_0\leqslant Ch^4\|u\|_4'\tag{3.3.10d}$$

$$\|R_hu-I_hu-h^2I_hW_1\|_{0,\infty}\leqslant Ch^4|\ln h|\ \|u\|_{4,\infty}'\tag{3.3.10e}$$

证明　(3.3.10b)可用Nitsche技巧证得,但比前面的方法复杂.现在找 $\varphi \in H^2(\Omega) \cap H_0^1(\Omega)$,使得

$$a(v,\varphi)=(v,R_hu-I_hu-R_hW_1),\ \forall v \in H_0^1(\Omega)$$

易见

$$\|\varphi\|_2 \leqslant \|R_hu-I_hu-h^2R_hW_1\|_0$$

于是

$$\begin{aligned}
&\|R_hu-I_hu-h^2R_hW_1\|_0^2= \\
&a(R_hu-I_hu-h^2R_hW_1,\varphi)= \\
&a(R_hu-I_hu-h^2R_hW_1,\varphi-I_h\varphi)+ \\
&a(R_hu-I_hu-h^2R_hW_1,I_h\varphi)\leqslant \\
&Ch^3\|u\|_{4,q}'\|\varphi-I_h\varphi\|_{1,q'}+ \\
&a(R_hu-I_hu-h^2R_hW_1,I_h\varphi)
\end{aligned}$$

由推论2中 W_1 的定义及式(3.3.7b),得

$$\begin{aligned}
&a(R_hu-I_hu-h^2R_hW_1,I_h\varphi)= \\
&\int_\Omega{}' [-D_2^3D_1uD_2(F(y)D_1(I_h\varphi))+ \\
&4F(y)D_2^3D_1uD_1D_2I_h\varphi]\mathrm{d}x\mathrm{d}y+ \\
&\int_\Omega{}' [-D_1^3D_2uD_2(E(x)D_2(I_h\varphi))+ \\
&4E(x)D_1^3D_2uD_1D_2(I_h\varphi)]\mathrm{d}x\mathrm{d}y
\end{aligned}$$

由于 $u \in W^{3,p}(\Omega) \cap H_0^1(\Omega) \cap (\prod_e W^{4,q}(e))$,因此

$$\begin{aligned}
&\int_\Omega{}' -D_2^3D_1uD_2(F(y)D_1(I_h\varphi))\mathrm{d}x\mathrm{d}y= \\
&\int_\Omega{}' D_2^4D_1uF(y)D_1(I_h\varphi)\mathrm{d}x\mathrm{d}y^{①}= \\
&\int_\Omega{}' D_2^4D_1uF(y)D_1(I_h\varphi-\varphi)\mathrm{d}x\mathrm{d}y-
\end{aligned}$$

---

①　由于 $F(y_e-k_e)=F(y_e+k_e)=0$.

$$\int_{\Omega}' D_2^4 uF(y)D_1^2\varphi \mathrm{d}x\mathrm{d}y =$$

$$-\int_{\Omega}' D_2^4 uF(y)D_1^2(I_h\varphi - \varphi)\mathrm{d}x\mathrm{d}y +$$

$$\sum_e \int_{\tau_2^e} D_2^4 uF(y)D_1(I_h\varphi - \varphi)\mathrm{d}x\mathrm{d}y -$$

$$\int_{\Omega} D_2^4 uF(y)D_1^2\varphi \mathrm{d}x\mathrm{d}y =$$

$$\sum_e o(h^4) \mid u \mid_{4,q,e}[\parallel \nabla^2\varphi \parallel_{0,q',e} +$$

$$h^{-1} \parallel \nabla(I_h\varphi - \varphi) \parallel_{0,q',e}] =$$

$$O(h^4) \mid u \mid_{4,q}' \parallel \varphi \parallel_{2,q'}, q = 2, \infty$$

以上 τ_2^e 为 e 的左、右边. 因此

$$\mid a(R_hu - I_hu - h^2R_hW_1, I_h\varphi) \mid \leqslant$$
$$Ch^4 \parallel u \parallel_{4,q}' \parallel \varphi \parallel_{2,q'} \tag{3.3.10f}$$

当 $q=2$ 时,利用先验估计

$$\parallel \varphi \parallel_2 \leqslant C \parallel R_hu - I_hu - h^2R_hW_1 \parallel_0$$

得

$$\parallel R_hu - I_hu - h^2R_hW_1 \parallel_0^2 \leqslant$$
$$Ch^4 \parallel u \parallel_4' \parallel R_hu - I_hu - h^2R_hW_1 \parallel_0$$

于是证得(3.3.10d). 此外,由式(3.3.10f) 取 $q=\infty$, $\varphi = G_z^*$,得

$$\mid (R_hu - I_hu - h^2R_hW_1)(z) \mid =$$
$$\mid a(R_hu - I_hu - h^2R_hW_1, G_z^h) \mid \leqslant$$
$$Ch^3 \parallel u \parallel_{4,\infty}' \parallel G_z^h - I_hG_z^* \parallel_{1,1} +$$
$$Ch^4 \parallel u \parallel_{4,\infty}' \parallel G_z^* \parallel_{2,1} \leqslant$$
$$Ch^4 \mid \ln h \mid \parallel u \parallel_{4,\infty}', \ \forall z \in \overline{\Omega}$$

这就证得(3.3.10e).

其次,由于 Ω 为凸角域,因此由 W_1 的定义和方程

理论可知 $W_1 \in W^{2,q}(\Omega) \cap H_0^1(\Omega), 1 < q < q_0 = \frac{2}{2-\beta_M}$，于是有

$$\| W_1^h - W_1^I \|_0 \leqslant Ch^2$$
$$\| W_1^h - W_1^I \|_{0,\infty} \leqslant Ch^{\min\{2,\beta_M-\varepsilon\}}$$

从而还有

$$\| R_h u - I_h u - h^2 I_h W_1 \|_0 \leqslant Ch^4 \| u \|_4'$$
$$\| R_h u - I_h u - h^2 I_h W_1 \|_{0,\infty} \leqslant Ch^{\min\{4,\beta_M+2-\varepsilon\}} \| u \|_{4,\infty}'$$

当然在 Ω 的内部都可达到饱满估计. 由于能实现矩形剖分的凸角域一定是矩形，因此以上估计实际是 $O(h^4 \mid \ln h \mid)$. ■

推论 4　在定理条件下，如果

$$u \in W^{4,q}(\Omega) \cap (\prod_e W^{5,q}(e)) \cap H_0^1(\Omega),$$
$$q = 2 \text{ 或 } \infty$$

那么还有

$$\| R_h u - I_h u - h^2 R_h W_1 \|_1 \leqslant Ch^4 \| u \|_5' \tag{3.3.11a}$$

$$\| R_h u - I_h u - h^2 R_h W_1 \|_{1,\infty} \leqslant Ch^4 \mid \ln h \mid \| u \|_{5,\infty}' \tag{3.3.11b}$$

证明　在(3.3.7d)中，令 $v = R_h u - I_h u - h^2 R_h W_1$，则有

$$\| v \|_1^2 = a(u - I_h u - h^2 R_h W_1, v) =$$
$$\int_\Omega' E(x)(D_1^4 D_2 u D_1 v -$$
$$4 D_1^3 D_2^2 u D_1 v) \mathrm{d}x\mathrm{d}y +$$
$$\int_\Omega' F(y)(D_2^4 D_1 u D_2 v -$$
$$4 D_2^3 D_1^2 u D_2 v) \mathrm{d}x\mathrm{d}y \leqslant$$

$$Ch^4 \| u \|_5' \| v \|_1$$

于是证得

$$\| v \|_1 \leqslant Ch^4 \| u \|_5'$$

即(3.3.11a).如果用 $v = \partial_z G_z^h$ 代入,得

$$\begin{aligned}&\partial_z (R_h u - I_h u - h^2 R_h W_1)(z) = \\&a(u - I_h u - h^2 R_h W_1, \partial_z G_z^h) \leqslant \\&Ch^4 \| u \|_{5,\infty}' \| \partial_z G_z^h \|_{1,1} \leqslant \\&Ch^4 |\ln h| \| u \|_{5,\infty}', \forall z \in \overline{\Omega}\end{aligned}$$

此即式(3.3.11b). ■

注 $kD_0 \subsetneqq D \subset \Omega$,$D$ 不含 Ω 的角点,D 被一致矩形剖分覆盖,$u \in W^{5,q}(D) \cap (\prod_e W^{5,q}(e)) \cap H_0^1(\Omega)$,那么式(3.3.9d)成立,因此还有局部估计

$$\| R_h u - I_h u - h^2 I_h W_1 \|_{1,D_0} \leqslant Ch^4 \tag{3.3.11c}$$

$$\| R_h u - I_h u - h^2 I_h W_1 \|_{1,\infty,D_0} \leqslant Ch^4 |\ln h| \tag{3.3.11d}$$

这些估计在今后将要用到. ■

3.3.2 一般问题

对于一般二阶椭圆问题,其能量为

$$\begin{aligned}B(u,v) = \int_\Omega \Big(&\sum_{i=1}^2 \sum_{j=1}^2 a_{ij} D_i u D_j v + \\&\sum_{j=1}^2 b_j D_j u v + Quv \Big) \mathrm{d}x \mathrm{d}y\end{aligned}$$

和式(3.0.2)一样,我们也需要展开

$$I = B(u - u^I, v), \forall v \in S_0^h(\Omega) \quad (\text{其中 } u^I = I_h u)$$

如果假定 a_{ij}, b_j, Q 为常数,必须考虑如下式子的展开

$$A_{11}^e=\int_e D_1(u-u^I)D_1v\mathrm{d}x\mathrm{d}y \quad \text{（展式见定理 3.3.1）}$$

$$\widetilde{A}_{12}^e=\int_e D_1D_2(u-u^I)v\mathrm{d}x\mathrm{d}y$$

$$A_{12}^e=\int_e D_1(u-u^I)D_2v\mathrm{d}x\mathrm{d}y$$

$$A_{10}^e=\int_e D_i(u-u^I)v\mathrm{d}x\mathrm{d}y$$

$$A_{00}^e=\int_e (u-u^I)v\mathrm{d}x\mathrm{d}y$$

依照 3.3.2 中的方法，我们有

$$\begin{aligned}\widetilde{A}_{12}^e=&\frac{1}{3}h^2\int_e(\lambda_e^2D_1^2D_2uD_1v+\mu_e^2D_2^2D_1uD_2v)\mathrm{d}x\mathrm{d}y-\\&\int_e(E(x)D_1^4D_2uD_1v+\\&F(y)D_1D_2^4uD_2v)\mathrm{d}x\mathrm{d}y-\\&\int_e A(x)B(y)D_1^2D_2^2uD_1D_2v\mathrm{d}x\mathrm{d}y\end{aligned}\tag{3.3.12}$$

$$\begin{aligned}A_{10}^e=&\frac{1}{3}h^2\int_e(\lambda_e^2D_1^2uD_1v-\mu_e^2D_2^2D_1uv)\mathrm{d}x\mathrm{d}y+\\&\int_e F(y)(D_2^4D_1uv-4D_2^3D_1uD_2v)\mathrm{d}x\mathrm{d}y+\\&\int_e(-E(x)D_1^4uD_1v+\\&A(x)B(y)D_1^2D_2^2uD_1v)\mathrm{d}x\mathrm{d}y+\\&\int_e(F(y)A'(x)D_2^3D_1u-\\&3F'(y)A(x)D_2^2D_1^2u)D_1D_2v\mathrm{d}x\mathrm{d}y\end{aligned}\tag{3.3.13}$$

$$\begin{aligned}A_{00}^e=&-\frac{1}{3}h^2\int_e(\lambda_e^2D_1^2u+\mu_e^2D_2^2u)v\mathrm{d}x\mathrm{d}y+\\&\int_e(E(x)D_1^2u+F(y)D_2^2u)v\mathrm{d}x\mathrm{d}y+\end{aligned}$$

$$4\int_e (E(x)D_1^3 uD_1 v + F(y)D_2^3 uD_2 v)\mathrm{d}x\mathrm{d}y -$$

$$\int_e A(x)B(y)(D_1^2 D_2^2 uv + 2D_1^2 D_2 uD_2 v +$$

$$2D_1 D_2^2 uD_1 v)\mathrm{d}x\mathrm{d}y +$$

$$\frac{2}{9}h^4\int_e \lambda_e^2\mu_e^2(D_2^2 D_1 uD_1 v + D_1^2 D_2 uD_2 v)\mathrm{d}x\mathrm{d}y -$$

$$\frac{4}{3}h^2\int_e (\lambda_e^2 F'(y)D_1 D_2^2 u +$$

$$\mu_e^2 E'(x)D_1^2 D_2 u)D_1 D_2 v\mathrm{d}x\mathrm{d}y -$$

$$h^2\int_e (\frac{2}{3}\lambda_e^2 F(y)D_2^4 D_1 uD_1 v +$$

$$\frac{2}{3}\mu_e^2 E(x)D_1^4 D_2 uD_1 v)\mathrm{d}x\mathrm{d}y -$$

$$\frac{8}{3}h^2\int_e (\lambda_e^2 F(y)D_2^3 D_1 u +$$

$$\mu_e^2 E(x)D_1^3 D_2 u)D_1 D_2 v\mathrm{d}x\mathrm{d}y +$$

$$4\int_e (E(x)F'(y)D_1^3 D_2 u +$$

$$E'(x)F(y)D_1^2 D_2^3 u)D_1 D_2 v\mathrm{d}x\mathrm{d}y \qquad (3.3.14)$$

其中式(3.3.14)可利用如下引理获得.

引理 1 若 $W \in C^4(e)$ 在 e 的四个角点为 0,则有

$$\int_e W\mathrm{d}x\mathrm{d}y = \int_e (-\frac{h_e^2}{3}D_1^2 W - \frac{k_e^2}{3}D_2^2 W + E(x)D_1^4 W + F(y)D_2^4 W - A(x)B(y)D_1^2 D_2^2 W)\mathrm{d}x\mathrm{d}y \qquad (3.3.15\text{a})$$

证明 (省略积分元 $\mathrm{d}x\mathrm{d}y$)

$$\int_e ED_1^4 W = -\int_e E'D_1^3 W = \int_e E''D_1^2 W = \int_e A(x)D_1^2 W + \frac{h_e^2}{3}\int_e D_1^2 W$$

同样可得

$$\int_e FD_2^4W=\int_e B(y)D_2^2W+\frac{k_e^2}{3}\int_e D_2^2W$$

而

$$\int_e A(x)D_1^2W=-\int_e A'(x)D_1W=$$

$$-\int_{\tau_{左}}^{\tau_{右}} A'(x)W+\int_e W$$

$$\int_e B(y)D_2^2W=-\int_e B'(y)D_2W$$

其中 $\tau_{左}$，$\tau_{右}$ 分别为 e 的左、右边，因此

$$\int_e ED_1^4W=-\int_{\tau_{左}}^{\tau_{右}} A'(x)W+\frac{h_e^2}{3}\int_e D_1^2W+\int_e W \tag{3.3.15b}$$

$$\int_e FD_2^4W=-\int_e B'(y)D_2W+\frac{k_e^2}{3}\int_e D_2^2W \tag{3.3.15c}$$

注意 W 在 e 的四个角点为 0，故

$$\int_e A(x)B(y)D_1^2D_2^2W=$$

$$-\int_e A'(x)B(y)D_1D_2^2W=$$

$$\int_e A'(x)B'(y)D_1D_2W=$$

$$\int_{\tau_{左}}^{\tau_{右}} A'(x)B'(y)D_2W-\int_e B'(y)D_2W=$$

$$-\int_{\tau_{左}}^{\tau_{右}} A'(x)W-\int_e B'(y)D_2W \tag{3.3.15d}$$

将(3.3.15b) ～ (3.3.15d) 相加，即得(3.3.15a). ■

在(3.3.15a) 中，令 $W=(u-I_hu)v$，经整理即得

(3.3.14).

对于 $A_{12}^e=\int_e D_1(u-I_hu)D_2v\mathrm{d}x\mathrm{d}y$ 的展开,不及以上各项的结果好,它只能有

$$\begin{aligned}A_{12}^e=&\frac{1}{3}h^2\int_e(\lambda_e^2D_1^2D_2uD_1v-\mu_e^2D_2^2D_1uD_2v)\mathrm{d}x\mathrm{d}y-\\&\frac{1}{3}k_e^2\int_e A(x)D_2^2D_1^2uD_1D_2v\mathrm{d}x\mathrm{d}y+\\&\int_e(F(y)D_2^4D_1uD_1v-E(x)D_1^4D_2uD_1v)\mathrm{d}x\mathrm{d}y+\\&\int_{\tau_下}^{\tau_上}A(x)D_1^2uD_1v\mathrm{d}x\end{aligned}\tag{3.3.16}$$

其中 $\tau_上,\tau_下$ 分别为 e 的上、下边. 当 $u\in W^{2,q}(\Omega)\cap H_0^1(\Omega)$ 时,对 $\mathscr{T}^h$ 中所有矩形元 e 求和可以消去线积分项 $\int_{\tau_下}^{\tau_上}$(即使剖分不均匀也是如此),得

$$\begin{aligned}&\int_\Omega D_1(u-I_hu)D_2v\mathrm{d}x\mathrm{d}y=\\&\frac{1}{3}h^2\int_\Omega'(\lambda_e^2D_1^2D_2uD_1v-\mu_e^2D_2^2D_1uD_2v)\mathrm{d}x\mathrm{d}y-\\&\frac{1}{3}h^2\int_\Omega'\mu_e^2A(x)D_2^2D_1^2uD_1D_2v\mathrm{d}x\mathrm{d}y-\\&\int_\Omega'E(x)D_1^4D_2uD_1v\mathrm{d}x\mathrm{d}y+\\&\int_\Omega'F(y)D_2^4uD_1v\mathrm{d}x\mathrm{d}y+\\&\left(\int_{\Gamma_上}-\int_{\Gamma_下}\right)A(x)D_1^2uD_1v\mathrm{d}x\end{aligned}\tag{3.3.17}$$

其中 $\Gamma_上,\Gamma_下$ 为 $\partial\Omega$ 的上、下边界. 综上所述得以下定理:

定理 3.3.2 设在 Ω 上实现了一致矩形剖分 $\mathscr{T}^h$,

那么只要 $u \in W^{2,q}(\Omega) \cap H_0^1(\Omega) \cap (\prod_e W^{5,q}(e))$，就有展开式

$$B(u-I_h u,v)=\sum_{e\in\mathscr{T}^h}(\sum_{ij}a_{ij}A_{ij}^e+\sum_j b_j A_{j0}^e+QA_{00})=$$
$$(C_4\cdot D^4u+C_3\cdot D^3u+$$
$$C_2\cdot D^2u,v)'h^2+$$
$$O(h^4)\|u\|_{5,q}'\|v\|_{1,q'},$$
$$\forall v\in S_0^h(\Omega)\qquad(3.3.18)$$

其中 $C_m\cdot D^m u$ 表示 u 的各 m 阶导数的常系数组合.

■

引理 2　设 Ω 为一个平行四边形，且在其上实现了一致平行四边形剖分，$S_0^h(\Omega)$ 为 $\mathscr{T}^h$ 上的双线性有限元空间，那么，式(2.3.18)也成立. 进一步还有

$$B(u-u^I,v)=$$
$$(C_4\cdot D^4u+C_3\cdot D^3u+C_2\cdot D^2u,v)_\Omega h^2+$$
$$(C\cdot D^2u,D_Tv)_{\partial\Omega}h^2+$$
$$O(h^4)\|u\|_{5,q}\|v\|_{1,q'},$$
$$\forall v\in S^h(\Omega),\forall u\in W^{5,q}(\Omega)\qquad(3.3.19)$$

其中 D_T 表示切向导数.　■

类似地，利用这个引理我们也可把结果推广到分片一致平行四边形剖分上，而得

$$B(u-u^I,v)=$$
$$\sum_j(C_4\cdot D^4u+C_3\cdot D^3u+C_2\cdot D^2u,v)_{\Omega_j}h^2+$$
$$\sum_j(C\cdot D^2u,D_Tv)_{\partial\Omega_j}h^2+$$
$$O(h^4)\|u\|_{5,q}\|v\|_{1,q'},$$
$$\forall v\in S^h(\Omega),\forall u\in W^{5,q}(\Omega)\qquad(3.3.20)$$

与分片一致三角形剖分平行，对于分片一致平行四边

形剖分，也有相应的一系列展开式，我们在此不再重复.

3.4 双 p 次有限元的基本估计

设 $\mathcal{T}^h$ 为区域 Ω 上的矩形剖分，$S^h(\Omega)$ 为 $\mathcal{T}^h$ 上的双 p 次有限元空间，与式(3.0.2) 类似，讨论

$$a(u-i_h^{(p)}u,v)=?,\ \forall v\in S_0^h(\Omega) \quad (3.4.1)$$

的展开式和基本估计，其中 $i_h^{(p)}$ 为1.4节定义的投影型插值算子.

3.4.1 几个引理

用 l_1,l_2,l_3,l_4 分别表示任意矩形单元

$$e=(x_e-h_e,x_e+h_e)\times(y_e-k_e,y_e+k_e)$$

的上、下、右、左四个边，则有：

引理 1 如果 $W\in H^{m+2}(e)$，满足条件：

(1) $\int_{l_1}W\mathrm{d}x=\int_{l_2}W\mathrm{d}x=0$；

(2) $\int_e y^jW\mathrm{d}x\mathrm{d}y=0,j\leqslant m-2$，

那么

$$\int_e(y-y_e)^mW\mathrm{d}x\mathrm{d}y=$$
$$(-1)^m\frac{m!\ 2^{m+1}}{(2(m+1))!}\cdot$$
$$\int_e(B(y))^{m+1}D_2^{m+2}W\mathrm{d}x\mathrm{d}y \quad (3.4.2)$$

或者

$$\int_e \tilde{\omega}_n \cdot W\mathrm{d}x\mathrm{d}y = C_m k_e^{e-m+\frac{1}{2}} \int_e [B(y)]^{m+1} D_2^{m+2} W\mathrm{d}x\mathrm{d}y \tag{3.4.3}$$

$$C_m = (-1)^m \sqrt{\frac{2m-1}{2}} \cdot \frac{2^{m+1}(2m-2)!}{(m-1)!\ (2m+2)!}$$

其中

$$B(y) = \frac{1}{2}((y-y_e)^2 - k_e^2)$$

$$\tilde{\omega}_m(y) = \left(\frac{\mathrm{d}}{\mathrm{d}y}\right)^{m-2} (B(y))^{m-1} \cdot \sqrt{\frac{2m-1}{2}} \cdot \frac{1}{(m-1)!} k_e^{-m+\frac{1}{2}}$$

证明　因为 $B(y_e \pm k_e)=0$，所以经 $m+1$ 次分部积分，得

$$\int_e B^{m+1} D_2^{m+2} W\mathrm{d}x\mathrm{d}y = (-1)^{m+1} \int_e D_2^{m+1}(B^{m+1}) D_2 W\mathrm{d}x\mathrm{d}y$$

利用条件(1) 再分部积分(注意 B 与 x 无关)

$$\begin{aligned}
&\int_e B^{m+1} D_2^{m+1} W\mathrm{d}x\mathrm{d}y = \\
&(-1)^{m+1}\left(\int_{l_1} - \int_{l_2}\right) D_2^{m+1}(B^{m+1}) W\mathrm{d}x + \\
&(-1)^m \int_e D^{m+2}(B^{m+1}) W\mathrm{d}x\mathrm{d}y = \\
&(-1)^m \int_e D_2^{m+2}(B^{m+1}) W\mathrm{d}x\mathrm{d}y
\end{aligned}$$

由于

$$B^{m+1} = \frac{1}{2^{m+1}}(y-y_e)^{2m+2} + \text{低于 } 2m \text{ 次的项}$$

$$D_2^{m+2}(B^{m+1}) =$$

$$\frac{1}{2^{m+1}} \cdot \frac{(2m+2)!}{m!}(y-y_e)^m +$$

$(m-2)$ 次多项式

于是由条件(2) 得

$$\int_e B^{m+1} D_2^{m+2} W \mathrm{d}x\mathrm{d}y =$$

$$(-1)^m \frac{1}{2^{m+1}} \cdot \frac{(2m+2)!}{m!} \int_e (y-y_e)^m W \mathrm{d}x\mathrm{d}y$$

此即式(3.4.2),从而(3.4.3) 也成立. ■

其次利用 1.4 节命题 5,还有:

引理 2 如果记 $Q_{mn}(e) = \mathrm{span}\{x^i y^j : i \leqslant m, j \leqslant n\}$ 为 e 上的多项式集合,那么有

$$\int_e D_1(u - i_h^{(p)} u) D_1 v \mathrm{d}x\mathrm{d}y = 0, \forall v \in Q_{p,p-2}(e)$$

证明 事实上,经分部积分有

$$\int_e D_1(u - i_h^{(p)} u) D_1 v \mathrm{d}x\mathrm{d}y =$$

$$-\int_e (u - i_h^{(p)} u) D_1^2 v \mathrm{d}x\mathrm{d}y +$$

$$\left(\int_{l_1} - \int_{l_2}\right)(u - i_h^{(p)} u) D_1 v \mathrm{d}y$$

由于 $v \in Q_{p,p-2}(e)$,从而有 $D_1^2 v \in Q_{p-2}(e)$(双 $p-2$ 次多项式),$D_1 v$ 为 y 的 $p-2$ 次多项式,因此利用 1.4 节的结果得到上式为 0. 证毕. ■

3.4.2 基本估计及其证明

考虑

$$I_e = \int_e D_1(u - i_h^{(p)} u) D_1 v \mathrm{d}x\mathrm{d}y, \forall v \in S^h(\Omega) \tag{3.4.4}$$

将 v 看作 y 的函数展开(参见 1.4 节)

$$v=\sum_{j=0}^{p-2}\beta_j(x)\tilde{\omega}_j(y)+\beta_{p-1}(x)\tilde{\omega}_{p-1}(y)+\beta_p(x)\tilde{\omega}_p(y)\equiv v_1+v_2+v_3 \tag{3.4.5}$$

其中

$$\beta_j(x)=\int_{y_e-k_e}^{y_e+k_e}D_2 v\,\tilde{l}_{j-1}(y)\mathrm{d}y$$

$\tilde{l}_j(y)=\dfrac{\mathrm{d}}{\mathrm{d}y}\tilde{\omega}_{j+1}$ 为区间 $[y_e-k_e, y_e+k_e]$ 上的 Legendre(勒让德) 多项式. 由于 $v_1\in Q_{p,p-2}(e)$, 由引理 2 知

$$\int_e D_1(u-i_h^{(p)}u)D_1 v_1\mathrm{d}x\mathrm{d}y=0 \tag{3.4.6}$$

其次注意

$$W_m=D_1(u-i_h^{(p)}u)D_1\beta_m(x), m=p-1,p$$

满足引理 1 的条件(1)(2), 因此

$$\int_e D_1(u-i_h^{(p)}u)D_1\beta_m(x)\tilde{\omega}_m(y)\mathrm{d}x\mathrm{d}y=$$

$$C_m k_e^{-m+\frac{1}{2}}\int_e (B(y))^{m+1}D_2^{m+1}D_1(u-i_h^{(p)}u)D_1\beta_m\mathrm{d}x\mathrm{d}y=$$

$$C_m k_e^{-m+\frac{1}{2}}\int_e (B(y))^{m+1}D_2^{m+2}D_1 uD_1\beta_m\mathrm{d}x\mathrm{d}y=$$

$$O(k_e^{m+2+\frac{1}{2}})\,|u|_{m+3,q,e}\,|D_1\beta_m|_{0,q',e} \tag{3.4.7}$$

由于

$$|D_1\beta_m|_{0,q',e}=\left(\int_e\left|\int_{y_e-k_e}^{y_e+k_e}D_1D_2 v\tilde{l}_{m-1}\mathrm{d}y\right|^{q'}\mathrm{d}x\mathrm{d}y\right)^{\frac{1}{q'}}\leqslant Ck_e^{1-\frac{1}{2}}\,|D_1D_2 v|_{0,q',e} \tag{3.4.8}$$

于是在(3.4.7) 中, 令 $m=p-1$, 得

$$\left|\int_e D_1(u-i_h^{(p)}u)D_1 v_2\mathrm{d}x\mathrm{d}y\right|\leqslant$$

$$Ck_e^{p+2} \mid u \mid_{p+2,q,e} \mid D_1 D_2 v \mid_{0,q',e} \quad (3.4.9)$$

若在(3.4.7)中,令 $m=p$,则得

$$\left|\int_e D_1(u-i_h^{(p)}u)D_1 v_3 \mathrm{d}x\mathrm{d}y\right| \leqslant$$

$$Ck_e^{p+3} \mid u \mid_{p+3,q,e} \mid D_1 D_2 v \mid_{0,q',e} \quad (3.4.10)$$

如果 $u \in W^{p+2,q}(\Omega)$,那么不难证得

$$\left|\int_e D_1(u-i_h^{(p)}u)D_1 v_3 \mathrm{d}x\mathrm{d}y\right| \leqslant$$

$$Ck_e^{p+3} \mid u \mid_{p+2,q,e} \mid D_1 D_2 v \mid_{0,q',e} \quad (3.4.11)$$

综合(3.4.4)(3.4.5)(3.4.6)(3.4.7)(3.4.9)(3.4.11),得:

定理 3.4.1 如果 e 为任意矩形单元,$u \in W^{p+2,q}(e)$,那么有

$$\begin{aligned}&\mid a(u-i_h^{(p)}u,v)_e \mid \leqslant \\ &Cd_e^{p+2} \mid u \mid_{p+2,q,e} \mid D_1 D_2 v \mid_{0,q',e} \leqslant \\ &Cd_e^{p+1} \mid u \mid_{p+2,q,e} \mid v \mid_{1,q',e}, \\ &\forall v \in S^h(\Omega)\end{aligned}$$

其中 d_e 为 e 的直径,或者,如果记 $h=\max d_3$,那么有

$$\begin{aligned}&\mid a(u-i_h^{(p)}u,v) \mid \leqslant \\ &Ch^{p+2} \mid u \mid'_{p+2,q} \| D_1 D_2 v \|'_{0,q'} \leqslant \\ &Ch^{p+1} \mid u \mid'_{p+2,q} \| v \|'_{1,q'}, \\ &\forall u \in \left(\prod_e W^{p+2,q}(e)\right) \cap H^1(\Omega), \\ &\frac{1}{q}+\frac{1}{q'}=1, 1 \leqslant q \leqslant \infty, \forall v \in S^h(\Omega)\end{aligned}$$ ■

进一步,注意当 $p \geqslant 3$ 时

$$\int_\Omega D_1(u-i_h^{(p)}u)D_1 v_2 \mathrm{d}x\mathrm{d}y =$$

$$\sum_e \int_e D_1(u-i_h^{(p)}u)D_1 \beta_{p-1}(x)\tilde{\omega}_{p-1}(y)\mathrm{d}x\mathrm{d}y =$$

$$C_{p-1}\sum_e k_e^{-p+1+\frac{1}{2}}\int_e (B(y))^p D_2^{p+1} D_1 u D_1 \beta_{p-1}(x)\mathrm{d}x\mathrm{d}y=$$

$$-C_{p-1}\sum_e k_e^{-p+1+\frac{1}{2}}\int_e (B(y))^p D_2^{p+1} D_1^2 u \beta_{p-1}(x)\mathrm{d}x\mathrm{d}y \tag{3.4.12}$$

于是

$$\left(\int_\Omega D_1(u-i_h^{(p)}u)D_1 v_2 \mathrm{d}x\mathrm{d}y\right)\leqslant C\sum_e k_e^{p+1+\frac{1}{2}}\ |u|_{p+3,q,e}\ |\beta_{p-1}|_{0,q',e}$$

由于 $p-1\geqslant 2$

$$|\beta_{p-1}|_{0,q',e}\leqslant Ck_e^{s-\frac{1}{2}}\ |v|_{s,q',e},s=1,2$$

因此

$$\left|\int_\Omega D_1(u-i_h^{(p)}u)D_1 v_2 \mathrm{d}x\mathrm{d}y\right|\leqslant C\sum_e k_e^{p+1+s}\ |u|_{p+3,q,e}\ |v|_{s,q',e} \tag{3.4.13}$$

综合(3.4.4)(3.4.5)(3.4.6)(3.4.13)(3.4.10)，得：

定理 3.4.2　设 $p\geqslant 3, u\in W^{p+3,q}(\Omega)\cap H_0^1(\Omega)$，那么对于任何矩形剖分，有估计

$$|a(u-i_h^{(p)}u,v)|\leqslant Ch^{p+1+s}\ |u|_{p+3,q}\ |v|'_{s,q'},\quad s=1,2,\forall v\in S_0^h(\Omega)$$ ■

推论　在定理 3.4.2 条件，下有

$$\|R_h u-i_h^{(p)}u\|_{0,q}\leqslant Ch^{p+3}\ |u|_{p+3,q}\ |\ln h|^{\bar{q}}$$

$$\|R_h u-i_h^{(p)}u\|_{1,q}\leqslant Ch^{p+2}\ \|u\|_{p+3,q}$$

其中

$$\bar{q}=\begin{cases}0, 当\ q<\infty\\ 1, 当\ q=\infty\end{cases}$$ ■

3.4.3　$p=2$ 的情形

由 3.4.2 小节分析，当 $p=2$ 时(见式(3.4.12))，

有

$$\sum_e \int_e D_1(u - i_h^{(2)}u) D_1 v_2 \,\mathrm{d}x\mathrm{d}y =$$

$$C_1 \sum_e k_e^{-1+\frac{1}{2}} \int_e (B(y))^2 D_2^3 D_1 u D_1 \beta_1(x) \mathrm{d}x\mathrm{d}y =$$

$$-C_1 \sum_e k_e^{-\frac{1}{2}} \int_e (B(y))^2 D_2^3 D_1^2 u \beta_1(x) \mathrm{d}x\mathrm{d}y$$

由于 $\tilde{l}_0(y) = \frac{1}{\sqrt{2}} k_e^{-\frac{1}{2}}$，$C_1 = -\frac{\sqrt{2}}{12}$，$D_2 v$ 为 y 的一次函数，因此

$$C_1 k_e^{-\frac{1}{2}} \beta_1(x) = -\frac{\sqrt{2}}{12} k_e^{-\frac{1}{12}} \int_{y_e - k_e}^{y_e + k_e} D_2 v(x,y) \tilde{l}_0(y) \mathrm{d}y =$$

$$-\frac{1}{6} D_2 v(x, y_e)$$

从而

$$\sum_e \int_e D_1(u - i_h^{(2)}u) D_1 v_2 \,\mathrm{d}x\mathrm{d}y =$$

$$\frac{1}{3} \sum_e \int_e (B(y))^2 D_2^3 D_1^2 u D_2 v(x, y_e) \mathrm{d}x\mathrm{d}y$$

注意

$$(B(y))^2 = f''_e(y) + \frac{2}{15} k_e^4$$

$$f_e(y) = \frac{1}{4}\Big[\frac{1}{30}(y - y_e)^6 - \frac{1}{6} k_e^2 (y - y_e)^4 +$$

$$\frac{7}{30} k_e^4 (y - y_e)^2 - \frac{1}{10} k_e^6\Big]$$

$$f_e(y_e - k_e) = f_e(y_e + k_e) = f'(y_e - k_e) =$$

$$f'(y_e + k_e) = 0$$

于是有

$$\sum_e \int_e D_1(u - i_h^{(2)}u) D_1 v_2 \,\mathrm{d}x\mathrm{d}y =$$

$$\frac{2}{45}\sum_{e}k_e^4\int_e D_2^3 D_1^2 u D_2 v(x,y_e)\mathrm{d}x\mathrm{d}y+$$
$$O(k_e^6)\mid u\mid_{6,q}'\mid v\mid_{2,q'}'=$$
$$\frac{2}{45}\sum_{e}k_e^4\int_e D_2^3 D_1^2 u D_2 v\mathrm{d}x\mathrm{d}y+$$
$$O(k_e^6)\mid u\mid_{6,q}'\mid v\mid_{2,q'}' \tag{3.4.14}$$

(上式最后的等式利用了 $D_2v(x,y_e)=D_2v(x,y)+B'(y)D_2^2v$),此外由(3.4.10)得

$$\sum_{e}\int_e D_1(u-i_h^{(2)}u)D_1v_3\mathrm{d}x\mathrm{d}y=$$
$$O(k_e^6)\mid u\mid_{6,q}'\mid v\mid_{2,q}' \tag{3.4.15}$$

可见由(3.4.6)(3.4.14)(3.4.15),有:

定理 3.4.3　对于 $p=2$ 的情节,有展开式

$$a(u-i_h^{(2)}u,v)=$$
$$\frac{2}{45}\sum_{e}\left(k_e^4\int_e D_2^3D_1^2uD_2v\mathrm{d}x\mathrm{d}y+h_e^4\int_e D_1^3D_2^2uD_1v\mathrm{d}x\mathrm{d}y\right)+$$
$$O(h^6)\mid u\mid_{6,q}'\mid v\mid_{2,q'}',$$
$$\forall u\in\prod_{e}W^{6,q}(e),\forall v\in S^h(\Omega)$$

如果剖分是一致的,那么还有

$$a(u-i_h^{(2)}u,v)=-\frac{2h^4}{45}\int_\Omega(\lambda^4D_2^4D_1^2u+D_1^4D_2^2u)v\mathrm{d}x\mathrm{d}y+$$
$$O(h^6)\mid u\mid_{6,q}\mid v\mid_{2,q}',$$
$$\forall u\in W^{6,q}(\Omega)\cap H_0^1(\Omega),\forall v\in S_6^h(\Omega)$$

其中 $\lambda=\dfrac{h_e}{h},h_e=h,\forall e\in\mathscr{T}^h$.　■

推论　在定理 3.4.3 的条件下,$\forall z\in\overline{\Omega}$,有展开式

$$(R_hu-i_h^{(2)}u)(z)=h^4W^h(z)+O(h^6\mid\ln h\mid)\mid u\mid_{6,\infty}$$
$$\overline{\nabla}(R_hu-i_h^{(2)}u)(z)=h^4\,\overline{\nabla}W^h(z)+O(h^5)\mid u\mid_{6,\infty}$$

以及

$$\begin{aligned}&\| R_h u - i_h^{(2)} u - h^4 W^h \|_0 + \\ &h \| R_h u - i_h^{(2)} u - h^4 W^h \|_1 = \\ &O(h^6) \| u \|_6\end{aligned}$$

其中 $W \in H_0^1(\Omega)$ 为辅助问题

$$\begin{cases}-\Delta W = \dfrac{2}{45} D_1^2 D_2^2 (\lambda^4 D_2^2 + \mu^2 D_1^4) u, \text{在 } \Omega \text{ 内} \\ W|_{\partial\Omega} = 0\end{cases}$$

的广义解. ■

3.5 二次三角形元上的展开

设 $\mathscr{T}^h$ 为 Ω 上的一致三角形剖分,$S^h(\Omega)$ 为 $\mathscr{T}^h$ 上的二次三角形有限元空间,其记号与 3.1.1 小节中的规定相同,为了继续估计式(3.0.2),除要引用 3.1.1 小节中的几个引理外,还需要补充几个引理.

3.5.1 几个引理

引理 1 设 $u \in W^{m,\infty}(S_i)$ $(m=5,6)$,则有

$$\int_{S_i} (u - u^I) \mathrm{d}S = A_4 \left(\frac{h_i}{2}\right)^4 \int_{S_i} D_i^4 u \mathrm{d}S + \left(\frac{h_i}{2}\right)^m \int_{S_i} A_m(S) D_i^m u \mathrm{d}S \tag{3.5.1}$$

其中 $A_m(S)$ 为有界函数,$u^I \in S_0^h(\Omega)$ 为 u 的二次插值,而

$$A_4 = \frac{1}{4!} \int_{-1}^{1} (\xi^4 - \xi^2) \mathrm{d}\xi = -\frac{1}{90} \tag{3.5.2}$$

证明　作可逆仿射变换 $T:S_i \to [-1,1]$，并记

$$\hat{u}(\xi)=u\circ T^{-1}\xi,\hat{u}^I=u^I\circ T^{-1}$$

那么

$$\int_{S_i}(u-u^I)\mathrm{d}S=\frac{h_i}{2}\int_{-1}^{1}(\hat{u}-\hat{u}^I)\mathrm{d}\xi$$

令

$$G(\hat{u})=\int_{-1}^{1}(\hat{u}-\hat{u}^I)\mathrm{d}\xi-A_4\int_{-1}^{1}\partial^4\hat{u}\mathrm{d}\xi$$

其中 $\partial^4=\left(\frac{\mathrm{d}}{\mathrm{d}\xi}\right)^4$，易见

$$G(\hat{u})=0,\text{当 }\hat{u}\in P_{m-1}([-1,1])$$

故 $G(\hat{u})$ 可改写成 $\widetilde{G}(\hat{v})$ 的形式（$\hat{v}=\partial^m u$），而且有

$$|\widetilde{G}(\hat{v})|=|G(\hat{u})|\leqslant C\|\partial^m\hat{u}\|_{0,p}=C\|\hat{v}\|_{0,p}$$

这说明 $\widetilde{G}(\hat{v})$ 是 $L^p(-1,1)$ 上的连续线性泛函（$1\leqslant p<\infty$），因此存在 $\hat{A}_m\in L^\infty(-1,1)$，使得

$$G(\hat{u})=\widetilde{G}(\hat{v})=\int_{-1}^{1}A_m(\xi)\hat{v}\mathrm{d}\xi=\int_{-1}^{1}\hat{A}_m(\xi)\partial^m\hat{u}\,\mathrm{d}\xi$$

即

$$\int_{-1}^{1}(\hat{u}-\hat{u}^I)\mathrm{d}\xi=A_4\int_{-1}^{1}\partial^4\hat{u}\mathrm{d}\xi+\int_{-1}^{1}\hat{A}_m(\xi)\partial^m\hat{u}\,\mathrm{d}\xi$$

若记 $A_m(s)=\hat{A}_m\circ Ts$，对前式积分作变换 T^{-1}，得

$$\left(\frac{h_i}{2}\right)^{-1}\int_{S_i}(u-u^I)\mathrm{d}S=A_4\left(\frac{h_i}{2}\right)^3\int_{S_i}D_i^4u\,\mathrm{d}S+\left(\frac{h_i}{2}\right)^{m-1}\int_{S_i}A_m(S)D_i^m u\,\mathrm{d}S \tag{3.5.3}$$

从而证得引理 1. ■

引理 2　在引理 1 条件下，有

$$\int_{S_i}(u-u^I)(S-S_0)\mathrm{d}S=$$

$$B_4\left(\frac{h_i}{2}\right)^4\int_{S_i}D_i^3u\mathrm{d}S+$$

$$\left(\frac{h_i}{2}\right)^m\int_{S_i}B_m(S)D_i^{m-1}u\mathrm{d}S,m=5,6$$

(3.5.4a)

其中 s 仍为 S_i 上的弧参，s_0 为 S_i 的中心，而

$$B_4=\frac{1}{2\cdot 3!}\int_{-1}^{1}(\xi^3-\xi)\xi\mathrm{d}\xi=-\frac{1}{45}$$

$B_m(s)$ 为有界函数(与 h 无关). 此外对任何 $e\in\mathcal{T}^h$，有

$$\int_e(u-u^I)\mathrm{d}x\mathrm{d}y=h_e^3\int_e D^3u\mathrm{d}x\mathrm{d}y+$$

$$h_e^4\int_e C_4(x,y)D^4u\mathrm{d}x\mathrm{d}y$$

(3.5.4b)

其中 D^mu 为 u 的 m 阶导数的某常系数的组合，C_4 是与 h_e 无关的有界函数. 如果 $e,e'\in\mathcal{T}^h$ 为相邻单元，那么还有

$$\int_{e\cup e'}(u-u^I)\mathrm{d}x\mathrm{d}y=h_e^4\int_{e\cup e'}D^4u\mathrm{d}x\mathrm{d}y+$$

$$h_e^5\int_{e\cup e'}C_5(x,y)D^5u\mathrm{d}x\mathrm{d}y$$

(3.5.4c)

其中 C_5 具有与 h_e 无关的界.

证明　只需证明(3.5.4c). 令

$$E=\{(\xi,\eta):|\xi|+|\eta|\leqslant 1\}$$

并作可逆仿射变换

$$T:e\cup e'\rightarrow E$$

那么有

$$\int_{e\cup e'}(u-u^I)\mathrm{d}x\mathrm{d}y=2\mid e\mid\int_E(\hat{u}-\hat{u}^I)\mathrm{d}\xi\mathrm{d}\eta$$

由于在 E 上有

$$\hat{u}-\hat{u}^I=\begin{cases}\xi^3-\xi+\dfrac{3}{2}\xi\mid\eta\mid, 当\ \hat{u}=\xi^3\\ \eta^3+\dfrac{1}{2}\eta-\dfrac{3}{2}\eta\mid\eta\mid, 当\ \hat{u}=\eta^3\\ \xi^2\eta-\dfrac{1}{2}\eta+\dfrac{1}{2}\eta\mid\eta\mid, 当\ \hat{u}=\xi^3\eta\\ \xi\eta^2-\dfrac{1}{3}\xi\mid\eta\mid, 当\ \hat{u}=\xi\eta^2\end{cases}$$

因此

$$\int_E(\hat{u}-\hat{u}^I)\mathrm{d}\xi\mathrm{d}\eta=0, 当\ \hat{u}\in P_3(E)$$

令

$$C_\alpha=\frac{1}{\alpha_1!\ \alpha_2!}\int_E(p_\alpha-p_\alpha^I)\mathrm{d}\xi\mathrm{d}\eta$$

$$p_\alpha=\xi^{\alpha_1}\eta^{\alpha_2}, \alpha=(\alpha_1,\alpha_2)$$

$$\partial^4\hat{u}=\sum_{|\alpha|=4}C_\alpha\partial^\alpha\hat{u}\xrightarrow{T^{-1}}D^4uh_e^4$$

就可得

$$\int_E(\hat{u}-\hat{u}^I-\partial^4\hat{u})\mathrm{d}\xi\mathrm{d}\eta=0, \forall\hat{u}\in P_4(E)$$

因此具有有界函数 $\hat{C}_5(\xi,\eta)$，使得

$$\int_{e\cup e'}(u-u^I)\mathrm{d}x\mathrm{d}y=2\mid e\mid\int_E(\hat{u}-\hat{u}^I)\mathrm{d}x\mathrm{d}y=$$

$$2\mid e\mid\int_E\partial^4\hat{u}\mathrm{d}\xi\mathrm{d}\eta+2\mid e\mid\int_E\hat{C}_5(\xi,\eta)\partial^5\hat{u}\mathrm{d}\xi\mathrm{d}\eta=$$

$$h_e^4\int_{e\cup e'}D^4u\mathrm{d}x\mathrm{d}y+h_e^5\int_{e\cup e'}C_5(x,y)D^5u\mathrm{d}x\mathrm{d}y$$

其中 $C_5=\hat{C}\circ T$. 证毕. ■

注　如果 S_j 为 e 的边，并有

$$\int_e D^3 u\mathrm{d}x\mathrm{d}y = \frac{|e|}{h_j}\int_{S_j} D^3 u\mathrm{d}s + O(h_e^3)\ |u|_{4,\infty,e} \tag{3.5.5}$$

事实上,利用积分中值定理,存在 $p_0 \in e$,使得

$$\int_e D^3 u\mathrm{d}x\mathrm{d}y = \frac{|e|}{h_j}\int_{S_j} D^3 u(p_0)\mathrm{d}s =$$

$$\frac{|e|}{h_j}\int_{S_j} D^3 u\mathrm{d}s + O(h_e^3)\ |u|_{4,\infty,e}$$ ■

为了获得基本公式(3.0.2)的展开式和估计,在此需要分析 $v \in S_0^h(\Omega)$ 的结构. 任给 $e \in \mathscr{T}^h$,v 在 e 上为二次函数,不妨记为

$$v = \alpha_{20}x^2 + \alpha_{11}xy + \alpha_{02}y^2 + \alpha_{10}x + \alpha_{01}y + \alpha_{00}$$

用 $\delta^2 v_i$ 表示 v 在 S_i 边上的二阶中心差商,即有

$$\delta^2 v_i = \frac{v(p_i') + v(p_i'') - 2v(p_i)}{h_i^2}$$

其中 h_i 为 S_i 的边长,p_i',p_i'' 为 S_i 的端点,p_i 为 S_i 的中心. 于是有

$$\delta^2 v_i = \alpha_{20}\delta^2(x_i^2) + \alpha_{11}\delta^2(x_i y_i) + \alpha_{02}\delta^2(y_i^2),\quad i = 1,2,3$$

可见 α_{20},α_{11},α_{02} 都是 $\delta^2 v_i (i = 1,2,3)$ 的线性组合. 于是有:

引理 3 设 $v \in S^h(\Omega)$,D^2 是二阶导算子的常系数组合,那么 $D^2 v$ 一定是 $\delta^2 v_i$ 的组合,其系数也与 h 和剖分无关. ■

3.5.2 一致二次三角形元上的基本展开

任给 $e \in \mathscr{T}^h$,由 Green 公式

$$I_e = a(u-u^I, v)_e =$$
$$\int_{\partial\Omega}(u-u^I)\frac{\partial v}{\partial n}\mathrm{d}s +$$
$$\int_e (u-u^I)(-\Delta v)\mathrm{d}x\mathrm{d}y =$$
$$\sum_{i=1}^{3}\int_{S_i}(u-u^I)\frac{\partial v}{\partial n_i}\mathrm{d}s +$$
$$\int_e (u-u^I)(-\Delta v)\mathrm{d}x\mathrm{d}y$$

于是

$$I = \sum_e I_e = \sum_{i=1}^{3}\left(\sum_e\int_{S_i}(u-u^I)\frac{\partial v}{\partial n_i}\mathrm{d}s\right) +$$
$$\int_\Omega^{'}(u-u^I)(-\Delta v)\mathrm{d}x\mathrm{d}y \equiv$$
$$\sum_{i=1}^{3}J_i + J$$

因为$\frac{\partial v}{\partial n_i}$为$s_i$上的一次函数，所以可展开

$$\frac{\partial v}{\partial n_i} = v_n^0 + D_i v_n(s-s_0)$$

其中v_n^0为$v_n=\frac{\partial v}{\partial n_i}$在$S_i$的中点$s=s_0$上的值. 又由3.1节中引理1有

$$v_n^0 = \alpha_i D_i v^0 + \beta_i D_{i+1}v^0$$

因此

$$J_i = \sum_e\int_{S_i}(u-u^I)[\alpha_i D_i v_n^0 + \beta_i D_{i+1}v^0 +$$
$$D_i v_n(s-s_0)]\mathrm{d}s \equiv$$
$$J_i' + J_i'' + J_i'''$$

注意，对于与s_i边相邻的单元e'，有

$$\partial_i v^0 = -[\partial_i v^0]', \text{在 } S_i \text{ 上}$$

其中[]′ 表示 e' 上相应的值,可见

$$J_i' = \sum_{s_i \subset \partial\Omega} \int_{s_i} (u - u^I) C \partial_i v^0 \, ds = \int_{\Gamma_i}' C(u - u^I) D_i v^0 \, ds = 0,$$

$$\forall v \in S_0^h(\Omega)$$

其中 $\Gamma_i = \cup \{s_i \subset \partial\Omega\}$. 其次应用 3.5 节中引理 1,3.1 节中引理 3,也有

$$\begin{aligned} J_i'' &= \sum_e \left(h^4 \int_{s_i} C \cdot D_i^4 u \partial_{i+1} v^0 \, ds + h^m \int_{s_i} A_m \partial_i^m u \partial_{i+1} v^0 \, ds\right) = \\ &\sum_e \left(h^4 \int_{s_{i+1}} C \cdot D_i^4 u \partial_{i+1} v^0 \, ds + h^4 \int_e C \cdot D^5 u D_{i+1} v^0 \, dx dy\right) \\ &\sum_e \left(h^m \int_{s_{i+1}} C \cdot D_i^m u \partial_{i+1} v^0 \, ds + h^m \int_e C \cdot D^{m+1} u D v^0 \, dx dy\right) = \\ &h^4 \int_{\Gamma_{i+1}}' C \cdot D_i^m u D_{i+1} v^0 \, ds + h^4 \int_\Omega C \cdot D^5 u D v \, dx dy + \\ &O(h^m) \| u \|_{m,\infty} \| v \|_{2,1}' = \\ &h^4 \int_\Omega C \cdot D^5 u D v \, dx dy + O(h^m) \| u \|_{m,\infty} \| v \|_{2,1}', m = 5, 6 \end{aligned}$$

最后应用本节引理 3,可令

$$\partial_i v_n = \sum_{j=1}^3 d_j D_j^2 v$$

同样应用引理 2,及 3.1 节中引理 3,也有

$$
\begin{aligned}
J'''_i = &\sum_e \int_{s_i} (u-u^I)\sum_{j=1}^{3} d_j \partial_j^2 v(s-s_0)\mathrm{d}s = \\
&h^4 \int_{\Omega}' C \cdot D^4 u D^2 v \mathrm{d}x\mathrm{d}y + \\
&O(h^m)\| u \|_{m,\infty} \| v \|'_{2,1}, \\
&\quad \forall v \in S_0^h(\Omega), m=5,6
\end{aligned}
$$

可见

$$
\begin{aligned}
J_i = &J'_i + J''_i + J'''_i = \\
&h^4 \int_{\Omega}' (C \cdot D^4 u D^2 v + \\
&C \cdot D^5 u D v)\mathrm{d}x\mathrm{d}y + \\
&O(h^m)\| u \|_{m,\infty} \| v \|'_{2,1}
\end{aligned}
$$

下面来展开

$$
\begin{aligned}
J = &\int_{\Omega}' (u-u^I)(-\Delta v)\mathrm{d}x\mathrm{d}y = \\
&\sum_e \int_e (u-u^I)(-\Delta v)\mathrm{d}x\mathrm{d}y
\end{aligned}
$$

由引理 3 知,存在常数 c_j,使得

$$
-\Delta v\mid_e = \sum_{j=1}^{3} c_j \delta^2 v_j = \sum_{j=1}^{3} c_j \partial_j^2 v
$$

将 $\mathscr{T}^h$ 中以 s_j 为公共边的相邻单元配对形成平行四边形集合,记为 $\mathscr{T}_j^h$,剩下一些邻近于边界 $\Gamma_j=\{s_j \subset \partial\Omega\}$ 的单元集合记为 $\mathscr{S}_j$,于是

$$
\begin{aligned}
J = &\sum_{j=1}^{3} c_j \sum_{e\cup e' \in \mathscr{T}_j} \int_{e\cup e'} (u-u^I) D_j^2 v \mathrm{d}x\mathrm{d}y + \\
&\sum_{j=1}^{3} c_j \sum_{e \in \mathscr{S}_j} \int_e (u-u^I) D_j^2 v \mathrm{d}x\mathrm{d}y
\end{aligned}
$$

注意在 $e \in \mathscr{S}_j$ 上显然有 $D_j^2 v = 0$(因 $v \in S_0^h(\Omega)$),故由引理 2 及其注,有

$$J=\sum_{j=1}^{3}\left(h^4\int_{\Omega_j}C\cdot D^4uD_j^2v\mathrm{d}x\mathrm{d}y\right)+O(h^m)\|u\|_{m,\infty}\|v\|_{2,1}'=h^4\int_{\Omega}C\cdot D^4uD^2v\mathrm{d}x\mathrm{d}y+O(h^m)\|u\|_{m,\infty}\|v\|_{2,1}'$$

其中 $\Omega_j=\bigcup\{e\cup e'\in\mathscr{T}_j^h\}$.

综上所述得到以下定理：

定理 3.5.1 设在 Ω 上实现了一致三角形剖分 $\mathscr{T}^h$，$S_0^h(\Omega)$ 是 $\mathscr{T}^h$ 上的二次有限元空间，那么对于 $u\in W^{m,q}(\Omega)\cap H_0^1(\Omega)$ 以及 $u^I\in S_0^h(\Omega)$（u 的插值），有展开式

$$a(u-u^I,v)=h^4\int_{\Omega}'(C\cdot D^4uD^2v+C\cdot D^5uDv)\mathrm{d}x\mathrm{d}y+O(h^m)\|u\|_{m,q}\|v\|_{2,q'}',\quad m=5,6,q=\infty \tag{3.5.6}$$

注 1 以上结论对于 $q\in[2,\infty)$ 也成立，但推导更复杂些. 对于 $m=6$ 的情形，细节省略了.

注 2 只能由定理 3.5.1 得到超收敛估计

$$\|R_hu-I_hu\|_{0,\infty}+h\|R_hu-I_hu\|_{1,\infty}=O(h^4)$$

但不能得出展开式

$$(R_hu-I_hu)(z)=Ch^4+O(h^5) \tag{3.5.7}$$

这是因为，当 $u\in S_0^h(\Omega)$ 时，不能进行如下的分部积分

$$(C\cdot D^4u,D^2v)=-(C\cdot D^5u,Dv)$$

也就是说，按所指方式不能证明外推公式成立. Krizek[32] 实算了一个例子，说明二次元外推不能提高精度. 然而我们不能排除适当采用其他插值有(3.5.7)成立的可能性. 但我们不能采用 Lagrange 插值.

有限元解的校正和后验估计

第四章

自从冯康在20世纪60年代研究了有限元方法以来，这个有限元方法库在不断地扩大.如果说最初的有限元就是线性元，那么，现在已储备了诸如“高次元”“无限元”“混合元”“杂交元”“边界元”“非协调元”等形形色色的有限元.事情就是这样由简单到复杂，由浅显到深奥，由多数采用到“孤芳自赏”.

当然，每一种有限元都会有自己的效益和用处.大致说，它们比简单的线性元(或“低次元”)具有更高的精度(在相同的网格上)，由于简单的办法得出的结果往往精度不足，人们自然选择了其他复杂的办法.

但是，我们却仍然选择了简单办法.诚然简单办法的结果(记为 R_hu)精度不高(特别是求导数的时候)，但是，若将这个作插值处理(记作 $\tilde{u}_h$)后，就有可能提高精度(参见第二章)，那么它们的组合校正(记为 $R_h u + \tilde{u}_h - R_h \tilde{u}_h$) 就可能有更高的精度，如图 4.1.1 所示.

$$
\begin{array}{ccc}
R_h u & \xrightarrow{\text{插值处理}} & \tilde{u}_h & \xrightarrow{\text{再解}} & R_h \tilde{u}_h \\
 & & \downarrow \text{校正} & & \\
 & & R_h u + \tilde{u}_h - R_h \tilde{u}_h & &
\end{array}
$$

图 4.1.1

这里的插值有限元解 $\tilde{u}_h = I_{2h} R_h u$ 是一种插值处理过程(参见第二章)，为什么插值和校正能达到高精度，本章将进一步揭开这个谜.

4.1 压缩算子和有限元解的校正法

4.1.1 有限元压缩算子

定义 设 $\mathbf{X}, \mathbf{Y}$ 为两个赋范空间，$T_h : \mathbf{X} \to \mathbf{Y}$ 是一族与 h 有关的线性有界算子，称 T_h 为 m 阶压缩算子，如果当 $h \to 0$ 时，有

$$\| T_h u \|_{\mathbf{Y}} \leqslant C h^m \| u \|_{\mathbf{X}}$$

其系数至多相差一个常数或对数 $| \ln h |^{\mu}$ 因子.

设 $S_0^h(\Omega)$ 为某有限元空间，仍用

$$R_h : H_0^1(\Omega) \to S_0^h(\Omega) \tag{4.1.1}$$

表示 Ritz-Galërkin 投影算子，即满足

$$a(u - R_h u, v) = 0, \forall v \in S_0^h(\Omega) \tag{4.1.2}$$

这时，算子 $T_1 = R_h - I$ 确定一个 $W^{1,p}(\Omega) \to L^p(\Omega)$ $(1 < p \leqslant \infty)$ 上的算子，称为有限元压缩算子，易见

$$\| T_1 u \|_{0,p} \leqslant \begin{cases} Ch \| u \|_{1,p}, \text{当 } p < \infty \\ Ch \mid \ln h \mid \| u \|_{1,\infty}, \text{当 } p = \infty \end{cases} \tag{4.1.3}$$

可见 $T_1 : W^{1,p} \cap H_0^1(\Omega) \to L^p (1 < p \leqslant \infty)$ 为一阶压缩算子.

如果 $D_0 \subsetneqq D \subset \Omega$,那么由定理 2.2.2 知,我们还可证得

$$\| T_1 u \|_{0,p,D_0} \leqslant Ch (\| u \|_{1,p,D} + \| u \|_1) \tag{4.1.4}$$

$$\| T_1 u \|_{0,\infty,D_0} \leqslant Ch \mid \ln h \mid (\| u \|_{1,\infty,D} + \| u \|_1)$$

可见

$$T_1 : W^{1,p}(D) \cap H_0^1(\Omega) \to L^p(D_0)$$

也为一阶压缩算子. 这里交空间 $\mathbf{X} \cap \mathbf{Y}$ 的范数定义为

$$\| u \|_{\mathbf{X} \cap \mathbf{Y}} = \| u \|_{\mathbf{X}} + \| u \|_{\mathbf{Y}}$$

4.1.2　超收敛压缩算子

设 $S_0^h(\Omega)$ 为 k 次有限元空间,大家知道,有限元逼近算子

$$T_1 : W^{k+1,p}(\Omega) \cap H_0^1(\Omega) \to W^{1,p}(\Omega) \tag{4.1.5a}$$

$$T_1 : W^{k+1,p}(\Omega) \cap H_0^1(\Omega) \to L^p(\Omega) \tag{4.1.5b}$$

分别为 k 阶、$k+1$ 阶压缩算子. 现在定义算子

$$T_m^{(r)} = I_{mh}^{(r)} R_h - I$$

其中 I 为恒等算子,而插值算子 $I_{mh}^{(r)}$ 的定义参见 2.3 节和 2.4 节. 由定理 2.3.1 和定理 2.3.2 有:

定理 4.1.1　如果 Ω 上实现了"好"剖分,$S_0^h(\Omega)$ 为 k 次($k=1,2$)有限元空间,$\mathbf{X} = W^{k+2,p}(\Omega) \cap H_0^1(\Omega)$,

$\mathbf{Y}=L^{p}(\Omega)$，$\mathbf{Z}=W^{1,p}(\Omega)$，那么

$$T_2^{(2k)}:\mathbf{X}\rightarrow\mathbf{Y}$$

为 $2k$ 阶压缩算子，$T_2^{(2k)}:\mathbf{X}\rightarrow\mathbf{Z}$ 为 $k+1$ 阶压缩算子. ■

由定理 2.2.2 及其推论，我们还可以将定理 4.1.1 的结果局部化：

定理 4.1.2 设 $k=1,2$，$D_0\subsetneqq D\subset\Omega$，$D$ 被“好”剖分覆盖，$\mathbf{X}=W^{k+2,q}(D)\cap H^{k+1}(\Omega)\cap H_0^1(\Omega)$，$\mathbf{Y}=L^{q}(D_0)$，$\mathbf{Z}=W^{1,p}(D_0)$，$2\leqslant q\leqslant\infty$，那么 $T_2^{(2k)}:\mathbf{X}\rightarrow\mathbf{Y}$ 为 $2k$ 阶压缩算子，即

$$\|T_2^{(2k)}u\|_{0,q,D_0}\leqslant Ch^{2k}|\ln h|^{\bar{q}}(\|u\|_{2k,q,D}+\|u\|_{k+1})\tag{4.1.6a}$$

而 $T_2^{(2k)}:\mathbf{X}\rightarrow\mathbf{Z}$ 为 $k+1$ 阶压缩算子，即

$$\|T_2^{(2k)}u\|_{1,q,D_0}\leqslant Ch^{k+1}|\ln h|^{\bar{q}}(\|u\|_{k+2,q,D}+\|u\|_{k+1})\tag{4.1.6b}$$

由定理 4.1.1 及定理 4.1.2，我们有理由把 $T_2^{(2k)}(k=1,2)$ 叫作超收敛压缩算子，因为当剖分“好”的情况下，$T_2^{(2k)}$ 有超收敛性. ■

4.1.3 双 p 次矩形元上的高级超收敛压缩算子

现在考虑双 p 次矩形有限元问题($p\geqslant 2$)，有如下定理(参见定理 2.4.1 及定理 3.4.1，3.4.2)：

定理 4.1.3 设在 Ω 上实现了正规矩形剖分(当 $p=2$ 时为一致矩形剖分)，那么对于 $p(p\geqslant 2)$ 次有限元问题，算子

$$T_{p+2}^{(p+2)}:W^{p+3,q}(\Omega)\cap H_0^1(\Omega)\rightarrow W^{s,q}(\Omega),\ s=0,1\tag{4.1.7}$$

是 $p+3-\bar{s}$ 阶压缩算子，其中

$$q=2\text{ 或 }\infty,\bar{s}=\begin{cases}s,\text{当 } p\geqslant 3\\1,\text{当 } p=2\end{cases}$$

此外，如果 Ω 上实现的正规四边形剖分，$D_0\subsetneqq D\subset\Omega$，$D$ 被矩形（一致矩形当 $p=2$ 时）剖分覆盖，那么

$$T_{p+2}^{(p+2)}:W^{p+3-s,q}(D)\cap H^{p+1}(\Omega)\cap H_0^1(\Omega)\to W^{s,q}(D_0),\quad s=0,1 \tag{4.1.8}$$

也是 $p+3-\bar{s}$ 阶压缩算子. ■

注　定理4.1.3中的结论对 $2<q<\infty$ 也成立.

但是，如果采用二级投影型插值算子

$$J_{2p}=i_{2h}^{(2p)},T_{2p}=J_{2p}R_h-I$$

那么由定理2.4.2，还有更好的结果由以下定理表示：

定理4.1.4　设 Ω 上实现了正规矩形剖分（当 $p=2$ 时，要求一致剖分），那么对于双 $p(p\geqslant 2)$ 次有限元问题，算子

$$T_{2p}:W^{q+3,q}(\Omega)\cap H_0^1(\Omega)\to W^{s,\delta}(\Omega),s=0,1$$

是 $p+3-\bar{s}$ 阶压缩算子. 类似地，如果 $D_0\subsetneqq D\subset\Omega$，$\Omega$ 上实现正规四边形剖分，D 被正规矩形剖分（当 $p=2$ 时为一致矩形剖分）覆盖，那么

$$T_{2p}:W^{p+3,q}(\Omega)\cap H^{p+1}(\Omega)\cap H_0^1(\Omega)\to W^{s,q}(D_0) \tag{4.1.9}$$

也为 $p+3-\bar{s}$ 阶压缩算子. ■

注　对于双 $p(p\geqslant 2)$ 次元，若记 $m=\dfrac{p+1}{p}$，那么采用 m 级算子（参见2.5节定理2.5.1等）

$$T_m^{(p+1)}=I_{mh}^{(p+1)}R_h-I$$

它也是 $W^{p+2,q}(\Omega)\cap H_0^1(\Omega)\to W^{s,q}(\Omega)$ 上的 $p+2-s$ 阶压缩算子. 这种压缩也可局部化. ■

4.1.4 压缩算子的乘法和有限元解初级校正法

现在来研究压缩算子的乘法，假设

$$T_n:\mathbf{X}\to\mathbf{Y}$$

为 n 阶压缩算子，而

$$T_m:\mathbf{Y}\to\mathbf{Z}$$

为 m 阶压缩算子. 由于 T_n 的值域在 T_m 的定义域内，因此 T_mT_n 确定了 $\mathbf{X}\to\mathbf{Z}$ 上的 $n+m$ 阶压缩算子.

例 1 考虑一次有限元问题. 设 Ω 上实现了“好”剖分，由于

$$T_2^{(2)}:W^{3,q}(\Omega)\cap H_0^1(\Omega)\to W^{1,p}(\Omega)\cap H_0^1(\Omega),\quad q=2\text{ 或 }\infty$$

是二阶压缩算子，而

$$T_1:W^{1,q}(\Omega)\cap H_0^1(\Omega)\to L^q(\Omega)$$

为一阶压缩算子，因此

$$T_1T_2^{(2)}:W^{3,q}(\Omega)\cap H_0^1(\Omega)\to L^q(\Omega)$$

为三阶压缩算子，即

$$T_1T_1^{(2)}u=O(h^3\,|\ln h|^{2\bar{q}})(\text{按范数 }\|\cdot\|_{0,p})$$

注意

$$T_1T_2^{(2)}=(R_h-I)(I_{2h}^{(2)}R_h-I)=R_hI_{2h}^{(2)}R_h-R_h-I_{2h}^{(2)}R_h+I$$

令

$$u_h^*=(R_h+I_{2h}^{(2)}R_h-R_hI_{2h}^{(2)}R_h)u\tag{4.1.10a}$$

那么就有校正公式

$$u=u_h^*+O(h^3\,|\ln h|^{2\bar{q}})(\text{按范数 }\|\cdot\|_{0,p})\tag{4.1.10b}$$

类似地，如果 $D_0 \subsetneqq D \subset \Omega$，$D$ 被"好"剖分覆盖，且

$$u \in W^{3,\infty}(D) \cap H^2(\Omega) \cap H_0^1(\Omega)$$

那么将得校正公式

$$u(z) = u_h^*(z) + O(h^3 \mid \ln h \mid^2), \forall z \in D_0 \tag{4.1.10c}$$

例 2　考虑双二次矩形有限元问题，设 Ω 上实现了一致矩形剖分，这时

$$T_1: W^{1,q}(\Omega) \cap H_0^1(\Omega) \to L^q(\Omega)$$

为一阶压缩算子，而

$$T_4^{(4)}: W^{5,q}(\Omega) \to W^{1,q}(\Omega)$$

为四阶压缩算子(见定理 4.1.3)，因此

$$T_1 T_4^{(4)}: W^{5,q}(\Omega) \cap H_0^1(\Omega) \to L^q(\Omega)$$

为五阶压缩算子，分解 $T_1 T_4^{(4)}$ 得

$$T_1 T_4^{(4)} u = u - u_h^*$$

$$u_h^* = R_h u + I_{4h}^{(4)} R_h u - R_h I_{4h}^{(4)} R_h u$$

那么有校正公式

$$\| u_h^* - u \|_{0,q} = O(h^5 \mid \ln h \mid^{2\bar{q}}), q = 2 \text{ 或 } \infty \tag{4.1.11}$$

其中 $\bar{q}$ 的意义见第二章

$$\bar{q} = \begin{cases} 1, \text{当 } q = \infty \\ 0, \text{当 } q < \infty \end{cases}$$

例 3　对于二次三角形元，若 Ω 上实现了"好"剖分，这时

$$T_1: W^{1,q}(\Omega) \cap H_0^1(\Omega) \to L^q(\Omega)$$

为一阶压缩算子，而

$$T_2^{(4)}: W^{4,q}(\Omega) \cap H_0^1(\Omega) \to W^{1,q}(\Omega) \cap H_0^1(\Omega)$$

为三阶压缩算子，因此 $T_1 T_2^{(4)}$ 为

$$W^{4,q}(\Omega) \cap H_0^1(\Omega) \to L^q(\Omega)$$

上的四阶压缩算子,分解

$$T_1 T_2^{(4)} u = u - u_h^*$$

$$u_h^* = R_h u + I_{2h}^{(4)} R_h u - R_h I_{2h}^{(4)} R_h u$$

则有

$$\| u_h^* - u \|_{0,q} = O(h^4 \mid \ln h \mid^{2\bar{q}}), q = 2 \text{ 或 } \infty \tag{4.1.12}$$

但是,另一方面

$$\| I_{2h}^{(4)} R_h u - u \|_{0,q} = O(h^4 \mid \ln h \mid^{\bar{q}}) \tag{4.1.13}$$

这说明,对于二次三角形元而言,校正解 u_h^* 与插值有限元解 $\tilde{u}_h = I_{2h}^{(4)} R_h u$ 的结果一样. 注意,式(4.1.12) 及(4.1.13) 对双二次矩形元(平行四边形元) 也是成立的,从这个意义上讲,二次三角形元和双二次矩形元,从精度上无大差别,但前者剖分灵活. 但若采用 $I_{4h}^{(4)}$ 型插值处理,再进行校正,双二次元可达 $O(h^5 \mid \ln h \mid^{2\bar{q}})$ 的精度(不可局部化),从这个意义上讲,双二次元应当优越些.

注 估计式(4.1.13) 可以局部化,即当 $D_0 \subsetneqq D \subset \Omega$ 时,D 被"好" 剖分覆盖,那么有

$$\| I_{2h}^{(4)} R_h u - u \|_{0,q,D_0} \leqslant C(h^4 \mid \ln h \mid^{\bar{q}} \| u \|_{4,q,D} + \| u \|_3)$$

4.2 有限元解及导数的进一步校正

式(4.1.10)(4.1.11)(4.1.12) 给出的校正公式仅给出了有限元解校正公式,既没有给出导数的校正公式,也不是最佳的校正公式,故有必要进一步研究更

深层的校正公式.

4.2.1　超收敛算子的分解和校正法

4.1.4小节中研究了乘积算子 $T_m T_n$ 的压缩性，但是当 T_n 的值域不属于 T_m 的定义域时，就无法确定算子乘法了，因而 $T_m T_n$ 就不一定是 $m+n$ 阶压缩算子了.但是若能把 T_n 进行分解，我们有如下结果：

定理 4.2.1　设 $\mathbf{Y} \subset \mathbf{Y}_0$，而

$$T_m : \mathbf{Y}_0 \to \mathbf{Z}$$

$$T'_m : \mathbf{Y} \to \mathbf{Z}$$

分别为 s 阶和 m 阶压缩算子($s < m$)，而有界算子

$$T_n : \mathbf{X} \to \mathbf{Y}_0$$

有分解

$$T_n = h^n T'_n + T''_n$$

其中 $T'_n : \mathbf{X} \to \mathbf{Y}$ 为零阶有界算子，$T''_n : \mathbf{X} \to \mathbf{Y}_0$ 为 $m+n-s$ 阶压缩算子，则

$$T_m T_n : \mathbf{X} \to \mathbf{Z}$$

为 $m+n$ 阶压缩算子.

证明　由于

$$T_m T_n = h^n T_m T'_n + T_m T''_n$$

按已设条件(忽略对数因子)

$$\| T_m T'_n \|_{\mathbf{X} \to \mathbf{Z}} \leqslant \| T_m \|_{\mathbf{Y} \to \mathbf{Z}} \| T'_m \|_{\mathbf{X} \to \mathbf{Y}} \leqslant C h^m$$

$$\| T_m T''_n \|_{\mathbf{X} \to \mathbf{Z}} \leqslant \| T_m \|_{\mathbf{Y}_0 \to \mathbf{Z}} \| T''_n \|_{\mathbf{X} \to \mathbf{Y}_0} \leqslant C h^{m+n}$$

可见

$$\| T_m T_n \|_{\mathbf{X} \to \mathbf{Z}} \leqslant C h^{m+n}$$ ■

考虑一次有限元问题，为简单起见，把插值算子 $I_{2h}^{(2)}, T_{3h}^{(3)}, \cdots$ 以及 $T_2^{(2)}, T_3^{(3)}, \cdots$ 分别简记 $I_{2h}, I_{3h}, \cdots$ 以及 $T_2, T_3, \cdots$.由4.1.1小节知

$$T_1: W^{1,p}(\Omega) \cap H_0^1(\Omega) \to L^p(\Omega)$$

为一阶压缩算子,但

$$T_1: W^{2,p}(\Omega) \cap H_0^1(\Omega) \to L^p(\Omega)$$

为二阶压缩算子.然而,在 Ω 上实现了“好”剖分时,算子

$$T_3: W^{3,p}(\Omega) \cap H_0^1(\Omega) \to W^{1,p}(\Omega) \cap H_0^1(\Omega)$$

尽管是二阶压缩算子,值域不属于算子 T_1 的定义域,因而不能直接得出

$$T_1 T_3: W^{3,p}(\Omega) \cap H_0^1(\Omega) \to L^p(\Omega)$$

为四阶压缩算子.

为了提高乘积算子 $T_1 T_3$ 的压缩阶数,故有必要分解超收敛算子 T_3.

假定在 Ω 上实现了分片一致三角形剖分或正规矩形剖分,那么由定理 3.2.5 和定理 3.3.1 的推论有

$$R_h u - I_h u - h^2 I_h W_1 = q_h, \ \| q_h \|_1 = O(h^3)$$

两边作三阶插值得

$$I_{3h} R_h u - I_{3h} u - h^2 I_{3h} W_1 = I_{3h} q_h$$

或

$$T_3 u = (I_{3h} R_h - I) u = h^2 W_1 + r_h$$

其中

$$r_h = I_{3h} q_h - (u - I_{3h} u) + h^2 (I_{3h} W_1 - W_1)$$

易见

$$\| r_h \|_1 = O(h^3)$$

于是有:

定理 4.2.2 在定理 3.2.5 或定理 3.3.1 的条件下,乘积算子

$$T_1 T_3: H^4(\Omega) \cap H_0^1(\Omega) \to L^2(\Omega)$$

为四阶压缩算子,即

$$\| T_1 T_3 u \|_0 \leqslant Ch^4 \| u \|_4$$

或

$$\| u_h^* - u \|_0 \leqslant Ch^4 \| u \|_4 \quad (4.2.1a)$$

其中

$$u_h^* = (R_h + I_{3h}R_h - R_hI_{3h}R_h)u \quad (4.2.1b)$$

证明　定义 $T_3'u = W_1$，$T_3''u = r_h$，则有分解

$$T_3 = h^2 T_3' + T_3''$$

其中 $T_3': H^4 \cap H_0^1 \to H^2 \cap H_0^1$ 为有界的零阶压缩算子；$T''_3: H^4 \cap H_0^1 \to H_0^1$ 为三阶压缩算子，而 $T_1: H^2 \cap H_0^1 \to L^2$ 为二阶压缩算子，$T_1: H_0^1 \to L^2$ 为一阶压缩算子，满足定理 4.2.1 的条件，因此定理成立. ■

其次，由定理 3.2.6 或定理 3.3.1，如果 $D_0 \subsetneqq D \subset \Omega$，只要 D 不含 Ω 的角点及内交点，那么有

$$\| R_hu - I_hu - h^2 I_h W_1 \|_{1,\infty,D_0} \leqslant Ch^3 | \ln h |$$

于是依照定理 4.2.2 的同样方法可得：

定理 4.2.3　设定理 3.2.6 或定理 3.3.1 的条件满足，如果 $D_0 \subsetneqq D \subset \Omega$，$D$ 不含 Ω 的角点和内交点，那么

$$T_1 T_3: C^{4+\varepsilon}(D) \cap H^4(\Omega) \cap H_0^1(\Omega) \to L^\infty(D_0)$$

是四阶压缩算子，即

$$\| T_1 T_3 u \|_{0,\infty,D_0} \leqslant Ch^4 | \ln h |$$

从而有

$$\| u_h^* - u \|_{0,\infty,D_0} \leqslant Ch^4 | \ln h | \quad (4.2.2a)$$

其中

$$u_h^* = (R_h + I_{3h}R_h - R_hI_{3h}R_h)u \quad (4.2.2b)$$

证明　由定理 3.2.6 和定理 4.3.1 及其推论和注，有

$$R_hu - I_hu - h^2 I_h W_1 = q_h$$

其中

$$\| q_h \|_1 + \| q_h \|_{1,\infty,D_0} = o(h^3)$$

于是也有

$$T_3 u = h^2 W_1 + r_h$$

$$\| r_h \|_1 + \| r_h \|_{1,\infty,D_0} = o(h^3)$$

如同上一定理一样定义

$$T_3' u = W_1, T_3'' u = r_h$$

那么也有分解

$$T_3 = h^2 T_3' + T_3''$$

其中

$$T_3' : C^{4+\varepsilon}(D) \cap H^4(\Omega) \cap H_0^1(\Omega) \to$$

$$C^{2+\varepsilon}(D) \cap \overset{\triangle}{H}{}^2(\Omega) \cap H_0^1(\Omega)$$

为零阶压缩

$$T_3'' : C^{4+\varepsilon}(D) \cap H^4(\Omega) \cap H_0^1(\Omega) \to$$

$$C^1(D_1) \cap H_0^1(\Omega)$$

为三阶压缩算子，由于

$$T_1 : C^{2+\varepsilon}(D) \cap \overset{\triangle}{H}{}^2(\Omega) \cap H_0^1(\Omega) \to C(D_0)$$

为二阶压缩算子，且

$$T_1 : C^1(D_1) \cap H_0^1(\Omega) \to C(D_0)$$

为一阶压缩算子，因此

$$T_1 T_3 : C^{4+\varepsilon}(D) \cap H^4(\Omega) \cap H_0^1(\Omega) \to C(D_0)$$

为四阶压缩算子，证毕. ■

注　记号 $\overset{\triangle}{H}{}^2(\Omega) \equiv \prod_j H^2(\Omega_j)$.

4.2.2　关于一次有限元导数的校正

考虑一次有限元问题，假定 Ω 上实现了没有内交点的分片一致三角形剖分或一致矩形剖分，由定理

3.2.6 及其注或定理 3.3.1 的推论和注，有

$$R_h u - I_h u - h^2 I_h W_1 = q_h$$

$$h \| q_h \|_1 + \| q_h \|_{1,\infty,D_0} = o(h^4 \mid \ln h \mid)$$

其中 $D_0 \subsetneqq D \subset \Omega$，$D$ 不含 Ω 的角点. 两边作四级四次插值，得

$$I_{4h} R_h u - u = W_1 h^2 + r_h$$

$$r_h = I_{4h} u - u + I_{4h} q_h + (I_{4h} W_1 - W_1) h^2$$

于是也有

$$h \| r_h \|_1 + \| r_h \|_{1,\infty,D_0} = o(h^4 \mid \ln h \mid)$$

故得到算子 $T_4 = I_{4h} R_h - I$ 的分解式

$$T_4 = h^2 T_4' + T_4''$$

其中

$$T_4' : C^{5+\varepsilon}(D) \cap H^5(\Omega) \cap H_0^1(\Omega) \to C^{3+\varepsilon}(D_1) \cap \overset{\triangle}{H}{}^2(\Omega) \cap H_0^1(\Omega)$$

$$T_4'' : C^{5+\varepsilon}(D) \cap \overset{\triangle}{H}{}^5(\Omega) \cap H_0^1(\Omega) \to W^{1,\infty}(D_0)$$

$$(D_0 \subsetneqq D_1 \subsetneqq D \subset \Omega)$$

分别为二阶和四阶压缩算子. 但由(4.2.2b)或(4.3.9d)，有

$$T_2 : C^{3+\varepsilon}(D_1) \cap \overset{\triangle}{H}{}^2(\Omega) \cap H_0^1(\Omega) \to W^{1,\infty}(D_2) \cap H_0^1(\Omega)$$

$$(D_0 \subsetneqq D_2 \subsetneqq D_1 \subsetneqq D)$$

是二阶压缩算子，且

$$T_2 : W^{1,\infty}(D_1) \cap H_0^1(\Omega) \to W^{1,\infty}(D_0) \cap H_0^1(\Omega)$$

为零阶压缩算子. 因此由定理 3.2.1 得以下定理：

定理 4.2.4　设 $u \in C^{5+\varepsilon}(D) \cap H^5(\Omega) \cap H_0^1(\Omega)$，$\Omega$ 上实现了无内交点的分片一致三角形剖分或一致矩形剖分，$D_0 \subsetneqq D \subset \Omega$（$D$ 不含角点），那么

$$T_2 T_4 : C^{5+\varepsilon}(D) \cap H^5(\Omega) \cap H_0^1(\Omega) \to W^{1,\infty}(D_0)$$

为四阶压缩算子,即

$$\| T_2 T_4 u \|_{1,\infty,D_0} \leqslant Ch^4 \mid \ln h \mid^2$$

也即

$$\| u - u_h^{**} \|_{1,\infty,D_0} \leqslant Ch^4 \mid \ln h \mid^2 \tag{4.2.3a}$$

其中

$$u_h^{**} = I_{2h} R_h u + I_{4h} R_h u - I_{2h} R_h I_{4h} R_h u \tag{4.2.3b}$$ ■

注 由定理 3.2.5 知,当无内交点时,有

$$\| u^h - u^I - h^2 W_1^I \|_1 \leqslant Ch^{\min\{4,2+\beta_M-\varepsilon\}} \| u \|_5$$

因此,应当有整体估计

$$\| u - u_h^{**} \|_1 \leqslant Ch^{\min\{4,2+\beta_M-\varepsilon\}} \tag{4.2.4}$$

4.2.3 双二次矩形有限元解及导数的校正

现在考虑双二次矩形有限元问题,假定 Ω 是光滑区域且实现了正规四边形剖分,利用 4.1.4 小节中例 2 的结果可证明:当 $D_0 \subsetneqq D \subset \Omega$,且 D 被一致矩形剖分覆盖时

$$T_4^{(4)} : W^{5,\infty}(D) \cap H^3(\Omega) \cap H_0^1(\Omega) \to W^{1,\infty}(D_0) \cap H_0^1(\Omega)$$

是四阶压缩算子,即有

$$\| I_{4h}^{(4)} R_h u - u \|_{1,\infty,D_0} \leqslant Ch^4 \mid \ln h \mid \tag{4.2.5}$$

对于矩形区域 Ω 的一致矩形剖分,由定理 3.4.3 及其推论,对 $u \in W^{6,\infty}(\Omega) \cap H_0^1(\Omega)$,我们有更好的结果:对每个单元角点 z,有

$$\begin{cases} E(z) = W_1(z)h^4 + r_h(z) \\ |r_h(z)| + h|\nabla r_h(z)| = o(h^5) \end{cases} \tag{4.2.6}$$

其中

$$E(z) = (R_h u - u)(z)$$

$$W_1(z) = \int_\Omega C \cdot D^6 u \cdot G_z \,\mathrm{d}x\mathrm{d}y$$

$C \cdot D^6 u$是u的六阶导数的某种常系数组合. 函数W可在任何不含角点的局部区域$D \subset \Omega$上充分光滑,只要u充分光滑,于是在D上有

$$T_5^{(5)} u = I_{5h}^{(5)} R_h u - u = W_1 h^4 + \tilde{r}_h \tag{4.2.7}$$

$$\tilde{r}_h = u - I_{5h}^{(5)} u + (I_{5h}^{(5)} W_1 - W_1) h^4 + I_{5h}^{(5)} r_h = O(h^6 |\ln h|) \tag{4.2.8}$$

$$\nabla \tilde{r}_h = O(h^5 |\ln h|) \tag{4.2.9}$$

此外,当$D_0 \subsetneqq D$并取$r = \dfrac{2}{3 - \beta_M + \varepsilon}$时

$$T_1 = R_h - I: W^{3,\infty}(D) \cap W^{3,r}(\Omega) \cap H_0^1(\Omega) \to W^{1,\infty}(D_0)(L^\infty(D_0))$$

为$\delta = \min\{2, 2\beta - \varepsilon\} = 2$(或$\delta' = \min\{3, 2\beta_M - \varepsilon\} = 3$)阶压缩算子(参见第一章及第二章),因此

$$\| T_1 W \|_{s,\infty,D_0} \leqslant Ch^{3-s} |\ln h|, s = 0, 1 \tag{4.2.10}$$

$$\| T_1 \tilde{r}_h \|_{s,\infty,D_0} \leqslant Ch^{1-s} \| \tilde{r}_h \|_{1,\infty,D} + \| T_1 \tilde{r}_h \|_0 \leqslant Ch^{1-s} \| \tilde{r}_h \|_{1,\infty,D} + Ch \| \tilde{r}_h \|_1 \tag{4.2.11}$$

由(4.2.9)易见$\| \tilde{r}_h \|_1 = O(h^5)$,从而由(4.2.9)得

$$\| T_1 \tilde{r}_h \|_{s,\infty,D_0} \leqslant Ch^{6-s} |\ln h|^2 \tag{4.2.12}$$

于是由(4.2.7)(4.2.10)(4.2.12)得

$$\| T_1 T_5^{(5)} u \|_{s,\infty,D_0} \leqslant$$
$$Ch^4 \| T_1 W \|_{s,\infty,D_0} + \| T_1 \tilde{r}_h \|_{s,\infty,D_0} \leqslant$$
$$Ch^{6-s} | \ln h |^2, s=0,1$$

即得如下定理：

定理 4.2.5 设Ω是实现了一致矩形剖分的矩形区域，$u \in W^{6,\infty}(\Omega) \cap H_0^1(\Omega)$，$D_0 \subsetneqq D$不含$\Omega$的角点，那么

$$T_1 T_5^{(5)} u(z) = O(h^6 | \ln h |^2), \forall z \in D_0$$
$$\nabla (T_1 T_5^{(5)} u)(z) = O(h^5 | \ln h |^2), \forall z \in D_0$$

或者

$$u(z) = u_h^{(2)}(z) + O(h^6 | \ln h |^2), \forall z \in D_0$$
$$\nabla u(z) = \nabla u_h^{(2)}(z) + O(h^5 | \ln h |^2), \forall z \in D_0 \tag{4.2.13}$$

其中

$$u_h^{(2)} = R_h u + I_{5h}^{(5)} R_h u - R_h I_{5h}^{(5)} R_h u \tag{4.2.14}$$ ■

4.3　有限元法和边界元法的多重校正

前面已经指出，两个压缩算子相乘可以获得高精度校正公式，那么三个或更多个压缩算子相乘，可不可以获得更高精度的校正公式呢？一般地讲，对大多数问题特别是二维问题是困难的，因此还是从一维问题讲起.

4.3.1　两点边值问题有限元法的多重校正法

众所周知，对于一维两点边值一次有限元问题，基本展开式要比二维有限元问题好，它有多级展开式

$$R_h u - I_h u = \sum_{k=1}^{s} W_k h^{2k} + r_h, \forall u \in C^{2s+2} \cap H_0^1$$

$$h \mid \nabla r_h \mid + \mid r_h \mid = O(h^{2s+2})$$

其中 $W_k \in C^{2s+2-2k}$，令 $m = 2s+1$，则有

$$I_{mh}^{(m)} R_h u - I_{mh}^{(m)} u = \sum_{k=1}^{s} h^{2k} I_{mh}^{(m)} W_k + I_{mh}^{(m)} r_h$$

或

$$T_m u = I_{mh}^{(m)} R_h u - u = \sum_{k=1}^{s} h^{2k} W_k + \tilde{r}_h$$

$$\tilde{r}_h = I_{mh}^{(m)} r_h + (I_{mh}^{(m)} u - u) + \sum_{k=1}^{s} h^{2k} (I_{mh}^{(m)} W_k - W_k) = O(h^{2s+2})$$

$$\nabla \tilde{r}_h = O(h^{2s+1})$$

可见

$$T_m T_m u = \sum_{k=1}^{s} h^{2k} T_m W_k + T_m \tilde{r}_h = \sum_{k=2}^{s} h^{2k} W_k^{(2)} + r_h^{(2)}$$

其中

$$\mid r_h^{(2)} \mid + h \mid \nabla r_h^{(2)} \mid = O(h^{2s+2})$$

$$W_k^{(2)} \in C^{2s+2-2k}$$

依此类推，可得

$$(T_m)^{s+1} u = O(h^{2s+2})$$

令

$$(T_m)^{s+1}u=\pm(u_h^{(s+1)}-u)$$

$$u_h^{(s+1)}=\sum_{j=0}^{s}(-1)^j C_{s+1}^j(I_{mh}^{(m)}R_h)^{s+1-j}u$$

就是校正公式

$$u_h^{(s+1)}=u+O(h^{2s+2}) \qquad (4.3.1a)$$

$$\nabla u_h^{(s+1)}=\nabla u+O(h^{2s+1}) \qquad (4.3.1b)$$

其中 ∇ 表示导算子. 例如

$$u_h^{(1)}=R_h u\text{，当 } s=0$$

$$u_h^{(2)}=I_{3h}^{(3)}R_h I_{3h}^{(3)}R_h u-2I_{3h}^{(3)}R_h u\text{，当 } s=1$$

等等.

4.3.2 二维一次有限元的三重校正

现在回头考虑二维一次有限元问题. 由定理 4.2.3，如果 Ω 上实现了不具内交点的分片一致剖分或一致的矩形剖分，$D_0\subsetneqq D\subset\Omega$，$\overline{D}$ 不含角点，那么

$$T_2T_4: C^{5+\varepsilon}(D)\cap H^5(\Omega)\cap H_0^1(\Omega)\to W^{1,\infty}(D_1)$$

$$D_0\subsetneqq D_1\subsetneqq D$$

$$T_2T_4: H^5(\Omega)\cap H_0^1(\Omega)\to H_0^1(\Omega)$$

分别为四阶和 $\min\{4,2+\beta_M-\varepsilon\}$ 阶压缩算子，因此利用局部估计理论（见第二章）有

$$\begin{aligned}
&\|T_1T_2T_4u\|_{0,\infty,D_0}\leqslant\\
&Ch\|T_2T_4u\|_{1,\infty,D_1}+\\
&C\|T_1T_2T_4u\|_0\leqslant\\
&Ch\|T_2T_4u\|_{1,\infty,D_1}+\\
&Ch\|T_2T_4u\|_1\leqslant\\
&Ch^{\min\{5,3+\beta_M-\varepsilon\}}
\end{aligned}$$

因此得到以下结果：

定理 4.3.1 设 Ω 上实现了分片的不具内交点的

一致三角形剖分或一致矩形剖分，$D_0 \subsetneqq D \subset \Omega$，$D$ 不含 Ω 的角点，那么

$$T_1 T_2 T_4 : C^{5+\varepsilon}(D) \cap H^5(\Omega) \cap H_0^1(\Omega) \to L^\infty(D_0)$$

是 $\min\{5,3+\beta_M-\varepsilon\}$ 阶压缩算子，即

$$\| T_1 T_2 T_4 u \|_{0,\infty,D_0} \leqslant Ch^{\min\{5,3+\beta_M-\varepsilon\}}$$

或者有校正公式

$$u(z) = u_h^{***}(z) + O(h^{\min\{5,3+\beta_M-\varepsilon\}}),\ \forall z \in D_0$$

其中

$$u_h^{***} = -(R_h R_h^{**} - R_h - R_h^{**})u$$

$$R_h^{**} = I_{2h}R_h + I_{4h}R_h - I_{2h}R_h I_{4h}R_h$$

或

$$u_h^{***} = [R_h - (R_h - I)(I_{2h}R_h + I_{4h}R_h - I_{2h}R_h I_{4h}R_h)u]$$

■

注　对于分片一致平行四边形剖分，本定理也成立.

4.3.3　边界元法的超收敛压缩算子

设 u 和 $u^h \in S_m^h$ 分别为方程(参见 1.7 节)

$$(I+K)u = f \tag{4.3.2a}$$

$$(I+P_h K)u^h = P_h f \tag{4.3.2b}$$

的解，其中 K 为以 $K(s,t)(0 \leqslant s,t \leqslant 1)$ 为核的积分算子，P_h 为 L^2 投影算子.定义边界元算子

$$R_h : u \to u^h$$

并定义迭代型算子

$$R_h^* : u \to f - Ku^h$$

以上两个算子都是计算机所能实现的算子，称为可计算算子，现有如下定理.

定理 4.3.2　如果积分算子 K 的核函数 $K(s,t)$

充分光滑,那么算子

$$T_1 \equiv I - R_h : C^{m+1} \to C$$

是 $m+1$ 阶压缩算子,而

$$T_2 \equiv I - R_h^* : C^{m+1} \to C$$

是 $2m+2$ 阶超收敛压缩算子.

证明 利用第一章中式(1.7.20)及命题3,得

$$T_1 = I - R_h = (I + P_h K)^{-1}(I - P_h)$$

又由1.4节命题2有

$$\|(I - P_h)u\|_C \leqslant \|(I - I_h)u\|_C \leqslant Ch^{m+1}\|u\|_C^{m+1}$$

故

$$\|I - P_h\|_{C^{m+1}\to C} \leqslant Ch^{m+1}$$

可见

$$\|T_1\|_{C^{m+1}\to C} \leqslant \|(I + P_h K)^{-1}\|_{C\to C}\|I - P_h\|_{C^{m+1}\to C} \leqslant Ch^{m+1}$$

此外,注意

$$R_h^* u = f - Ku^h = u + Ku - Ku^h = u + K(I - R_h)u$$

$$R_h^* u - u = K(I - R_h)u$$

利用1.7节命题2有

$$\|(R_h^* - I)u\|_C \leqslant \|K(I - R_h)u\|_C \leqslant Ch^{2m+2}\|u\|_{C^{m+1}}$$

即

$$\|R_h^* - I\|_{C^{m+1}\to C} \leqslant Ch^{2m+2}$$

证毕.

4.3.4 光滑核边界积分方程有限元的校正法

由于

$$T_2 = R_h^* - I = K(I - R_h)$$

因此当积分算子 K 的核函数充分光滑时，有

$$T_2(C^{m+1}([0,1])) \subset C^{m+1}([0,1])$$

而且由 1.7 节命题 2 有

$$\| T_2 u \|_{C^{m+1}} \leqslant Ch^{2m+2} \| u \|_{C^{m+1}}$$

因此，S 重压缩算子

$$(T_2)^s := \underbrace{T_2 \cdot T_2 \cdot \cdots \cdot T_2}_{s个}$$

仍为 $C^{m+1} \to C^{m+1}$ 上的压缩算子，而且

$$\| (T_2)^s u \|_{C^{m+1}} \leqslant C \| T_2 \|^s_{C^{m+1} \to C^{m+1}} \| u \|_{C^{m+1}} \leqslant Ch^{(2m+2)s} \| u \|_{C^{m+1}}$$

这样证得重要定理：

定理 4.3.3　$(T_2)^s$ 是 $C^{m+1} \to C^{m+1}$ 的 $(2m+2)s$ 阶压缩算子，即

$$\| (T_2)^s u \|_{C^{m+1}} \leqslant Ch^{(2m+2)s} \| u \|_{C^{m+1}}$$

也即

$$\| u_h^{(s)} - u \|_{C^{m+1}} \leqslant Ch^{(2m+2)s} \| u \|_{C^{m+1}} \tag{4.3.3a}$$

其中

$$u_h^{(s)} = \sum_{k=1}^{s} (-1)^{s-k} C_s^k (R_h^*)^k u \tag{4.3.3b}$$ ■

4.3.5　角域边界有限元的校正法

对于角域问题，由于对应边界积分方程在角点附近有奇性，因此前面几段的讨论失效，我们有必要进一步研究. 正如 1.9 节分析的那样，对于奇性的边界积分方程，可以排除多个奇点而简化成如下的仅具有一个奇点 $s=0$ 的积分方程

$$(I+T)u(s)=f(s),s\in[0,1] \tag{4.3.4}$$

其中 T 是一个积分算子,它对应于奇性核函数

$$K(s,t)=\frac{\sin\gamma\pi}{\pi}\frac{s}{s^2+t^2+2st\cos\gamma\pi},s,t\in[0,1] \tag{4.3.5}$$

在$[0,1]$上作以 q 为参数的局部加密剖分(参见式(1.9.11)(1.9.12))并构作分片零次的有限元空间 $S^h([0,1])$,设 u 为(4.3.4)的解,而 $u^h\in S^h$ 为有限元解,即满足式(1.9.14),此外 u_h^* 为(1.9.15)(1.9.16)所定义. 仍按 4.3.1 和 4.3.2 小节中的方式定义算子 R_h,R_h^* 和 $T_1=I-R_h,T_2=I-R_h^*$. 由式(1.9.15)有

$$(I+TP_h)T_2=T(P_h-I) \tag{4.3.6}$$

由 1.9 节中引理 1,作为 $L^\infty\to L^\infty$ 上的算子有

$$\|T\|_\infty<1,\|(I+T)^{-1}\|_\infty<\infty \tag{4.3.7}$$

以及

$$\|(I+TP_h)^{-1}\|_\infty\leqslant C<+\infty\quad(C\text{ 与 }h\text{ 无关}) \tag{4.3.8}$$

由定理 1.9.1 知,作为 $C_\alpha^1\to C_\alpha^1$ 上的算子$\left(0<\alpha<\frac{1}{1+|\nu|}\right)$,有

$$\|\,|(I+T)^{-1}|\,\|_{1,\alpha}<+\infty \tag{4.3.9}$$

从而由(4.3.6)知,作为 $L^\infty\to L^\infty$ 上的算子,有

$$\begin{aligned}T_2=(I+TP_h)^{-1}S=(I+T)^{-1}S-\\(I+TP_h)^{-1}S(I+T)^{-1}S\end{aligned} \tag{4.3.10}$$

其中

$$S=T(P_h-I)$$

若记

$$\widetilde{L}_h=(I+TP_h)^{-1}S, L_h=(I+T)^{-1}S \tag{4.3.11}$$

有如下基本定理:

定理 4.3.4　作为算子空间 $\mathscr{B}(L^\infty\to L^\infty)$ 的元素有展开式

$$T_2=\widetilde{L}_h=\sum_{k=1}^{m-1}(-1)^{k-1}L_h^k+(-1)^{m-1}\widetilde{L}_hL_h^{m-1} \tag{4.3.12}$$

而且,如果当剖分参数 $q>\dfrac{2m}{\alpha}$ 时,余项有估计

$$\|\widetilde{L}_hL_h^{m-1}\|_{C_\alpha^1\to L^\infty}\leqslant Ch^{2m} \tag{4.3.13}$$

其中 $0<\alpha<\dfrac{1}{1+|\nu|}$.

证明　当 $m=2$ 时,直接由(4.3.10)得(4.3.12).于是

$$\widetilde{L}_h=L_h-\widetilde{L}_hL_h$$

从而

$$\widetilde{L}_hL_h^{m-1}=L_h^m-\widetilde{L}_hL_h^m$$

如果(4.3.12)对 m 成立,将上式代回(4.3.12)即得 $m+1$ 时的公式,于是(4.3.12)对一切 m 成立.由于 $q>\dfrac{2m}{\alpha}$ 或 $\alpha>\dfrac{2m}{q}$,分别记

$$\beta_1=\alpha-\frac{2}{q},\beta_{i+1}=\beta_i-\frac{2}{q},i=1,2,\cdots,m-1$$

显然 $\beta_0=\alpha>\beta_1>\beta_2>\cdots>\beta_m=\alpha-\dfrac{2m}{q}>0$.但

$$\|\widetilde{L}_hL_h^{m-1}\|_{C_\alpha^1\to L^\infty}\leqslant\|L_h\|_{C_\alpha^1\to C_{\beta_1}^1}\|L_h\|_{C_{\beta_1}^1\to C_{\beta_2}^1},\cdots,\|L_h\|_{C_{\beta_{m-2}}^1\to C_{\beta_{m-1}}^1}\|\widetilde{L}_h\|_{C_{\beta_{m-1}}^1\to L^\infty}$$

由(4.3.7)(4.3.8)(4.3.9)和1.9节中的引理6,得

$$\|\widetilde{L_h}\|_{C^1_{\beta_{m-1}}\to L^\infty}\leqslant\|(I+TP_h)^{-1}\|_\infty\|S\|_{C^1_{\beta_{m-1}}\to L^\infty}\leqslant Ch^2$$

$$\|L_h\|_{C_{\beta_i}\to C_{\beta_{i+1}}}\leqslant Ch^2,i=0,1,\cdots,m-2$$

于是得(4.3.13)成立. ■

利用定理4.3.4得如下定理:

定理 4.3.5 如果剖分参数 $q>\dfrac{2m}{\alpha},0<\alpha<\dfrac{1}{1+|\nu|}$,那么有

$$\|T_2^m\|_{C^1_\alpha\to L^\infty}\leqslant Ch^{2m} \tag{4.3.14}$$

即有

$$\|u_h^{(m)}-u\|_{L^\infty}\leqslant Ch^{2m}\|\,|u|\,\|_{1,\alpha},\forall u\in C^1_\alpha \tag{4.3.15}$$

其中

$$u_h^{(m)}=\sum_{k=1}^m C_m^k(-1)^k(R_h^*)^k u \tag{4.3.16}$$

注 定理4.3.5表明,即使对于角域上的边界元方法采用局部加密的方法,可以进行 m 重校正,达到任意高阶的校正精度.当然,这仅是理论结果.在实算中,如果加密参数 q 过大,那么将使在角点附近的剖分点过分密集,致使计算机无法实现.

最后,还必须指出,对于 m 次边界元及其校正法,目前仍无人研究.从上述分析来看,应当有估计

$$\|(T_2)^s u\|_{0,\infty}\leqslant Ch^{(2m+2)s}$$

这是有待证明的.Xie[83] 和 J. L. Huang 分别对 $m=0$ 和 $m=1$ 的情况得到外推的 $O(h^4)$ 和 $O(h^6)$ 阶估计,应该说是重要的一步.

4.4　有限元后验估计的进一步讨论

对于有限元问题，前面已经给出了多种办法来估计误差的阶，例如，对 m 次有限元有估计

$$\| u-u^h \|_1 = O(h^m) \qquad (4.4.1)$$

但是工程师们所关心的并不是误差的阶，因为在实际计算中，剖分尺寸 h 通常并不是无限减小的数，有时是几米，有时甚至达几千米，工程师们所关心的是误差究竟有多少米或多少千米，等等.

当然，估计式(4.4.1)也并不是没有意义，因为 h 通常与剖分点数 M 有关，它与 M 的 d(空间维数)次方根成反比，即

$$h = O(M^{-\frac{1}{d}})$$

这说明，式(4.4.1)至少可以相对地刻画误差的大小.

如何利用已知数据或利用已经算出的数据去估计误差 $\| u-u^h \|$ 的数(不是阶！)，这对工程师来说，是最关注的，这就是本节和以后第五章要介绍的“后验估计”问题.

后验估计大致可分为两类：一类叫作可靠性后验估计，另一类叫作自适应估计. 前一类是一种给出误差可靠值的方法，通常是用与数据 u^h 以及 f 有关的量(可算的量)

$$E = E(f, u^h)$$

去估算误差

$$\| u-u^h \| \leqslant E \qquad (4.4.2)$$

后一类估计是对局部区域 $D \subset \Omega$ 提供一种可算量

$E_D = E_D(f, u^h)$，使它按如下关系来估计误差

$$C^1 E_D \leqslant \| u - u^h \|_{a,D} \leqslant C E_D \qquad (4.4.3)$$

此处 $\| u \|_{a,D} = \sqrt{a(u,u)}$ 表示能量范数. 从而确定误差 $u - u^h$ 在子域 D 上逼近的好坏，为我们进一步计算提供决策的依据，第五章对此问题讨论得比较多.

4.4.1　可靠性后验估计

为方便起见，把三角形一次元、二次元，以及矩形双 p 次元称为常用有限元，于是有如下结果：

定理 4.4.1　如果在 Ω 上实现了“好”剖分(参见第二章)，那么对常用 m 次有限元问题，有如下关系

$$\| u - u^h \|_a \approx \| I_{2h}^{(2m)} u^h - u^h \|_a，当 h \to 0 \qquad (4.4.4)$$

其中 $\| v \|_a = \sqrt{a(v,v)}$ 为能量范数. 此处 $A \approx B$ 表示

$$\lim_{h \to 0} \frac{A}{B} = 1$$

证明　利用定理 2.3.1，定理 2.3.2 和定理2.3.3即可. ■

注 1　定理 4.4.1 给出的是误差 $u - u^h$ 的能量的可靠性估计，由于有限元逼近是按能量极小原理进行的，因此从物理意义讲，用能量范数来刻画误差是最适用的，实例也表明，用能量范数甚至比逐点估计还好.

在剖分“好”的条件下，还可以对插值有限元解 $\tilde{u}_h = I_{2h} R_h u$ 的误差

$$\| u - I_{2h} R_h u \|_a$$

作可靠性后验估计.

定理 4.4.2　如果 Ω 上实现了“好”剖分，那么对一次有限元问题，有如下估计

$$\| u-\tilde{u}_h \|_{a,D_0} \approx \| I_{4h}R_h u - I_{2h}R_h I_{4h}R_h u \|_a \tag{4.4.5}$$

其中 $D_0 \subsetneqq \Omega$，不含 Ω 的角点及内交点，如果记

$$u_h^* = I_{2h}R_h u + I_{4h}R_h u - I_{2h}R_h I_{4h}R_h u$$

还有

$$\| u-u_h^* \|_{0,D} \approx \| R_h R_h^* u - R_h u \|_{0,D} \tag{4.4.6}$$

证明　利用式(4.2.3a)(4.2.3b)以及定理4.3.1分别得式(4.4.5)(4.4.6).

定理 4.4.3　如果 Ω 上实现了一致矩形剖分，那么对双二次矩形有限元问题，还有

$$\| u-R_h u \|_a \approx \| I_{5h}^{(5)}R_h u - R_h I_{5h}^{(5)}R_h u \|_a \tag{4.4.7}$$

$$\| u-R_h^* u \|_a \approx \| R_h I_{5h}^{(5)} R_h u \|_a \tag{4.4.8}$$

其中

$$R_h^* u = R_h u + I_{5h}^{(5)} R_h u$$

证明　利用定理 4.2.5 即得.　■

说明　定理4.4.1～4.4.3的估计都是可靠性后验估计，没有作自适应后验估计的功效，因为它要求剖分很强，而且是整体的，如果剖分进行局部加密，整体剖分变坏，就破坏了以上估计.

4.4.2　自适应后验估计

利用局部超收敛估计(参见定理 2.2.1，2.2.2，2.3.1，2.3.2)有：

定理 4.4.4　设 $D \subsetneqq \Omega$，D 及邻近被“好”剖分覆盖，则：

(1) 对于通常的 $m(m \geqslant 1)$ 次有限元问题

$$\| u - R_h u \|_{a,D} \approx \| I_{2h}^{(2m)} R_h u - R_h u \|_{a,D}$$

(2) 即使 D 及邻近进行中点加密后所得的新剖分下,以上关系不变.

证明 前一部分由定理 2.2.1,2.2.2 得出,第(2) 部分只需估计 $u - u^h$ 的负范数,但在新剖分下,负范数阶不变,因此定理成立. ■

注 此定理说明

$$\Delta_D = \| I_{2h}^{(2m)} R_h u - R_h u \|_{a,D}^2 \qquad (4.4.9)$$

是一个自适应后验估计量. 4.4.3 小节中的实例表明,此法对奇性问题也有效,至少对一维问题是正确的.

4.4.3 实例

为简便起见,考虑两点边值问题

$$\begin{cases} -u''(x) + x^{-2} u(x) = f(x), x \in (0,1) \\ u(0) = u(1) = 0 \end{cases}$$

可采用两种处理方法来研究 Δ_E 的可靠性.

一、均匀剖分法.

将区间 $I = [0,1]$ 作 $n = 2m$ 等分,并作分片线性有限元空间 $S_0^h(I)$,设分点为

$$0 = x_0 < x_1 < x_2 < \cdots < x_{2m} = 1$$

记 $e_i = (x_i, x_{i+1})$,$E_i = e_{2i-1} \cup e_{2i}$,又令

$$G_i = \Delta_{E_i}, F_i = \| u - u^h \|_{a,E_i}^2, \delta_i = \frac{G_i}{F_i}$$

其中 Δ_{E_i} 按式(4.4.9) 定义. 下面是几组计算结果:

例 1 $f = \dfrac{1}{4\sqrt{x}} - \dfrac{1}{x}$,此时真解 $u = x^{\frac{3}{2}} - x$,$u \in H_0^1(I)$,$u \notin H^2$,$u \in H^{2-\varepsilon} (\varepsilon > 0)$,计算结果见下表 4.4.1.

表 4.4.1

$i=$	1	3	5	7	9	11	13
$\delta_i=$	0.335	0.292	0.754	0.974	0.974	1.002	0.992

除奇点 $x=0$ 附近的三个单元外，其他每个 E_i 都有 $\delta_i\approx1$，即

$$\Delta_{E_i}\approx\|u-u^h\|_{a,E_i}$$

例 2　$f=\frac{5}{4}x^{\frac{3}{2}}-x^{-1}$，真解 $u=\sqrt{x}-x$，易见 $u\notin H_0^1(I)$，计算结果见下表 4.4.2.

表 4.4.2

$i=$	1	3	5	7	9	11	13
$\delta_i=$	0.335	0.292	0.306	0.293	0.258	0.205	0.148

在每个 E_i 上，$\Delta_{E_i}\not\approx\|u-u^h\|_{a,E_i}$ 都不好，说明解的奇性对问题影响很大.

如果方程没有奇性，那么结果相当好.

例 3　考虑方程

$$\begin{cases}-u''(x)+u(x)=f(x),x\in[0,1]\\u(0)=u(1)=0\end{cases}$$

取剖分数 $n=16$，作均匀剖分，$f=(\pi^2+1)\sin\pi x$，真解 $u=\sin\pi x$，计算结果见下表 4.4.3.

表 4.4.3

$i=$	1	3	5	7	9	11	13	15
$\delta_i=$	1.0009	1.0011	1.0012	1.0012	1.0013	1.0012	1.0001	1.009

每个 E_i 上结果都好.

二、自适应慢处理法.

具体办法如下：

先将 $I=[0,1]$ 二等分进行试算($n=2$).

若 $n=2k$ 的情况算毕，则依次算出

$$G_i=\Delta_{E_i},E_i=e_{2i-1}\cup e_{2i},i=1,3,\cdots,2k-1$$

找出坏子集 E_{i0}，使得

$$G_{i0}=\max_i G_i$$

将坏单元加密一倍，得 $I=[0,1]$ 上一个新剖分，它有 $n=2k+2$ 个单元，再依同样程序算下去，直到 $\Delta_{E_i}<\varepsilon$ 为止.

下面是此法算的两组实例，取 $n=14$.

例 4 $f=\dfrac{1}{4\sqrt{x}}-\dfrac{1}{x}$，真解 $u=x^{\frac{3}{2}}-x$，自适应法得到的剖分点为

$$0,\frac{1}{16},\frac{1}{8},\frac{3}{16},\frac{1}{4},\frac{5}{16},\frac{3}{8},\frac{7}{16},\frac{1}{2},\frac{5}{8},\frac{3}{4},\frac{7}{8},1$$

计算结果见下表 4.4.4.

表 4.4.4

$i=$	1	3	5	7	9	11	13
$\delta_i=$	1.240	1.053	1.053	1.022	1.011	1.012	1.003

例 5 $f=\dfrac{5}{4}x^{\frac{3}{2}}-x^{-1}$，真解 $u=x^{\frac{1}{2}}-x$，$u\notin H_0^1$，自适应法获得的剖分点为

$$0,\frac{1}{128},\frac{1}{64},\frac{3}{128},\frac{1}{32},\frac{3}{64},\frac{1}{16},\frac{1}{32},\frac{1}{8},\frac{3}{16},\frac{1}{4},\frac{1}{8},\frac{1}{2},\frac{3}{4},1$$

在奇点 $x=0$ 附近按几何级数加密，计算结果见下表 4.4.5.

表 4.4.5

$i=$	1	3	5	7	9	11	13
$\delta_i=$	0.335	0.292	0.754	0.974	1.002	0.992	0.977

例 6 问题的方程与例 3 相同

$$f=(\pi^2+1)\sin \pi x$$

真解为 $u=\sin \pi x$，采用自适应慢处理法到 $n=16$ 时，正好是均匀剖分，结果也与例 3 相同.

以上例子说明了：

(1) 例 1 中 $u \in H^{2-\varepsilon}$，因而 $\| u-u^h \|_{-s}=O(h^{2-2\varepsilon})$，利用局部超收敛结果可知，在远离奇点 $x=0$ 的任何子集 E_i，都有

$$\Delta_{E_i} \approx \| u-u^h \|_{a,E_i}^2$$

计算结果与理论相符.

(2) 例 2 中 $u \notin H_0^1$，在均匀剖分下，$\| u-u^h \|_{-s}$ 不可能有高阶估计，因而在任何局部都没有超收敛性，因此

$$\Delta_{E_i} \not\approx \| u-u^h \|_{a,E_i}, \forall i$$

(3) 例 3 中 $u \in C^{\infty}([0,1])$，无奇性，负范数估计可达最佳阶，故任何地方都有超收敛性，因此对任何 i，都有

$$\Delta_{E_i} \approx \| u-u^h \|_{a,E_i}$$

(4) 当 u 充分光滑时，自适应剖分等同于均匀剖分（自动调整到均匀剖分），处处具有超收敛性（见例 3 和例 6）.

(5) 当 $u \in H^{2-\varepsilon}$ 时，自适应剖分自动在具有弱奇性的点处加密，在远离奇点附近具有超收敛性，因而有近似关系

$$\Delta_{E_i} \approx \| u-u^h \|_{a,E_i}$$

而在奇点附近，有较弱一些超收敛，近似关系

$$\Delta_{E_i} \approx \| u-u^h \|_{a,E_i}$$

略差（见例 4）.

(6) 当 $u \notin H_0^1$ 时，自适应法迅速在奇点附近加密

(以几何级数增加分点),利用权范数法(参见 5.2 节),可保证 $\| u-u^h \|_{-s}=O(h^2)(h=\frac{1}{n})$,因而在远离奇点的地方有超收敛性,实算结果表明:在 $i>5$ 时,有

$$\Delta_{E_i} \approx \| u-u^h \|_{a,E_i}$$

总之,以上实算结果表明:利用定理 4.3.4 作自适应处理能自动调整剖分,使之具有局部超收敛性,这一结果对于奇性和非奇性问题都是有效的.

第五章 奇性有限元问题的后处理

奇性问题包括凹角域问题以及方程本身的奇性等问题，在本章中将分别讨论.

5.1 凹角域上的 Green 函数和有限元逼近

5.1.1 对 Green 函数的一些估计

考虑模型问题

$$\begin{cases} -\Delta u = f, \text{在 } \Omega \text{ 中} \\ u = 0, \text{在 } \partial\Omega \text{ 上} \end{cases} \tag{5.1.1}$$

式中的 Ω 为平面凹多角形区域. 设 Ω 的最大内角为 $\alpha_M \pi$, $\beta_M = \dfrac{1}{\alpha_M}$, 对 $q_0 = \dfrac{2}{2-\beta_M}$, 当 $1 < p < q_0$ 时, 有

$$\| u \|_{2,p} \leqslant C \| f \|_{0,p} \qquad (5.1.2)$$

其中 u 为问题(5.1.1)的解,C 为与 u,f 无关的常数.

本章设 $\mathcal{T}^h$ 为 Ω 上的正规剖分,并满足

$$Ch^r \leqslant h_e, \forall e \in \mathcal{T}^h \qquad (5.1.3)$$

其中 C,r 为常数,$h_e = \mathrm{diam}(e)$,$h = \max\limits_{e \in \mathcal{T}^h} h_e$,由剖分的正规性不难得出

$$h_e \leqslant C(h_{e'} + \mathrm{dist}(e, e')), \forall e, e' \in \mathcal{T}^h \qquad (5.1.4)$$

仍用 $R_h: H_0^1(\Omega) \to S_0^h(\Omega)$($S^h(\Omega)$ 为 k 次有限元空间)表示 Ritz-Galërkin 投影算子,对凹角域问题,显然也有

$$\| R_h u \|_1 \leqslant C \| u \|_1, \forall u \in H_0^1(\Omega)$$

引理1 设 $\frac{2}{\beta_M} < q < \infty$,$u \in H_0^1(\Omega)$,则:

(1) $\| u^h - u \|_{0,q} \leqslant Ch^{\frac{2}{q}} \| u \|_1$;

(2) $\| v \|_{0,\infty} \leqslant C | \ln h |^{\frac{1}{2}} | v |_1, \forall v \in S_0^h(\Omega)$.

证明 (1) 令 $p = \frac{q}{q-1}$,则 $p < q_0$,对 $\varphi \in L^p(\Omega)$,存在 $W \in W^{2,p}(\Omega) \cap W_0^{1,p}(\Omega)$,使得

$$-\Delta W = \varphi$$

$$\begin{aligned}
&(u^h - u, \varphi) = \\
&|(\nabla(u^h - u), \nabla W)| = \\
&|(\nabla u, \nabla W^h - W)| \leqslant \\
&\| u \|_1 \| W^h - W \|_1 \leqslant \\
&C \| u \|_1 \| W - W_1^I \|_1 \leqslant \\
&Ch^{2-\frac{2}{p}} \| u \|_1 \| W \|_{2,p} \leqslant \\
&Ch^{\frac{2}{q}} \| u \| \; \| \varphi \|_{0,p}
\end{aligned}$$

故

$$\| u^h - u \|_{0,q} \leqslant Ch^{\frac{2}{q}} \| u \|_1$$

(2) $\forall v \in S_0^h(\Omega)$，由逆估计

$$\| v \|_{0,\infty,e} \leqslant Ch_e^{-\frac{2}{p}} | v |_{0,p,e}, 1 \leqslant p \leqslant \infty$$

由(5.1.3)得

$$\| v \|_{0,\infty,\Omega} \leqslant Ch^{-\frac{2r}{p}} \| v \|_{0,p,e}$$

利用嵌入定理 $\| v \|_{0,p,\Omega} \leqslant Cp^{\frac{1}{2}} | v |_{1,\Omega}$，于是

$$\| v \|_{0,\infty} \leqslant Ch^{-\frac{2r}{p}} p^{\frac{1}{2}} \| v \|_{1,\Omega}$$

取 $p = | \ln h |$，则 $h^{-\frac{2r}{p}} = e^{2r}$ 以及

$$\| v \|_{0,\infty} \leqslant C | \ln h |^{\frac{1}{2}} \| v \|_1 \qquad \blacksquare$$

由于本节采用的剖分是正规剖分，而不是拟一致剖分，因此第一章的一些基本估计都应修正，例如，离散 δ 函数 δ_z^h 可在 $V^h = \{ v \in L^\infty, v|_e \in P_k(e) \}$ 中选择，从而可保证

$$\text{supp } \delta_e^h \subset e, z \in e \in \mathcal{T}^h$$

$$\| \delta_z^h \|_{0,p} \leqslant Ch_e^{\frac{2}{p}-2} \quad (e\text{ 是 }z\text{ 所在的单元}) \tag{5.1.5}$$

其次利用引理1(1)得

$$| G_z^h |_1^2 = (\nabla G_z^h, \nabla G_z^h) = G_z^h(z) \leqslant C | \ln h |^{\frac{1}{2}} | G_z^h |_1$$

故

$$| G_z^h |_1 \leqslant C | \ln h |^{\frac{1}{2}}$$

对 $1 < p < \infty$，记 $q = \dfrac{p}{p-1}$，由(5.1.5)及 G_z^* 的定义(见1.4节)，有

$$\begin{aligned}|G_z^*|^2=(\nabla G_z^*,\nabla G_z^*)=(G_z^*,\delta_z)\leqslant\\ \|G_z^*\|_{0,p}\|\delta_z^h\|_{0,q}\leqslant\\ Ch_z^{-\frac{2}{p}}\|G_z^*\|_{0,p}\leqslant\\ Ch^{-\frac{2r}{p}}p^{\frac{1}{2}}|G_z^*|_1,z\in e,h_z=h_e\end{aligned}$$

取 $p=|\ln h|$，即得

$$|G_z^*|_1\leqslant C|\ln h|^{\frac{1}{2}}\tag{5.1.6}$$

由引理 1 及(5.1.6)，对$\frac{2}{\beta_M}<q<\infty,g=G_z^*$ 或$G_z^{\frac{h}{2}}$，有

$$\|G_z^h-g\|_{0,q}\leqslant Ch^{\frac{2}{q}}|\ln h|^{\frac{1}{2}}\tag{5.1.7}$$

或

$$\|G_z^h-G_z^{\frac{h}{2}}\|_{0,q}\leqslant Ch^{\frac{2}{q}}|\ln h|^{\frac{1}{2}}\tag{5.1.8}$$

定理 5.1.1 给定 $z\in\Omega$，存在唯一的函数 G_z，使得：

(1) 对 $1<q<\infty,G_z\in L^q(\Omega)$；

(2) $\forall\varphi\in W^{2,p}(\Omega)\cap W_0^{1,p}(\Omega),1<p<q_0$，有

$$(G_z,-\Delta\varphi)=\varphi(z)$$

(3) 对 $q>\frac{2}{\beta_M}$ 有

$$\|G_z-G_z^h\|_{0,q}\leqslant Ch^{\frac{2}{q}}|\ln h|^{\frac{1}{2}}$$

G_z 即为Ω 上的 Green 函数.

证明 由条件(5.1.1)(5.1.2)易知解唯一. 现在证明 G_z 的存在性及条件(3). 设 $\mathscr{T}^h$ 为任意满足(5.1.3)的正规剖分，作剖分序列 $\mathscr{T}^{h_j}(j=1,2,\cdots)$，使得

$$h_{i+1}=\frac{h_i}{2},\mathscr{T}^{h_e}=\mathscr{T}^h$$

$$h_i=\frac{h}{2^i}$$

记 $g_i = G_z^{h_i}$，由(5.1.8)有

$$\| g_i - g_{i+1} \|_{0,q} \leqslant C h_i^{\frac{2}{q}} \mid \ln h_i \mid^{\frac{1}{2}}$$

由此可知$\{g_i\}$为$L^q(\Omega)(1<q<\infty)$中的基本列，从而存在$G_z \in L^q(\Omega)(1<q<\infty)$，使得

$$\| G_z - G_z^{h_i} \|_{0,q} \to 0, i \to \infty$$

$$\| G_z^h - G_z \|_{0,q} \leqslant \sum_{i=0}^{\infty} \| g_i - g_{i+1} \|_{0,q} \leqslant$$

$$C h^{\frac{2}{q}} \mid \ln h \mid^{\frac{1}{2}} \sum_{i=0}^{\infty} i \left(\frac{1}{2^i}\right)^{\frac{2}{q}} \leqslant$$

$$C h^{\frac{2}{q}} \mid \ln h \mid^{\frac{1}{2}}$$

设 $\varphi \in W^{2,p}(\Omega) \cap W_0^{1,p}(\Omega), 1<p<q_0$，则

$$-(G_z^h, \Delta \varphi) = (\nabla G_z^h, \nabla \varphi) = R_h \varphi(z)$$

$$-(g_i, \Delta \varphi) = R_{h_i} \varphi(z)$$

由引理1(2)得

$$\| R_{h_i} \varphi - \varphi \|_{0,\infty} \to 0, i \to \infty$$

又

$$\| g_i - G_z \|_{0,q} \to 0$$

得

$$-(G_z, \Delta \varphi) = \lim_{i \to \infty} R_{h_i} \varphi(z) = \varphi(z)$$

证毕. ■

现在对 $z \in \Omega$ 引入极函数

$$\phi := \phi_z(x) = (\mid x - z \mid^2 + h_z^2)^{-1}$$

其中 h_z 为 z 所在单元 e 的直径，记

$$\mid \nabla^m u \mid^2 = \sum_{|\alpha| = m} \mid D^\alpha u \mid^2$$

$$\mid u \mid_{m,p,\varphi^\alpha} = \left(\sum_{e \in \mathcal{T}^h} \int_e \phi^\alpha \mid \nabla^m u \mid^p \mathrm{d}x \right)^{\frac{1}{p}}$$

由(5.1.4)不难证明以下引理：

引理 2　设 ϕ_z 如上定义,则:

(1) $|\phi_z(x)| \leqslant C\min\{h_e^{-2}, h_x^{-2}\}$;

(2) 对实数 α 及 $k=1,2,3,\cdots$,有

$$|\nabla^k \phi_z^{\alpha}| \leqslant C\phi_z^{\alpha+\frac{k}{2}}$$

(3)
$$\int \phi_z \mathrm{d}x \leqslant C|\ln h|$$

$$\int \phi_z^{\beta} \mathrm{d}x \leqslant Ch_z^{2-2\beta}, \beta > 1$$

$$\int \phi_z^{\beta} \mathrm{d}x \leqslant C, \beta < 1$$

(4) $\max\limits_{x\in e} \phi_z^{\alpha}(x) \leqslant \min\limits_{x\in e} \phi_z^{\alpha}(x), \forall e \in \mathscr{T}^h$.

以上 C 均与 h, x, z 无关. ■

设 $s, t(0\leqslant s\leqslant t)$ 为整数,$1\leqslant p\leqslant q\leqslant\infty$,由逆估计及引理 2(4) 可得

$$|v|_{t,q,\phi^{\alpha},e} \leqslant Ch_e^{s-t+\frac{2}{q}-\frac{2}{p}} |v|_{s,p,\phi^{\beta},e}, \forall e, \forall v \in S^h \tag{5.1.9}$$

$$\beta = \frac{p\alpha}{q}$$

又若 $t\leqslant k+1, q\leqslant \dfrac{1}{p}-\dfrac{t-s}{2}$,由插值估计及引理 2(4) 得

$$|u-u^I|_{s,q,\phi^{\alpha},e} \leqslant Ch_e^{t-s+\frac{2}{q}-\frac{2}{p}} |u|_{t,p,\phi^{\beta},e}, \beta = \frac{p\alpha}{q} \tag{5.1.10}$$

引理 3　$1\leqslant p\leqslant\infty, \dfrac{\beta}{q}+\alpha+\dfrac{1}{2}=0$,则

$$|\phi^{\alpha}v - I_h(\phi^{\alpha}v)|_{1,q,\phi^{\beta}} \leqslant C|v|_{0,q}, \forall v \in S^h(\Omega)$$

证明　由(5.1.10),$\forall e \in \mathscr{T}^h$,有

$$|\phi^{\alpha}v - I_h(\phi^{\alpha}v)|_{1,q,\phi^{\beta},e} \leqslant Ch_e^k |\phi^{\alpha}v|_{k+1,q,\phi^{\beta},e}$$

由于 $v|_e \in P_k(e)$,有

$$|\nabla^{k+1}(\phi^{\alpha}v)|\leqslant C\sum_{j=0}^{k}|\nabla^{k+1-j}\phi^{\alpha}||\nabla^{j}v|\leqslant$$
$$C\sum_{j=0}^{k}\phi^{\alpha+\frac{k+1-j}{2}}|\nabla^{j}v|$$
$$|\phi^{\alpha}v|_{k+1,q,\phi^{\beta},e}\leqslant C\sum_{j=0}^{k}|v|_{j,q,\phi^{\beta+\alpha g+\frac{(k+1-j)q}{2}},e}=$$
$$C\sum_{j=0}^{k}|v|_{j,q,\phi^{\frac{(k-j)q}{2}},e}\leqslant$$
$$C\sum_{j=0}^{k}h_{e}^{j-k}|v|_{j,q,e}\leqslant$$
$$Ch_{e}^{-k}|v|_{0,q,e}$$

因此

$$|\phi^{\alpha}v-I_{h}(\phi^{\alpha}v)|_{1,q,\phi^{\beta}}\leqslant C|v|_{0,q}\qquad\blacksquare$$

引理 4　设 $1<p<q_0$，$u\in H_0^1(\Omega)$，且 $u\in\prod_{e\in\mathcal{T}^h}W^{2,p}(e)$，令 $\psi=\phi^{\alpha}(u-u^{I})$，则

$$|\psi-\psi^{I}|_{1,\phi^{\beta}}\leqslant Ch^{2-\frac{2}{p}}|u|_{2,p,\phi^{\alpha p+\frac{p\beta}{2}}}$$

证明　由式(5.1.10)，有

$$|\psi-\psi^{I}|_{1,\phi^{\beta}}\leqslant Ch^{2-\frac{2}{p}}|\psi|_{2,p,\phi^{\frac{p\beta}{2}}}$$
$$|\psi|_{2,p,\phi^{\frac{p\beta}{2}}}\leqslant C\sum_{i=0}^{2}|u-u^{I}|_{1,p,\phi^{\alpha p+\frac{(2-i)p}{2}+\frac{p\beta}{2}},e}\leqslant$$
$$C\sum_{i=0}^{2}h_{e}^{2-i}|u|_{2,p,\phi^{\alpha p+\frac{(2-i)p}{2}+\frac{p\beta}{2}},e}\leqslant$$
$$C|u|_{2,p,\phi^{p\alpha+\frac{p\beta}{2}},e}$$

故

$$|\psi-\psi^{I}|_{1,\phi^{\beta}}\leqslant Ch^{2-\frac{2}{p}}|u|_{2,p,\phi^{p\alpha+\frac{p\beta}{2}}}\qquad\blacksquare$$

引理 5　设 $1<p<q_0$，$u\in W_0^{1,p}(\Omega)$ 满足(5.1.1)，则

$$|u|_{2,p,\phi^{\alpha}}\leqslant C(\|f\|_{0,p,\phi^{\alpha}}+|u|_{1,p,\phi^{\alpha+\frac{p}{2}}}+|u|_{0,p,\phi^{\alpha+p}})$$

证明 由引理 2 有

$$\phi^{\frac{\alpha}{p}} |\nabla^2 u| \leqslant |\nabla^2(\phi^{\frac{\alpha}{2}} u)| + C\phi^{\frac{\alpha}{p}+\frac{1}{2}} |\nabla u| + C\phi^{\frac{\alpha}{p}+1} |u|$$

由先验估计(5.1.2)得

$$|\phi^{\frac{\alpha}{2}} u|_{2,p} \leqslant C|\Delta(\phi^{\frac{\alpha}{2}} u)|_{0,p} \leqslant C|\Delta u|_{0,p,\phi^{\alpha}} + C|u|_{1,p,\phi^{\alpha+\frac{p}{2}}} + C|u|_{0,p,\phi^{\alpha+p}}$$

$$|u|_{2,p,\phi^{\alpha}} \leqslant |\phi^{\frac{\alpha}{p}} |\nabla^2 u||_{0,p} \leqslant C|f|_{0,p,\phi^{\alpha}} + C|u|_{1,p,\phi^{\alpha+\frac{p}{2}}} + C|u|_{0,p,\phi^{\alpha+p}}$$

■

引理 6 对 $1 < p < q_0$,有

$$|G_z^*|_{2,p,\phi^{1-p}} \leqslant C|\ln h|^{1+\frac{1}{p}}$$

$$|G_z^*|_{2,1} \leqslant C(p)|\ln h|^2$$

证明 记 $g = G_z^*$,由引理 5,有

$$|g|_{2,p,\phi^{1-p}} \leqslant C(|\delta_z^h|_{0,p,\phi^{1-p}} + |g|_{1,p,\phi^{1-\frac{p}{2}}} + |g|_{0,p,\phi})$$

$$\int |\delta_z^h|^p \phi^{1-p} \mathrm{d}x \leqslant Ch_z^{-2p} \int_{e_z} \phi^{1-p} \mathrm{d}x \leqslant Ch_z^{-2p} h_z^{2p-2} h_z^2 = C$$

$$\int \phi^{1-\frac{p}{2}} |\nabla g|^2 \mathrm{d}x \leqslant \left(\int \phi \mathrm{d}x\right)^{1-\frac{p}{2}} |g|_1^p \leqslant C|\ln h|$$

又对 $1 < q < \infty$,记 $s = \dfrac{q}{q-1}$,则有

$$\int \phi |g|^2 \mathrm{d}x \leqslant \left(\int \phi^s \mathrm{d}x\right)^{\frac{1}{s}} |g|_{0,pq}^p \leqslant C(s-1)^{-\frac{1}{s}} h_z^{\frac{2(1-s)}{s}} |g|_{0,pq}^p$$

由嵌入定理(注意 $q = \dfrac{s}{s-1}$)得

$$|g|_{0,pq} \leqslant C(pq)^{\frac{1}{2}} |g|_1 \leqslant C(pq)^{\frac{1}{2}} |\ln h|^{\frac{1}{2}}$$

$$\int \phi |g|^p \mathrm{d}x \leqslant Ch^{-\frac{2r}{q}} (pq)^{\frac{p}{2}} |\ln h|^{\frac{p}{2}+\frac{1}{s}}$$

取 $q=|\ln h|$，即得 $h^{-\frac{2r}{q}}=e^{2r}$，从而

$$\int \phi |g|^p \mathrm{d}x \leqslant Cp^{\frac{p}{2}} |\ln h|^{p+1}$$

所以

$$|G_z^*|_{2,p,\phi^{1-p}} \leqslant C(p) |\ln h|^{1+\frac{1}{p}}$$

$$|G_z^*|_{2,1} \leqslant \left(\int \phi \mathrm{d}x\right)^{1-\frac{1}{p}} |G_z^*|_{2,p,\phi^{1-p}} \leqslant C |\ln h|^2$$

证毕. ■

引理 7　对 $0<\alpha\leqslant\frac{1}{2}, q=\frac{1}{\alpha}$，有

$$|v|_{0,\infty,\phi^{-\alpha}} \leqslant C(|\ln h|^{\frac{1}{2}} |v|_{1,\phi^{-2\alpha}} + |\ln h|^{1-\alpha} |v|_{0,q}), \quad \forall v \in S_0^h$$

证明　由(5.1.9)有

$$|v|_{0,\infty,\phi^{-\alpha}} \leqslant Ch^{-\frac{2r}{p}} |v|_{0,p,\phi^{-\alpha}}$$

由嵌入定理(注意 Sobolev 恒等式)得

$$|\phi^{-\alpha}v|_{0,p} \leqslant Cp^{\frac{1}{2}} |\phi^{-\alpha}v|_1$$

$$|v|_{0,\infty,\phi^{-\alpha}} \leqslant Ch^{-\frac{2r}{p}} p^{\frac{1}{2}} |\phi^{-\alpha}v|_1$$

取 $p=|\ln h|$，得

$$|v|_{0,\infty,\phi^{-\alpha}} \leqslant C |\ln h|^{\frac{1}{2}} |\phi^{-\alpha}v|_1$$

又

$$|\phi^{-\alpha}v|_1 \leqslant C |v|_{1,\phi^{-2\alpha}} + C |v|_{0,\phi^{-2\alpha+1}}$$

$$\int \phi^{-2\alpha+1} |v|^2 \mathrm{d}x \leqslant \left(\int \phi \mathrm{d}x\right)^{1-\frac{2}{q}} |v|_{0,q}^2 \leqslant C |\ln h|^{1-2\alpha} |v|_{0,q}^2$$

综上所述得

$$|v|_{0,\infty,\phi^{-\alpha}} \leqslant C(|\ln h|^{\frac{1}{2}} |v|_{1,\phi^{-2\alpha}} + |\ln h|^{1-\alpha} |v|_{0,q})$$ ■

定理 5.1.2 设 $0<\alpha<\beta_M$，则对于 $g=G_z^*$ 或 $G_z^{\frac{*}{2}}$（指加密剖分 $\mathscr{T}^{\frac{h}{2}}$ 对应的准 Green 函数）有

$$|g-G_z^h|_{1,\phi^{-\alpha}}\leqslant Ch^\alpha|\ln h|^{2+\frac{1-\alpha}{2}}$$

证明 令 $q=\dfrac{2}{\alpha}$，$p=\dfrac{q}{q-1}$，$E=g-G_z^h$，$\psi=\phi^{-\alpha}E$，则由引理 1(1) 得

$$\int\phi^{-\alpha}|\nabla E|^2\mathrm{d}x=\int\nabla\psi\nabla E\mathrm{d}x+\frac{1}{2}\int\Delta\phi^{-\alpha}E^2\mathrm{d}x$$

$$\int\Delta\phi^{-\alpha}E^2\mathrm{d}x\leqslant C\int\phi^{-\alpha+1}E^2\mathrm{d}x\leqslant$$

$$C\left(\int\phi\mathrm{d}x\right)^{1-\frac{2}{q}}|E|_{0,q}^2\leqslant$$

$$Ch^{2\alpha}|\ln h|^{2-\alpha}$$

令 $\psi_1=\phi^{-\alpha}(g^I-G_z^h)$，$\psi_2=\phi^{-\alpha}(g-g^I)$，则

$$(\nabla\psi,\nabla E)=(\nabla\psi_1,\nabla E)+(\nabla\psi_2,\nabla E)$$

$$(\nabla\psi_1,\nabla E)=(\nabla(\psi_1-\psi_1^I),\nabla E)\leqslant$$

$$C|E|_{1,\phi^{-\alpha}}\left(\int\phi\mathrm{d}x\right)^{\frac{1}{2}-\frac{1}{q}}|\psi_1-\psi_1^I|_{1,q,\phi^{2-\frac{q}{2}}}\leqslant$$

$$C|\ln h|^{\frac{1}{2}-\frac{\alpha}{2}}|E|_{1,\phi^{-\alpha}}|\psi_1-\psi_1^I|_{1,q,\phi^{2-\frac{q}{2}}}$$

注意 $g^I-G_z^h\in S_0^h(\Omega)$，由引理 3 可得

$$|\psi_1-\psi_1^I|_{1,q,\phi^{2-\frac{q}{2}}}\leqslant C|G_z^h-g^I|_{0,q}$$

再利用(5.1.7) 及引理 6 可得

$$|\psi_1-\psi_1^I|_{1,q,\phi^{2-\frac{q}{2}}}\leqslant Ch^\alpha|\ln h|^2$$

从而

$$(\nabla\psi_1,\nabla E)\leqslant Ch^\alpha|\ln h|^{2+\frac{1-\alpha}{2}}|E|_{1,\phi^{-\alpha}}$$

对 ψ_2，有

$$(\nabla\psi_2,\nabla E)=(\nabla(\psi_2-\psi_2^I),\nabla E)\leqslant$$

$$|E|_{1,\phi^{-\alpha}}|\psi_2-\psi_2^I|_{1,\phi^{-\alpha}}$$

由引理 4 和引理 6,有

$$|\psi_2-\psi_2^I|_{1,\phi^\alpha}\leqslant Ch^\alpha|g|_{2,p,\phi^{1-p}}\leqslant Ch^\alpha|\ln h|^{2-\frac{\alpha}{2}}$$

$$|(\nabla\psi_2,\nabla E)|\leqslant Ch^\alpha|\ln h|^{2-\frac{\alpha}{2}}|E|_{1,\phi^{-\alpha}}$$

综上所述得

$$(\nabla\psi,\nabla E)\leqslant Ch^\alpha|\ln h|^{2+\frac{1-\alpha}{2}}|E|_{1,\phi^{-\alpha}}\leqslant$$
$$\frac{1}{2}|E|_{1,\phi^{-\alpha}}^2+Ch^{2\alpha}|\ln h|^{5-\alpha}$$

所以

$$|E|_{1,\phi^{-\alpha}}^2\leqslant\frac{1}{2}(|E|_{1,\phi^{-\alpha}}^2)+Ch^{2\alpha}|\ln h|^{5-\alpha}$$

$$|E|_{1,\phi^{-\alpha}}\leqslant Ch^\alpha|\ln h|^{2+\frac{1-\alpha}{2}}$$ ■

推论　设 $0<\alpha<\beta_M$,则

$$|G_z^h-G_z^{\frac{h}{2}}|_{1,\phi^{-\alpha}}\leqslant Ch^\alpha|\ln h|^{2+\frac{1-\alpha}{2}}$$ ■

定理 5.1.3　在定理 5.1.2 条件下,有:

(1) 若$\frac{2}{\beta_M+1}<s<2$,则

$$|G_z-G_z^h|_{1,s}\leqslant Ch^{\frac{2}{s}-1}|\ln h|^{\frac{5}{2}}$$

(2) 若 $1\leqslant s\leqslant\frac{2}{\beta_M+1}$,则 $\forall\varepsilon>0$,有

$$|G_z-G_z^h|_{1,s}\leqslant Ch^{\beta_M-\varepsilon}$$

证明　若$\frac{2}{\beta_M+1}<s<2$,令 $\alpha=\frac{2-s}{s}$,则 $0<\alpha<\beta_M$,由定理 5.1.2 及其推论,得

$$|G_z^h-G_z^{\frac{h}{2}}|_{1,s}^s\leqslant|G_z^h-G_z^{\frac{h}{2}}|_{1,\phi^{-\alpha}}^s\left(\int\phi\mathrm{d}x\right)^{1-\frac{s}{2}}$$

$$|G_z^h-G_z^{\frac{h}{2}}|_{1,s}\leqslant Ch^{\frac{2}{s}-1}|\ln h|^{\frac{5}{2}}$$

若 $1\leqslant s\leqslant 2(\beta_M+1)$,则 $\beta_M\leqslant\frac{2}{s}-1\leqslant 1$, $\forall\varepsilon>0$,可

取 $s' \geqslant s$，使 $\beta_M - \frac{\varepsilon}{2} \leqslant \frac{2}{s'} - 1 < \beta_M$，于是

$$
\begin{aligned}
& | G_z^h - G_z^{\frac{h}{2}} |_{1,s} \leqslant \\
& C | G_z^h - G_z^{\frac{h}{2}} |_{1,s'} \leqslant \\
& Ch^{2s'-1} | \ln h |^{\frac{5}{2}} \leqslant \\
& Ch^{\beta_M - \varepsilon}
\end{aligned}
$$

最后像定理 5.1.1 的证明一样经过一个极限过渡，得(1)(2). ■

推论　对 $0 < \alpha < \beta_M$，有

$$
| G_z(x) - G_z^h(x) | \leqslant \frac{Ch^\alpha | \ln h |^3}{| x - z |^\alpha}, \quad \forall x, z \in \Omega
$$

证明　由引理 7，取 $q = \frac{\alpha}{2}$，有

$$
\begin{aligned}
& | G_z^h - G_z^{\frac{h}{2}} |_{0,\infty,\phi^{-\frac{\alpha}{2}}} \leqslant \\
& C | \ln h |^{\frac{1}{2}} | G_z^h - G_z^{\frac{h}{2}} |_{1,\phi^{-\alpha}} + \\
& C | \ln h |^{1-\alpha} | G_z^h - G_z^{\frac{h}{2}} |_{0,q}
\end{aligned}
$$

由定理 5.1.2 的推论及(5.1.8) 有

$$
| G_z^h - G_z^{\frac{h}{2}} |_{0,\infty,\phi^{-\frac{\alpha}{2}}} \leqslant Ch^\alpha | \ln h |^{3-\frac{\alpha}{2}}
$$

$$
\begin{aligned}
& | G_z^h(x) - G_z^{\frac{h}{2}}(x) | \leqslant \\
& Ch^\alpha | \ln h |^3 \phi^{\frac{\alpha}{2}}(x) \leqslant \\
& \frac{Ch^\alpha | \ln h |^3}{| x - z |^\alpha}
\end{aligned}
$$

像证明定理 5.1.1 一样利用一个极限过渡，可得本结果. ■

本小节的证明详见 Xie[82] 或 Zhu-Lin[94] 第三章.

5.1.2　凹角域上有限元逼近的最大模估计

在凹角域上,一般有最大模估计

$$\| u-u^h \|_{0,\infty} \leqslant C_\varepsilon h^{\beta_M-\varepsilon} \| f \|_{0,\infty}$$

其证明参见 Zhu-Lin[94] 第三章 6.2 节.

5.1.3　凹角域上一次元解的渐近展开

假定凹角域 Ω 上实现了分片一致三角形剖分 $\mathcal{T}^h$,也在这个剖分上构作一次有限元空间 $S_0^h(\Omega)$. 当 u 充分光滑时,定理 3.1.4 的展开式仍然成立,因此也有如下引理:

引理 8　设 $u \in H^4(\Omega) \cap H_0^1(\Omega)$,那么有

$$R_h u(z) - I_h u(z) = h^2 A_h(z) + h^2 B_h(z) + o(h^3) \| u \|_4 \| G_z^h \|_1$$

其中 $z \in \Omega$

$$A_h(z) = \sum_j \int_{\Omega_j} G_z^h D^4 u \mathrm{d}x$$

$$B_h(z) = \sum_j \int_{\partial\Omega_j} G_z^h D^3 u \mathrm{d}s + G_z^h(p) D^2 u(p)$$

p 为剖分块的内交点,$D^m u$ 为 u 的 m 阶导数的某种常系数组合. ■

对 $\delta > 0$,记 $\Omega_\delta = \{x \in \Omega: |x-p| \geqslant \delta\}$,由上述引理及定理 5.1.4 得:

定理 5.1.5　设 $u \in H^4(\Omega) \cap H_0^1(\Omega)$,则有在 Ω_δ 上的函数 $W(z)$,使得 $\forall z \in \Omega_\delta (\delta > 0)$,有

$$(R_h u - I_h u)(z) = h^2 W(z) + o(h^{2+\beta_M - \varepsilon})$$

证明 由引理8及估计 $\| G_z^h \|_1 \leqslant C|\ln h|^{\frac{1}{2}}$，有

$$(R_h u - I_h u)(z) = h^2(A_h(z) + B_h(z)) + o(h^3 |\ln h|^{\frac{1}{2}})$$

又由定理5.1.3及定理5.1.4，有

$$\left| \int_{\Omega_j} (G - G_z^h) D^4 u \mathrm{d}x \right| \leqslant C \| G_z - G_z^h \|_0 \| u \|_4 \leqslant C \| G_z - G_z^h \|_{1,1} \| u \|_4 \leqslant Ch^{\beta_M - \varepsilon} \| u \|_4$$

$$| G_z^h(p) D^2 u(p) - G_z(p) D^2 u(p) | = | G_z^h(p) - G_z(p) | | D^2 u(p) | \leqslant Ch^{\beta_M - \varepsilon'} | \ln h |^3 / | z - p |^{\beta_M - \varepsilon'} \cdot \| u \|_{2,\infty} \leqslant Ch^{\beta_M - \varepsilon} \| u \|_4, 0 < \varepsilon' < \varepsilon, \varepsilon \text{ 任意}$$

令

$$A(z) = \sum_j \int_{\Omega_j} G_z D^4 u \mathrm{d}x$$

$$B(z) = \sum_j \int_{\partial\Omega_j} G_z D^3 u \mathrm{d}s + G_z(p) D^2 u$$

$$W(z) = A(z) + B(z)$$

则得

$$(R_h u - I_h u)(z) = h^2 W(z) + o(h^{2+\beta_M - \varepsilon}) \quad \blacksquare$$

以上结果由 Xie[83] 所得. 这个结果对解 u 作了过高的假定，因而回避了解在凹角点的奇性问题，下节将给出局部加密的方法来研究这种奇性问题.

5.2　凹角域上的局部加密方法

5.2.1　凹角域的局部加密剖分

考虑4.1节中的问题(5.1.1),这里Ω是一个凹角域,为简单起见,假定边界$\partial\Omega$分别平行于x轴和y轴,凹角点在原点O.

在Ω上引进矩形剖分$\mathscr{T}^h(\Omega)$,单元e的中心用(x_e,y_e)表示,它在x轴和y轴方向的边长分别用$2h_e$,$2k_e$表示,令

$$d_e=\max(h_e,k_e)$$

$$d_o=\max\{d_e:e\in\mathscr{T}^h,o\in e\} \qquad (5.2.1)$$

并令

$$r_e=\min\{|x|:x\in e\} \qquad (5.2.2)$$

表示e到角点O的距离.

将剖分$\mathscr{T}^h$分成两部分

$$\mathscr{T}_0=\{e\in\mathscr{T}^h:r_e<d_o\}$$

$$\mathscr{T}_1^h=\{e\in\mathscr{T}^h:d_o\leqslant r_e\}$$

$$\Omega_0=\bigcup\{e:e\in\mathscr{T}_1^h\}$$

$$\Omega_1=\bigcup\{e\in\mathscr{T}_1^h\}$$

还假定这种局部剖分满足分段条件:$\sigma>1-\frac{\beta}{2}$,$\beta=\beta_M$

$$d_o\leqslant Ch^{\frac{1}{1-\sigma}} \qquad (5.2.3)$$

$$d_e\leqslant Chr_e^\sigma,\forall d_e\leqslant r_e \qquad (5.2.4)$$

这种剖分可按图5.2.1的方式构作.令$h=\frac{1}{n}$(n

充分大),假定剖分加密参数 q 满足

$$q=\frac{1}{1-\sigma}>\frac{2}{\beta}$$

那么按图 5.2.1 所作的网格满足条件(5.2.3)(5.2.4),且

$$d_e=\left(\frac{i+1}{n}\right)^q-\left(\frac{i}{n}\right)^q=\frac{q}{n}\left(\frac{i+\theta}{n}\right)^{q-1}\leqslant$$

$$Ch\left[\left(\frac{i}{n}\right)^q\right]^{1-\frac{1}{q}}\leqslant Chr_e^{\sigma}$$ ■

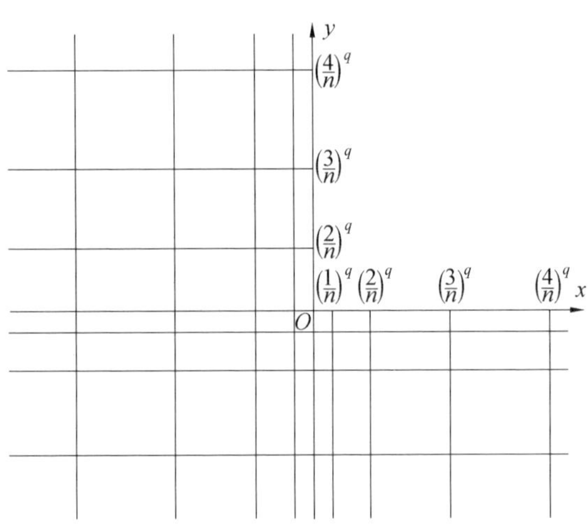

图 5.2.1

5.2.2 几个引理

定义有限元空间

$$V^h=\{v\in H_0^1(\Omega):v|_e \text{ 为双线性函数}, \forall e\in \mathcal{T}^h\}$$

仍用 I_hu 表示 u 在 V^h 中的 Lagrange 插值,在 $D\subset\Omega$ 上的能量内积定义为

$$a_D(u,v)=\int_D \nabla u \nabla v\mathrm{d}x\mathrm{d}y$$

在 $D=\Omega$ 时简记为 $a(u,v)$.

一般地讲，问题(5.1.1)的解不可能十分光滑，因为它在角点有奇性，亦即

$$u \notin W^{2,q_0}(\Omega), q_0=\frac{2}{2-\beta}$$

其中 $\frac{\pi}{\beta}$ 为 Ω 的最大内角. 但在 Ω 的任何不含角点的局部子域可以充分光滑.

先讨论如下几个引理：

引理 1　对 $u \in H^5(e)$ 和 $v \in V^h$，有下式成立

$$\begin{aligned}
&a_e(I_h u-u,v)= \\
&\frac{1}{3}h_e^2\int_e D_2 D_1^2 u D_2 v\mathrm{d}x\mathrm{d}y+ \\
&\frac{1}{3}k_e^2\int_e D_1 D_2^2 u D_1 v\mathrm{d}x\mathrm{d}y- \\
&\frac{1}{4}\int_e E(x)(D_2 D_1^4 u D_2 v+ \\
&4D_2 D_1^3 u D_1 D_2 v)\mathrm{d}x\mathrm{d}y- \\
&\frac{1}{4}\int_e F(y)(D_1 D_2^4 u D_1 v+ \\
&4D_1 D_2^3 u D_1 D_2 v)\mathrm{d}x\mathrm{d}y
\end{aligned}$$

其中

$$E(x)=\frac{1}{6}((x-x_e)^2-h_e^2)^2$$

$$F(y)=\frac{1}{6}((y-y_e)^2-k_e^2)^2$$

证明　参见定理 3.3.2. ■

引理 2　对 $u \in H^3(e)$ 及 $v \in V^h$，有下式成立

$$a_e(I_h u - u, v) =$$
$$\int_e \left[\left(\frac{1}{3}h_e^2 - \frac{1}{4}E''(x)\right) D_2 D_1^2 u D_2 v +\right.$$
$$\left.\left(\frac{1}{3}k_e^2 - \frac{1}{4}F''(y)\right) D_1 D_2 u D_1 v\right] \mathrm{d}x\mathrm{d}y -$$
$$\frac{1}{2}\int_e (E'(x) D_2 D_1^2 u +$$
$$F'(y) D_1 D_2^2 u) D_1 D_2 v \mathrm{d}x\mathrm{d}y$$

证明参见定理 3.3.2. ■

下面对引理 1 的结果再次进行分部积分可得：

引理 3 对 $u \in H^6(\Omega_1)$ 和 $v \in V^h$，有下式成立

$$a_{\Omega_1}(I_h u - u, v) =$$
$$-\frac{1}{3}\sum_{e\in\mathcal{T}_1}(h_e^2 + k_e^2)\int_e D_2^2 D_1^2 uv \mathrm{d}x\mathrm{d}y +$$
$$\frac{1}{4}\sum_{e\in\mathcal{T}_1}\int_e E(x)(D_2^2 D_1^2 uv +$$
$$4D_2^2 D_1^2 u D_1 v)\mathrm{d}x\mathrm{d}y +$$
$$\frac{1}{4}\sum_{e\in\mathcal{T}_1}\int_e F(y)(D_2^4 D_1^2 uv +$$
$$4D_2^3 D_1^2 u D_2 v)\mathrm{d}x\mathrm{d}y +$$
$$\frac{1}{3}h_e^2\int_{\Gamma_x} D_2 D_1^2 uv \mathrm{d}x +$$
$$\frac{1}{3}k_e^2\int_{\Gamma_y} D_1 D_2^2 uv \mathrm{d}x\mathrm{d}y -$$
$$\frac{1}{4}\int_{\Gamma_x} E(x)(D_2 D_1^4 uv +$$
$$4D_2 D_1^3 u D_1 v)\mathrm{d}x -$$
$$\frac{1}{4}\int_{\Gamma_y} F(y)(D_1 D_2^4 uv +$$
$$4D_1 D_2^3 u D_2 v)\mathrm{d}y$$

其中$\Gamma_x,\Gamma_y\subset\partial\Omega_1\backslash\partial\Omega$,分别是平行于$x$轴和$y$轴的边. ■

为了估计角域Ω_0上的积分

$$a_{\Omega_0}(I_h u-u,v)$$

以及引理5中位于$\Gamma_x,\Gamma_y\subset\partial\Omega_0$上的线积分,我们定义Sobolev空间$H^m_{(\tau)}(\Omega)$是按范数

$$\|u\|_{m,(\tau)}=\left(\sum_{|j|\leqslant m}\int_\Omega|X|^{\tau-m+|j|}|D^j u|^2\mathrm{d}X\right)^{\frac{1}{2}}$$

$$\mathrm{d}X=\mathrm{d}x\mathrm{d}y,\ |X|=\sqrt{x^2+y^2}$$

产生的Hilbert空间.在4.2.1小节的剖分条件下有如下引理:

引理4　对于$u\in W^{i+1,q}(\Omega),q>1$,有

$$|I_h u|_{i,e}+|u-I_h u|_{i,e}\leqslant Cd_e^{1-\tau}\|u\|_{i+1,(\tau)}$$

其中$\tau<1,e\subset\Omega$.

证明　先证不等式

$$|u|_{i,e}\leqslant Cd_e^{1-\tau}\|u\|_{i+1,(\tau)}\tag{5.2.5}$$

由Höilder不等式,对$p=\dfrac{2q}{2-q}>2$,有

$$|u|_{i,e}=\left(\int_e|\nabla^i u|^2\mathrm{d}x\mathrm{d}y\right)^{\frac{1}{2}}\leqslant$$

$$\sqrt{|e|^{1-\frac{2}{p}}\left(\int_e|\nabla u|^p\mathrm{d}x\mathrm{d}y\right)^{\frac{2}{p}}}\leqslant$$

$$Cd_e^{1-\frac{2}{p}}|u|_{i,p,e}\quad(|e|\text{为}e\text{的面积})$$

而且对$q<2$,有

$$|u|_{j,q,E}=\left(\int_E|\nabla^j u|^q\mathrm{d}x\mathrm{d}y\right)^{\frac{1}{q}}=$$

$$\left(\int_E(|X|^\tau|\nabla^j u|)^q|X|^{-\tau q}\mathrm{d}x\mathrm{d}y\right)^{\frac{1}{q}}\leqslant$$

$$\left(\int_E (|X|^\tau |\nabla^j u|)^2 \mathrm{d}x\mathrm{d}y\right)^{\frac{1}{2}} \cdot$$
$$\left(\int_E |X|^{-\frac{2\tau q}{2-q}} \mathrm{d}x\mathrm{d}y\right)^{\frac{2-q}{2q}} \leqslant$$
$$Cd_e^{\frac{2}{q}-1-\tau} |u|_{j,(\tau),E}$$

其中E是一个包含e的直径为d_e的立体.利用熟知的嵌入定理可得

$$|u|_{i,p,e} \leqslant C\|u\|_{i+1,q,E} + Cd_e^{-1}|u|_{i,q,E}$$

综合三式可得(5.2.5).类似的推导对于插值估计也是对的,即

$$|u-I_hu|_{i,e} \leqslant Cd_e^{1-\frac{2}{p}} |u-I_hu|_{i,p,e} \leqslant Cd_e^{1-\frac{2}{p}} |u|_{i,p,e}$$
$$|I_hu|_{i,e} \leqslant |u|_{i,e} + |u-I_hu|_{i,e} \leqslant Cd_e^{1-\tau}\|u\|_{i+1,(\tau)}$$

引理4证毕. ■

引理5 对每个$e \in \mathscr{T}_0^h$,有

$$|a_e(u-I_hu,v)| \leqslant Cd_e^{2-2\sigma}\|u\|_{2,(2\sigma-1),e}\|v\|_{1,e}$$
$$|a_e(u-I_hu,I_hu)| \leqslant Cd_e^{4-4\sigma}\|u\|_{2,(2\sigma-1)}^2$$

特别是

$$|a_{\Omega_0}(u-I_hu,I_hu)| \leqslant Ch^4\|u\|_{2,(2\sigma-1)}^2$$

证明 令$\tau=2\sigma-1, \sigma=1-\dfrac{1}{q}$(见5.2.1小节),由引理4易得

$$|a_e(u-I_hu,v)| \leqslant |u-I_hu|_{1,e}|v|_{1,e} \leqslant Cd^{2-2\sigma}\|u\|_{2,(2\sigma-1),e}\|v\|_{1,e}$$

可类似估计其他项. ■

5.2.3 一个超收敛估计

定理5.2.1 如果剖分$\mathscr{T}^h$满足条件(5.2.3)

(5.2.4),那么对 $u\in H^3_{(2\sigma)}(\Omega)$,有超收敛估计

$$\|R_hu-I_hu\|_{1,\Omega}\leqslant Ch^2\|u\|_{3,(2\sigma)}$$

证明　由引理 3,当 $e\in\mathcal{T}_1$ 时,$d_e\leqslant Chr^\sigma$,并且

$$\begin{aligned}&|a_e(I_hu-u,v)|\leqslant\\&C\int_e(h_e^2+k_e^2)|\nabla^3u||\nabla v|\,\mathrm{d}x\mathrm{d}y+\\&C\int_e(h_e^3|\nabla^3u||D_1D_2v|+\\&k_e^3|\nabla^3u||D_1D_2v|)\mathrm{d}x\mathrm{d}y\leqslant\\&Ch^2\int_e r^{2\sigma}|\nabla^3u||\nabla v|\,\mathrm{d}x\mathrm{d}y+\\&Ch^2\left(\int_e(r^{2\sigma}|\nabla^3u|)^2\mathrm{d}x\mathrm{d}y\right)^{\frac{1}{2}}\cdot\\&(h_e\|D_1D_2v\|_{0,e}+k_e\|D_1D_2v\|_{0,e})\end{aligned}$$

注意

$$h_e\|D_1D_2v\|_{0,e}\leqslant C\|D_2v\|_{0,e}$$
$$k_e\|D_1D_2v\|_{0,e}\leqslant C\|D_1v\|_{0,e}$$

于是得

$$|a_e(I_hu-u,v)|\leqslant Ch^2|u|_{3,(2\sigma),e}|v|_{1,e},\text{当 } e\in\mathcal{T}_1^h$$

而当 $e\in\mathcal{T}_0$ 时,由引理 5 得

$$|a_e(I_hu-u,v)|\leqslant Cd_e^{2-2\sigma}\|u\|_{2,(2\sigma-1),e}|v|_{1,e}$$

总之有

$$\begin{aligned}&|a(I_hu-R_hu,v)|=\\&|a(I_hu-u,v)|\leqslant\\&Ch^2\|u\|_{3,(2\sigma)}|v|_1\end{aligned}$$

于是证得

$$|I_hu-R_hu|_1\leqslant Ch^2\|u\|_{3,(2\sigma)}$$

证毕.　■

值得指出,本节引进的剖分不是拟一致剖分,但满

足 5.1 节的条件(5.1.3)(5.1.4),而且对每个单元$e \in \mathcal{T}^h$,满足

$$d_e \leqslant C\rho_e^\gamma, d_e \geqslant d_0^\gamma$$

因此,基本不等式

$$\| v \|_{0,\infty} \leqslant C \mid \ln h \mid^{\frac{1}{2}} \mid v \mid_1$$

仍然成立(见 5.1 节引理 1(2) 的证明).因此有如下的推论.

推论 在定理 5.2.1 条件下,还有

$$\| R_h u - I_h u \|_{0,\infty} \leqslant C \mid \ln h \mid^{\frac{1}{2}} h^2 \| u \|_{3,(2\sigma)} \quad \blacksquare$$

这也是一个超收敛估计.特别有

$$\mid (u - R_h u)(z) \mid = o(h^2 \mid \ln h \mid^{\frac{1}{2}}),\text{任意结点 } z$$

事实上,对凹角域只有估计

$$\| u - R_h u \|_{0,\infty} \leqslant Ch^{\beta_M - \varepsilon}$$

即使对局部区域 $D \subsetneqq \Omega$,也至多只有估计

$$\| u - R_h u \|_{0,\infty,D} \leqslant Ch^{2\beta_M - \varepsilon}$$

5.2.4 奇异解的校正

设 $\mathcal{T}^H(H = 2h)$,$\mathcal{T}^h$ 为凹角域Ω 上的两个局部加密剖分,而且对每个$E \in \mathcal{T}^H$,它仍由四个$\mathcal{T}^h$ 中的单元拼成.同样可构作插值算子 $I_{2h} \equiv I_{2h}^{(2)}; S_0^h(\Omega) \to S_0^H(\Omega)$,此处 $S_0^H(\Omega)$ 是 $\mathcal{T}^H$ 上的分片双二次有限元空间.利用定理 5.2.1 有如下引理:

引理 6 作算子 $T_2 = I_{2h}R_h - I$,那么

$$T_2: H_{(2\sigma)}^3(\Omega) \cap H_0^1(\Omega) \to H_0^1(\Omega)$$

为二阶压缩算子,即

$$\| T_2 u \|_1 \leqslant Ch^2 \| u \|_{3,(2\sigma)}$$

证明 因为

$$I_{2h}I_h = I_{2h}, I_hI_{2h} = I_h$$

$$T_2u = I_{2h}R_hu - u = I_{2h}R_hu - I_{2h}u + I_{2h}u - u$$

$$\begin{aligned}\| I_{2h}R_hu - I_{2h}u \|_1 &= \\ \| I_{2h}(R_hu - I_hu) \|_1 &\leqslant \\ C\| R_hu - I_hu \|_1 &\leqslant \\ Ch^2 \| u \|_{3,(2\sigma)}\end{aligned}$$

而

$$\| I_{2h}u - u \|_1 \leqslant Ch^2 \| u \|_{3,(2\sigma)}$$

所以利用三角不等式即得引理 6. ■

引理 7　设 $T_1 = R_h - I$,那么

$$T_1 : H_0^1 \to L^2(\Omega)$$

为一阶压缩算子,即

$$\| T_1u \|_0 \leqslant Ch \| u \|_1$$

证明　对 $\varphi \in L_2(\Omega)$,有 $\varphi \in H_{0,(2\sigma-1)}$,由方程理论可知,存在 $\psi \in H^2_{(2\sigma-1)}$,使得

$$-\Delta\psi = \varphi$$

且

$$\| \psi \|_{2,(2\sigma-1)} \leqslant C \| \varphi \|_{0,(2\sigma-1)} \leqslant C \| \varphi \|_0$$

于是由引理 4(注意 $1-\beta_M < 2\sigma - 1 < 1$) 有

$$\begin{aligned}(T_1u,\varphi) = a(T_1u,\psi) = a(T_1u,\psi - I_h\psi) &\leqslant \\ C\| \psi - I_h\psi \|_1 \| T_1u \|_1 &\leqslant \\ Ch \| \psi \|_{2,(2\sigma-1)} \| T_1u \|_1 &\leqslant \\ Ch \| T_1u \|_1 \| \varphi \|_0\end{aligned}$$

因此

$$\| T_1u \|_0 \leqslant Ch \| T_1u \|_1$$ ■

定理 5.2.2　在本文的剖分条件下,算子

$$T_1T_2 : h^3_{(2\sigma)}(\Omega) \cap H_0^1(\Omega) \to L^2(\Omega)$$

为三阶压缩算子,即

$$\| T_1T_2u \|_0 \leqslant Ch^3 \| u \|_{3,(2\sigma)}$$

或者

$$\| u_h^* - u \|_0 \leqslant Ch^3$$

其中

$$u_h^* = (R_h + I_{2h}R_h - R_hI_{2h}R_h)u$$

证明 由引理 7 和引理 6 可得

$$\| T_1T_2u \|_0 \leqslant Ch \| T_2u \|_1 \leqslant Ch^3 \| u \|_{3,(2\sigma)}$$

注意

$$T_1T_2u = (R_h - I)(I_{2h}R_h - I)u = [I - (R_h + I_{2h}R_h - R_hI_{2h}R_h)]u \equiv u - u_h^*$$

证毕. ■

5.3 有限元的慢收敛和自适应后验估计

迄今为止,大量的工作研究了有限元的超收敛性,要获得超收敛性,必须保证两点:一是剖分好,二是解在局部特别光滑. 由于条件的变化,例如解不够光滑,就会产生相反的现象,即产生比平均误差还要低的收敛性,这种现象叫作慢收敛性.

本节利用慢收敛性这一思想,获得一种简单易算的判别量 Δ_e,它仅与近似解 u^h 及 f 有关,比较 Δ_e 的大小就可以获得收敛最差的单元 e_0,于是,我们可以对差单元 e_0 进行局部处理(不必整体加密,只要局部加密),这样逐步获得高精度. 这种方法,对于处理奇性问题特别有效.

5.3.1　有限元的分层基

设 $\mathscr{T}^h$ 为区域 Ω 上的正规三角形剖分，$S^h(\Omega)$ 是 $\mathscr{T}^h$ 上的分片一次有限元空间. 用 T^h 表示剖分上的结点集，则任给 $z_0 \in T^h$，存在唯一函数 $\varphi_{z_0} \in S^h$，使得

$$\varphi_{z_0}(z') = \begin{cases} 1, 当\ z' = z_0 \\ 0, 当\ z' \neq z_0 \end{cases}, \forall z' \in T^h$$

显然

$$\mathscr{G}_0 = \{\varphi_z : z \in T^h\}$$

形成 S^h 的基，即

$$S^h = \operatorname{span}\{\varphi_z : z \in T^h\}$$

将剖分 $\mathscr{T}^h$ 中的点加密一倍，得到新的三角形剖分 $\mathscr{T}^{h_1}$ $\left(h_1 = \dfrac{h}{2}\right)$，它的结点集记为 T_1，对每个 $z \in T_1$，存在唯一的函数 $\varphi_z^{(1)} \in S^{h_1}$，使得

$$\varphi_z^{(1)}(z') = \begin{cases} 1, 当\ z' = z \\ 0, 当\ z' \neq z \end{cases}, \forall z' \in T_1$$

于是也可形成 S^{h_1} 的基

$$\mathscr{G}_1 = \{\varphi_z^{(1)} : z \in T_1\}$$

这个基叫作第一层基.

类似地，可以将剖分逐次加密下去，获得 Ω 的剖分列 $\mathscr{T}^{h_k}(h_k = 2^{-k}h)$ 及结点集 T_k 和有限元空间 S^{h_k} 及其 k 层基

$$\mathscr{G}_k = \{\varphi_z^{(k)} : z \in T_k\}$$

其中 $\varphi_z^{(k)} \in S^{h_k}$ 满足

$$\varphi_z^{(k)}(z') = \begin{cases} 1, 当\ z' = z \\ 0, 当\ z' \neq z \end{cases}, \forall z, z' \in T_k$$

用 $R_k : H_0^1(\Omega) \to S^{h_k}$ 表示 Galërkin 投影算子，$R_0 =$

R_h.

由 5.1 节的分析,即使对凹角域也有估计

$$\| u - R_k u \|_a \leqslant C h_k^{\beta_M - \varepsilon} = C 2^{-k(\beta_M - \varepsilon)} h^{\beta_M - \varepsilon}$$

当 k 增加时,误差按 k 的指数次衰减,这当然是很好的. 但是结点个数也随之按指数增加,工作量则按天文数字增加,这是我们所不希望的. 我们希望有一种快速方法.

5.3.2 k 层基的快速算法

为减少基函数的个数,我们可将基函数进行局部调整,具体办法如下:

对第 0 层分划 $\mathcal{T}^h$,引入网格集

$$\Lambda = \bigcup \{\partial e : e \in \mathcal{T}^h\}$$

并记

$$\widetilde{T}_k = T_k \cap \Lambda$$

如果用 N 表示 $\mathcal{T}^h$ 中的单元个数,那么 T^k 的点的个数为 $O(k_0^2 N)$,$\widetilde{T}_k$ 为 $O(k_0 N)$($k_0 = 2^k$)(图 5.3.1) 表示单元 $e \in \mathcal{T}^h$ 经 k 次加密后的网格.

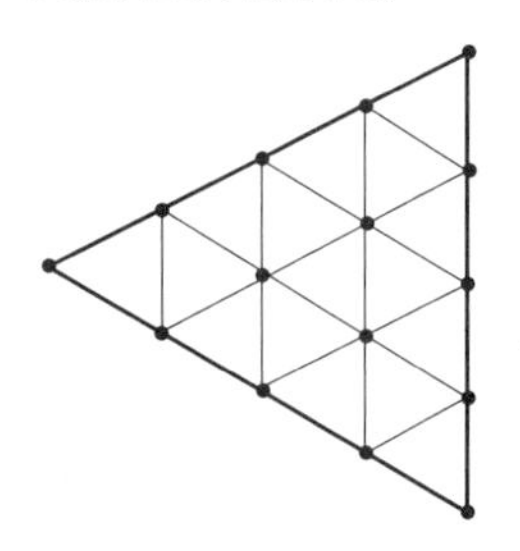

图 5.3.1 $k = 2$ 的情形

现在任给 $z \in \widetilde{T}_k$,按如下方式来修改基函数 $\varphi_z^{(k)} \in \mathcal{G}_k$. 如果 $z \in \partial e$,那么在 e 上令

$$\tilde{\varphi}_z(x)=\varphi_z^{(k)}(x)+\sum_{j=1}^{t}\alpha_j\varphi_j^{(k)}(x)\quad(\text{否则令 }\tilde{\varphi}_z=0)$$

其中 α_j 待定，而 $\varphi_j^{(k)}\in S^{h_k}(e)$ 为 e 的内结点决定的基函数

$$t=\frac{1}{2}(k_0-1)(k_0-2)$$

系数由 t 个方程决定

$$a(\tilde{\varphi}_z,\varphi_j^{(k)})=0,j=1,2,\cdots,t\qquad(5.3.1\text{a})$$

于是获得一个 k 层修正基

$$\tilde{\mathscr{G}}_k=\{\tilde{\varphi}_z:z\in\tilde{T}_k\}\qquad(5.3.1\text{b})$$

前面已讲，它的元素个数比 $\mathscr{G}_k$ 的元素个数小得多，由 $O(k_0^2N)$ 减少到 $O(k_0N)(k_0=2^k)$，构作有限元空间

$$\tilde{V}_k=\text{span}\{\tilde{\varphi}_z:z\in\tilde{T}_k\}\qquad(5.3.1\text{c})$$

用

$$\tilde{R}_k:H_0^1\rightarrow\tilde{V}_k$$

表示相应的 Galërkin 逼近算子. 显然求解 $\tilde{R}_ku$（包括解方程组(5.3.1)）的总工作量比解 R_ku 的工作量在数量级上要低得多，而且局部方程(5.3.1) 可依各单元进行并行求解，更加快了速度.

定理 5.3.1　如果记 $\tilde{u}_k=\tilde{R}_ku,u_k=R_ku$，那么

$$\tilde{u}_k(z)=u_k(z),\forall z\in\tilde{T}_k$$

证明　定义插值算子

$$\tilde{I}_k:C(\bar{\Omega})\rightarrow\tilde{V}_k$$

$$\tilde{I}_ku=\sum_{z\in\tilde{T}_k}u(z)\tilde{\varphi}_z$$

于是对任何 $v\in S^{h_k}(\Omega)$，有

$$a(v-\tilde{I}_kv,\varphi)=0,\forall\varphi\in\tilde{V}_k\qquad(5.3.2)$$

这是因为 $v-\tilde{I}_kv$ 只能表示成$\{\varphi_z^{(k)}:z\in T^{h_k}\backslash\tilde{T}_k\}$ 的元素的线性组合，由(5.3.1) 知(5.3.2) 成立. 于是有

$$a(\tilde{u}_k-\tilde{I}_k u_k,\varphi)=a(\tilde{u}_k-u,\varphi)+a(u-u_k,\varphi)+$$
$$a(u_k-\tilde{I}_k u_k,\varphi)=$$
$$0+0+0=0$$

由于 $\tilde{u}_k-\tilde{I}_k u_k\in\tilde{V}_k$，因此

$$\tilde{u}_k-\tilde{I}_k u_k=0$$

证毕. ■

不难看出，本小节所提出的快速算法，实质上是一种消元法. 然而，它也有它的特点：(1) 它不必先求出对应于 S^{h_k} 的刚阵，就可根据有限元的性质事先进行分片消元；(2) 这种消元是有目的的；(3) 这种消元法可用于并行计算.

5.3.3 后验估计和慢收敛性

对于奇性问题，例如凹角域问题，由于有奇点存在，致使奇点附近收敛速度明显减慢，我们需要寻找这些收敛慢的坏单元进行局部加密，从而以最小的工作量和最快的速度提高整体精度，本小节就研讨这个问题：

任给 $e\in\mathcal{T}^h$，记

$$T_e^k=T^{h_k}\cap\bar{e}$$
$$S_0^{h_k}(D_0)=\text{span}\{\varphi_z^{(k)}:z\in T_e^k\}$$
$$D_e=\bigcup\{\text{supp}(\varphi_z^{(k)}):e\in T_e^k\}$$

例如，当 $k=1$ 时，如图 5.3.2 所示，$S_0^{h_k}(D_e)$ 是由 e 的三边中点 P_1,P_2,P_3 决定的一层基函数 $\varphi_1^{(1)},\varphi_2^{(1)},\varphi_3^{(1)}$ 所产生的线性集，而 D_e 为图中阴影部分.

现在求解简单的方程：找 $\tilde{\delta}_e\in S_0^{h_k}(D_e)$，使得

$$a(\tilde{\delta}_e,\varphi)=(f,\varphi)-a(u^h,\varphi),\ \forall\,\varphi\in S_0^{h_k}(D_e)\tag{5.3.3}$$

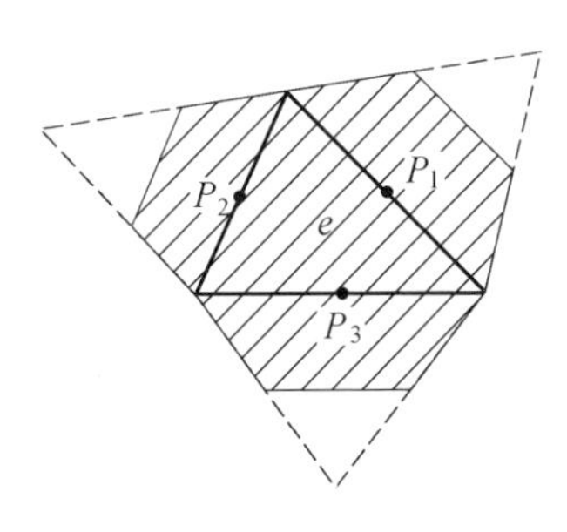

图 5.3.2

并定义

$$\Delta_e^{(k)} \equiv \| \tilde{\delta}_e \|_a = \frac{|(f, \tilde{\delta}_e) - a(u^h, \tilde{\delta}_e)|}{\| \tilde{\delta}_e \|_a} \tag{5.3.4}$$

其中 $\| v \|_a = \sqrt{a(v,v)}$.

定理 5.3.2　如果 $u^{h_k} \in S_0^{h_k}$，$u^h \in S_0^h$ 分别为 $u \in H_0^1(\Omega)$ 的 Galërkin 解，那么对任何 $e \in \mathscr{T}^h$，有

$$\Delta_e^{(k)} \leqslant \| u^{h_k} - u^h \|_{a, D_e} \tag{5.3.5}$$

其中 $\| v \|_{a,D} = \sqrt{a_D(v,v)}$.

此外还存在正常数 C_1，C_2，使得

$$C_1 \sum_e |\Delta_e^{(k)}|^2 \leqslant \| u^{h_k} - u^h \|_a^2 \leqslant C_2 \sum_e |\Delta_e^{(k)}|^2 \tag{5.3.6}$$

其中

$$C_1 = \frac{1}{3}, C_2 = 2C_0^2, C_0 = \sup_{v \in S^{h_k}} \frac{\| v - v^I \|_a}{\| v \|_a} \tag{5.3.7}$$

证明　由定义并注意 $\mathrm{Supp}\, \tilde{\delta}_e = D_e$，得

$$\Delta_e^{(k)} = \left| \frac{(f, \tilde{\delta}_e) - a(u^h, \tilde{\delta}_e)}{\| \tilde{\delta}_e \|_a} \right| =$$

$$\frac{|a(u-u^h,\tilde{\delta}_e)}{\|\tilde{\delta}_e\|_a}=$$

$$\frac{|a(u^{h_k}-u^h,\tilde{\delta}_e)|}{\|\tilde{\delta}_e\|_a}\leqslant$$

$$\|u^{h_k}-u^h\|_{a,D_e}$$

又由于

$$\bigcup\{D_e:e\in\mathscr{T}^h\}=\Omega$$

而且对每个 e,使 $\mathrm{mes}(D_e\cap D_{e'})>0$ 的 $e'\in\mathscr{T}^h$ 至多只有 3 个,因此,除测度零集外,$\forall x_0\in\Omega$,至多属于 3 个 D_e,故

$$3\|u^{h_k}-u^h\|_a^2\geqslant\sum_e\|u^{h_k}-u^h\|_{a,D_e}^2\geqslant$$

$$\sum_e|\Delta_e^{(k)}|^2 \qquad (5.3.8)$$

因此(5.3.5)和(5.3.6)左半边不等式证完. 现来证(5.3.6)右半边不等式. 记

$$W=u^{h_k}-u^h,V=W-W^I$$

易见

$$V=\frac{1}{2}\sum_e\delta_e+\sum_eR_e\equiv\tilde{V}+\tilde{R}$$

其中(参见(5.3.1b))

$$\delta_e=\sum_{z\in T^k\cap\partial e}V(z)\tilde{\varphi}_z$$

$$R_e=\begin{cases}V|_e-\delta_e,当\ x\in e\\0,当\ x\notin e\end{cases}$$

由定理 5.3.1 可知,$R_e\in S_0^{h_k}(e)$ 且

$$a(R_e,\tilde{\varphi}_z)=0,\forall\tilde{\varphi}_z\in\tilde{\mathscr{G}}_k$$

$$a(R_e,\delta_{e'})=0,\forall e,e'\in\mathscr{T}^h$$

于是

$$4C_0^2\|W\|_a^2\geqslant4\|V\|_a^2=4\|\tilde{V}\|_a^2+4\|\tilde{R}\|_a^2$$

$$\|\widetilde{R}\|_a^2=\sum_{e\in\mathscr{T}^h}\|R_e\|_a^2$$

$$4\|\widetilde{V}\|_a^2=4a(\widetilde{V},\widetilde{V})=a(\sum_e\delta_e,\sum_{e'}\delta_{e'})=$$
$$\sum_e\sum_{e'}a(\delta_e,\delta_{e'})=$$
$$\sum_e\|\delta_e\|_a^2+\sum_e\sum_{e'\neq e}a(\delta_e,\delta_{e'})\tag{5.3.9}$$

任给 $e\in\mathscr{T}^h$,注意

$$\sum_{e'\neq e}\delta_{e'}(x)=\delta_e(x),\text{当 } x\in e$$

故

$$a(\delta_e,\sum_{e'\neq e}\delta_{e'})=a(\delta_e,\delta_e)_e+a(\delta_e,\sum_{e'\neq e}\delta_e)_{D_e\backslash e}\tag{5.3.10}$$

注意 $D_{e'}\cap(D_e\backslash e)\subset e'$,于是

$$a(\delta_e,\sum_{e'\neq e}\delta_{e'})_{D_e\backslash e}=$$
$$\sum_{e'\neq e}a(\delta_e,\delta_{e'})_{e'\cap D_e}\leqslant$$
$$\frac{1}{2}\sum_{\substack{e'\neq e\\ e'\cap D_e\neq\varnothing}}(\|\delta_e\|_{a,e'\cap D_e}^2+\|\delta_{e'}\|_{a,e'}^2)\tag{5.3.11}$$

由(5.3.10)(5.3.11)得

$$\sum_e\sum_{e'\neq e}a(\delta_e,\delta_{e'})=$$
$$\sum_e\|\delta_e\|_{a,e}^2+\sum_e a(\delta_e,\sum_{e'\neq e}\delta_{e'})_{D_e\backslash e}\geqslant$$
$$\sum_e\|\delta_e\|_{a,e}^2-$$

$$\frac{1}{2}\sum_{e}\sum_{\substack{e'\neq e\\ e'\cap D_e\neq\varnothing}}(\|\delta_e\|_{a,e'\cap D_e}^2+\|\delta_{e'}\|_{a,e'}^2)=$$

$$\sum_{e}\|\delta_e\|_{a,e}^2-\frac{1}{2}\sum_{e}\|\delta_e\|_{a,D_e\backslash e}^2-$$

$$\frac{1}{2}\sum_{e}\sum_{e'\cap D_e\neq\varnothing}\|\delta_{e'}\|_{a,e'}^2\geqslant$$

$$\sum_{e}\|\delta_e\|_{a,e}^2-\frac{1}{2}\sum_{e}\|\delta_e\|_{a,D_e\backslash e}^2-$$

$$\frac{3}{2}\sum_{e}\|\delta_e\|_{a,e}^2=$$

$$-\frac{1}{2}\sum_{e}\|\delta_e\|_{a,D_e}^2 \tag{5.3.12}$$

代入(5.3.9)得

$$4\|\widetilde{V}\|_a^2\geqslant\frac{1}{2}\sum_{e}\|\delta_e\|_a^2 \tag{5.3.13}$$

最后注意

$$4\|V\|_a^2=4\|\widetilde{V}\|_a^2+4\|\widetilde{R}\|_a^2\geqslant$$

$$\frac{1}{2}\sum_{e}\|\delta_e\|_a^2+4\sum_{e}\|R_e\|_a^2$$

$$4C_0^2\|W\|_a^2\geqslant\frac{1}{2}\sum_{e}(\|\delta_e\|_a^2+8\|R_e\|_a^2) \tag{5.3.14}$$

并有

$$\|W\|_a^2=a(W,W)=a(W,u-u^h)=a(V,u-u^h)=$$

$$\frac{1}{2}\sum_{e}a(\delta_e+2R_e,u-u^h)=$$

$$\frac{1}{2}\sum_{e}a(\delta_e+2R_e,\tilde{\delta}_e)\leqslant$$

$$\frac{1}{2}\sum_{e}\|\delta_e+2R_e\|_a\|\tilde{\delta}_e\|_a\leqslant$$

$$\frac{1}{2}\sqrt{\sum_e(\|\delta_e\|_a^2+4\|R_e\|_a^2)}\cdot$$
$$\sqrt{\sum_e\|\tilde{\delta}_e\|_a^2}\leqslant$$
$$\frac{1}{\sqrt{2}}\sqrt{\frac{1}{2}\sum_e(\|\delta_e\|_a^2+8\|R_e\|_a^2)}\cdot$$
$$\sqrt{\sum_e\|\tilde{\delta}_e\|_a^2}\leqslant$$
$$\sqrt{2}C_0\|W\|_a\sqrt{\sum_e\|\tilde{\delta}_e\|_a^2}$$

于是证得

$$\sqrt{\sum_e\|\tilde{\delta}_e\|_a^2}\geqslant\frac{1}{\sqrt{2}}C_0^{-1}\|W\|_a=\frac{1}{\sqrt{2}}C_0^{-1}\|u^{h_k}-u\|_a$$

因为 $\|\tilde{\delta}_e\|_a=\Delta_e^{(k)}$，从而(5.3.6)证毕. ■

这个定理说明，不管 h 取多少，均可用

$$\Delta^2=\sum_e|\Delta_e^{(k)}|^2$$

作为 $\|u^{h_k}-u^h\|_a^2$ 的后验估计量.

5.4　奇性问题的自适应处理

5.4.1　坏单元和有限元的局部加密处理

根据定理5.3.2有理由作如下定义：称 $e_0\in\mathcal{T}^h$ 为有限元逼近的坏单元，如果

$$\Delta_{e_0}^{(k)}=\max\{\Delta_e^{(k)}:e\in\mathcal{T}^h\}\qquad(5.4.1)$$

这个坏单元可通过计算 $\Delta_e^{(k)}$ 获得，如果以“一个”单元作为坏单元不合适，那么我们可将 $\{\Delta_e^{(k)}:e\in\mathcal{T}^h\}$ 按大小次序排列，按次序取前几个最大的作为坏单元.

假定 e_0 为坏单元,可作 k 层子空间

$$S_{0^k}^{h}(D_e)=\mathrm{span}\{\varphi_z^{(k)}: z\in \bar{e}\cap T_k\}$$

以及 $S_0^h(\Omega)$ 的局部加密空间

$$S_e^h(\Omega)=\mathrm{span}\{S_0^h(\Omega),S_{0^k}^{h_k}(D_e)\}\equiv S_0^h(\Omega)\oplus S_{0^k}^{h_k}(D_e)$$

设 $u_e^h\in S_e^h$ 为 u 在 $S_e^h(\Omega)$ 上的 Galërkin 投影,即

$$a(u-u_e^h,v)=0,\forall v\in S_e^h \tag{5.4.2}$$

有如下定理:

定理 5.4.1 如果 $u_e^h\in S_e^h$ 和 $u^h\in S_0^h$ 分别为 u 在 S_e^h 及 S_0^h 上的 Galërkin 投影,那么有估计

$$\Delta_e^{(k)}\leqslant \|u_e^h-u^h\|_a\leqslant C_0\Delta_e^{(k)} \tag{5.4.3}$$

其中 C_0 由(5.3.7)规定.

证明 记 $W=u_e^h-u^h,\delta_e=W-W^I\in S_{0^k}^{h_k}(D_e)$. 那么由定义

$$\|\delta_e\|_a\leqslant C_0\|W\|_a$$

又

$$\begin{aligned}\|W\|_a^2&=a(u_e^h-u^h,W)=a(u_e^h-u^h,W-W^I)=\\&a(u_e^h-u^h,\delta_e)=a(u-u^h,\delta_e)=\\&a(\tilde{\delta}_e,\delta_e)\leqslant\|\delta_e\|_a\|\tilde{\delta}_e\|_a\leqslant\\&C_0\|W\|_a\Delta_e^{(k)}\end{aligned}$$

故

$$\|W\|_a\leqslant C_0\Delta_e^{(k)}$$

又由定义(5.3.4)有

$$\begin{aligned}(\Delta_e^{(k)})^2&=\|\tilde{\delta}_e\|_a^2=a(u-u^h,\tilde{\delta}_e)=\\&a(u_e^h-u^h,\tilde{\delta}_e)=a(W,\tilde{\delta}_e)\leqslant\\&\|W\|_{a,D_e}\|\tilde{\delta}\|_a=\|W\|_{a,D_e}\Delta_e^{(k)}\end{aligned}$$

故

$$\Delta_e^{(k)}\leqslant\|W\|_{a,D_e}\leqslant\|W\|_a$$

证毕. ■

注 1　由定理证明可知(5.4.3)可改写成

$$\Delta_e^{(k)} \leqslant \| u_e^h - u^h \|_{a,D_e} \leqslant \| u_e^h - u^h \|_a \leqslant C_0 \Delta_e^{(k)}$$

注 2　由于 $u - u^h = u - u_e^h + W$,且

$$a(u - u_e^h, W) = 0$$

故还有

$$\| u - u_e^h \|_a^2 = \| u - u^h \|^2 - \| W \|^2 = \| u - u^h \|_a^2 - [1 + (C_0^2 - 1)\theta](\Delta_e^{(k)})^2, \quad 0 \leqslant \theta \leqslant 1 \tag{5.4.4}$$

这说明 $\Delta_e^{(k)}$ 的确是检验局部加密解 u_e^h 的好坏的可靠量.

5.4.2　常数 C_0 的确定

任给 $e \in \mathscr{T}^h$,不妨设 $e = \triangle z_1 z_2 z_3$(图 5.4.1),分别用 h_i,N_i 表示对应于 z_i 的边之长和形函数,并记 $\gamma_i = \dfrac{h_i}{\sqrt{|e|}}$. 注意

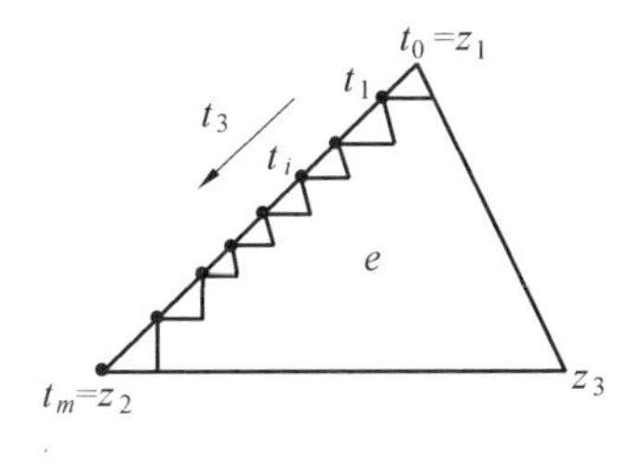

图 5.4.1

$$\sum_{i=1}^{3} N_i \equiv 1,\text{在 } e \text{ 上}$$

$$\sum_{i=1}^{5} \nabla N_i = 0,\text{在 } e \text{ 上}$$

其中 ∇ 为梯度算子. 任给 $W \in S^{h_k}(\Omega)$,在 e 上有

$$W^I = \sum_{i=1}^{3} W(z_i) N_i$$

$$\nabla W^I = \sum_{i=1}^{3} W(z_i) \nabla N_i = \sum_{i=2}^{3} (W(z_i) - W(z_1)) \nabla N_i$$

于是

$$|\nabla W^I| \leqslant \sum_{i=2}^{3} |W(z_i) - W(z_1)| |\nabla N_i|$$

$$|\nabla W^I|_{0,e} \leqslant \sum_{i=2}^{3} |W(z_i) - W(z_1)| \sigma_i,$$

$$\sigma_i = |\nabla N_i| \cdot \sqrt{|e|}$$

设 e 被 k 级加密,在 $\overline{z_1 z_2}$ 上形成 $m+1$ 个分点($m=2^k$)

$$z_1 = t_0, t_1, \cdots, t_m = z_2$$

于是

$$|W(z_1) - W(z_2)| \leqslant$$

$$\sum_{i=2}^{m} |W(t_i) - W(t_{i-1})| \leqslant$$

$$\sum_{i=1}^{m} \nu_3 \nabla |W|_{0,E_i}$$

其中 E_i 是以 $\overline{t_{i-1} t_i}$ 为边的 k 级加密剖分的单元. 利用 Schwarz(施瓦茨) 不等式得

$$|W(z_1) - W(z_2)| \leqslant$$

$$\nu_3 \sqrt{m} \sqrt{\sum_{i=1}^{m} \| \nabla W \|_{0,E_i}^2} =$$

$$\nu_3 \sqrt{m} \| \nabla W \|_{0,D_3}$$

$$D_3 = \bigcup_{i=1}^{m} E_i$$

同理

$$|W(z_1) - W(z_3)| \leqslant \nu_3 \sqrt{m} \| \nabla W \|_{0,D_2}$$

$$D_2 = \bigcup_{i=1}^{m} E_i'$$

E_i' 为与边$\overline{z_1 z_3}$ 相邻的 k 级加密剖分的单元. 总之,得

$$\| \nabla W^I \|_{0,e} \leqslant \sum_{i=2}^{3} \sigma_i \nu_i \sqrt{m} \| \nabla W \|_{0,D_i} \leqslant$$

$$\sqrt{m} \max\{\sigma_2 \nu_2, \sigma_3 \nu_3\} \| \nabla W \|_{0,e}$$

$$|W^I|_1 \leqslant \sqrt{m} \max\{\sigma_2 \nu_2, \sigma_3 \nu_3\} |W|_1$$

最后注意,对于满足(5.3.7) 的 $W \in S^{h_k}$,有

$$a(W, W^I) = 0$$

可见

$$C_0^2 = \frac{\| W - W^I \|_a^2}{\| W \|_a^2} = \frac{\| W \|_a^2 + \| W^I \|_a^2}{\| W \|_a^2} =$$

$$1 + \frac{|W^I|_1^2}{|W|_1^2} \leqslant 1 + \max_e D_e^2 \qquad (5.4.5a)$$

其中

$$D_e = \sqrt{m} \max\{\sigma_2 \nu_2, \sigma_3 \nu_3\} \qquad (5.4.5b)$$

注意,在 e 上,$\sigma_i = |\nabla N_i| \sqrt{|e|} = H_i^{-1} \sqrt{|e|}$,$\nu_i = \frac{h_i}{\sqrt{|e|}}$,于是 $\sigma_C \nu_i = \frac{h_i}{H_i}$($H_i$ 为 e 的第 i 边的高),因此有

$$D_e^2 = m \left(\max_i \left\{ \frac{h_i}{H_i} \right\} \right)^2 = 2^k \left(\max_i \left\{ \frac{h_i}{H_i} \right\} \right)^2$$

5.4.3　定理 5.4.1 的说明

说明 1　由定理 5.4.1 的证明可知,(5.4.3) 可换成

$$\Delta_e^{(k)} \leqslant \| u_e^h - u^h \|_{a,D_e} \leqslant C_e \Delta_e^{(k)} \quad (5.4.5c)$$

其中 C_e 按(5.4.5b) 规定. 这个估计使局部加密解 u_e^h 相对于 u^h 的亏量估计完全局部化了.

说明 2 如用子空间

$$V_e \subset S_e^h(D_e)$$

构作

$$S_e^h(\Omega) = S_0^h(\Omega) \oplus V_e$$

定理 5.4.1 的结论仍成立. ■

例如,如果事先知道 z_0 为奇点,对 $j=0,1,\cdots,k$,取 $e_j \in \mathscr{T}^{h_j}$,使 $z_0 \in e_j$ 作 j 层子空间 $S_0^{h_j}(D_{e_{j-1}})$,并令 $V_e = S_0^{h_1}(D_e) \oplus S_0^{h_2}(D_{e_1}) \oplus \cdots \oplus S_0^{h_k}(D_{e_{k-1}}) \subset S_e^{h_k}(D_e)$ 这是一种分层基,V_e 的基函数比 $S_e^{h_k}(D_e)$ 少得多,可构作试探函数 $\tilde{\delta}_e \in V_e$,满足

$$a(\tilde{\delta}_e, \varphi) = (f, \varphi) - a(u^h, \varphi), \forall \varphi \in V_e$$

记 $\Delta_e^{(k)} = \| \tilde{\delta}_e \|_a$,仍然有(5.4.5) 成立.

但是,V_e 的基函数只有 $3k$ 个,$S_e^{h_k}(D_e)$ 的基函数为

$$\frac{(2^k+1)(2^k+2)}{2} - 3$$

个,后者的工作量在 k 适当大时近乎天文数字,但是前者的工作量极少.

式(5.4.3) 或(5.4.5) 给出了局部加密解与粗网格解的误差的能量估计,这是一种后验估计,可作自适应处理用. 这种估计只需假定 $u \in H_0^1$ 就可以了,无须给出解的更高的光滑度.

5.4.4 慢处理法和实例分析

本小节将利用前述的方法寻找收敛慢的单元,然

后对这种单元进行局部加密，以达到整体精度提高的目的.

考虑以 $x=0$ 为奇点的两点边值问题

$$\begin{cases}-u''(x)+\dfrac{1}{x}u'(x)+\dfrac{1}{x^2}u(x)=f, x\in(0,1)\\ u(0)=u(1)=0\end{cases}$$

其中 $f=\frac{7}{4}x^{-\frac{3}{2}}-2x^{-1}$，真解 $u=\sqrt{x}-x$，因 $u'(x)=\frac{1}{2}x^{-\frac{1}{2}}-1$ 非平方可积，故 $u\notin H_0^1(0,1)$. 从理论上讲，如果采用均匀剖分，有限元解按能量范数不收敛；如果局部加密，由 5.2 节的分析，它是收敛的. 本小节希望利用检验量 $\Delta_e^{(1)}$ 来寻找收敛不好的点.

我们采用分片线性的有限元法来求逼近解 u^h. 先后用两种办法处理：均匀剖分方法和慢收敛局部加密方法（简称“慢处理法”）. 所谓慢处理法是这样的：

第一步（$n=2$）：将$[0,1]$分成 $n=2$ 个单元进行试算，利用(5.4.1)($k=1$) 找坏单元号码 i_0；

第二步（$n=3$）：将 i_0 单元中的点加密，于是$[0,1]$被分成 $n=3$ 个单元，重新利用(5.4.1) 找收敛慢的坏单元号码 i_0.

一般地，如果对 n 个单元的慢收敛处理法已完成，那么再用(5.4.1) 找坏单元号码 i_0.

下一步又将 i_0 单元中的点加密得 $n+1$ 个单元的剖分，继续计算. 如此循环下去，直至

$$\Delta_{e_{i_0}}^{(1)}<\delta$$

为止.

下面是几组实算结果：

（一）坏单元分布情况见表 5.4.1（慢处理法）.

表 5.4.1

剖分单元个数 $n=$	2	3	4	5	6	7	8	9	10	11	…
坏单元号码 $i_0=$	1	1	1	1	6	1	1	1	1	8	…

由以上结果可以看出，在慢处理过程中，奇点 $x=0$ 绝大多数都处在坏单元之中($n=6,11$ 除外)，这说明检验量(5.4.1)是可靠的. 当然，$n=6,11$ 的情况，也是自适应处理的必要过程，在奇点附近加密到足够密时，收敛慢的坏单元可以是其他单元.

(二) 奇点附近的位移误差(表 5.4.2)

$$e(x)=|u(x)-u^h(x)|$$

表 5.4.2

x	均匀剖分误差	慢处理法的误差
$\frac{1}{2}$	$1.80\times10^{-2}(n=2)$	$1.80\times10^{-1}(n=2)$
$\frac{1}{4}$	$1.46\times10^{-1}(n=4)$	$5.78\times10^{-2}(n=3)$
$\frac{1}{8}$	$1.04\times10^{-1}(n=8)$	$5.25\times10^{-2}(n=4)$
$\frac{1}{16}$	$7.37\times10^{-2}(n=16)$	$4.61\times10^{-2}(n=5)$
$\frac{1}{32}$	$5.21\times10^{-2}(n=32)$	$3.60\times10^{-2}(n=6)$

注 n 是剖分单元的个数.

(三) 奇点附近的导数误差(表 5.4.3).

表 5.4.3

x	均匀剖分	慢处理法
$\frac{1}{4}$	$6.6\times10^{-1}(n=2)$	$6.6\times10^{-1}(n=2)$
$\frac{1}{8}$	$1.67\times10^{-1}(n=4)$	$3.6\times10^{-1}(n=3)$
$\frac{1}{16}$	$1.67(n=8)$	$3.8\times10^{-1}(n=4)$
$\frac{1}{32}$	$1.48(n=16)$	$4.3\times10^{-1}(n=5)$
$\frac{1}{64}$	$3.33(n=32)$	$5.0\times10^{-1}(n=6)$

易见：

(1) 在奇点附近，慢处理法的结果很好.

(2) 由表 5.4.2 和表 5.4.3 可知，慢处理法在奇点附近的精度要好得多，但采用的单元个数只及均匀法的$\dfrac{\ln n}{N\ln 2}$倍.

(3) 实算还表明，在远离奇点的地方，导数具有超收敛性. 这与第一章介绍的局部超收敛理论相符. 下面的表 5.4.4 是一组实算结果(n 仍表示剖分单元个数).

表 5.4.4

x		$\lvert e'(x)\rvert$
$\frac{3}{8}$		$8.59\times10^{-2}(n=7)$
$\frac{1}{8}$	$8.82\times10^{-2}(n=8)$	$8.80\times10^{-2}(n=9)$
	$8.72\times10^{-2}(n=6)$	$8.92\times10^{-2}(n=7)$
	$7.29\times10^{-2}(n=8)$	$6.97\times10^{-2}(n=9)$

第六章 本征值问题及后处理

考虑本征值问题(参见第一章1.8节)

$$\begin{cases} -\Delta u = \lambda u, 在\ \Omega\ 内 \\ u = 0, 在\ \partial\Omega\ 上 \\ (u, u) = 1 \end{cases} \tag{6.0.1}$$

如无特别声明,本章仅考虑最小本征值(又叫特征值)和对应的本征函数的求解与后处理问题,并假定最小本征值和对应的本征函数集是 H_λ. 本征值问题(6.0.1)对应的变分问题是:找纯量 λ 和 $u \in H_0^1(\Omega)$,使得

$$\begin{cases} a(u, v) = \lambda(u, v), \forall v \in H_0^1(\Omega) \\ \| u \|_0 = 1 \end{cases} \tag{6.0.2}$$

它的有限元问题是:找 $u^h \in S_0^h(\Omega)$ 和纯量 λ_h,使得

$$\begin{cases} a(u^h, v) = \lambda_h(u^h, v), \forall v \in S_0^h(\Omega) \\ \| u^h \|_0 = 1 \end{cases} \tag{6.0.3}$$

下面分别讨论它们的高精度算法和后处理问题.

6.1 基本估计和插值处理

6.1.1 本征值、本征函数的一个基本恒等式

设λ是算子$-\Delta$的一个本征值,对应的单位本征函数为$u(\|u\|_0=1)$,于是有

$$a(u,v)=\lambda(u,v),\forall u\in H_0^1(\Omega) \quad (6.1.1)$$

显然由(6.1.1)有

$$(u,v)=0\Leftrightarrow a(u,v)=0 \quad (6.1.2)$$

任给$w\in H_0^1(\Omega)$,记$\|w\|_a^2=a(w,w)$,并记

$$v=w-(w,u)u,u_1=(w,u)u$$

显然$(v,u_1)=0$,从而$a(v,u_1)=0$,于是由勾股定理得

$$\|w\|_a^2=\|u_1\|_a^2+\|v\|_a^2$$

由于

$$\|u_1\|_a^2=(w,u)^2a(u,u)=\lambda(w,u)^2$$

于是得恒等式

$$\|w\|_a^2=\lambda(u,w)^2+\|w-(w,u)u\|_a^2 \quad (6.1.3a)$$

现在假定λ为最小本征值,那么对任何$w\in H_0^1(\Omega)$,$w\neq 0$,有(参见第一章式(1.8.4))

$$\lambda\leqslant\frac{\|w\|_a^2}{\|w\|_0^2}\leqslant\lambda+\frac{\|w-(w,u)u\|_a^2}{\|w\|_0^2}$$

由于$w-(w,u)u$按L^2内积从而按能量内积$a(\cdot,\cdot)$正交于空间

$$H_\lambda = \{\alpha u : \alpha \in \mathbf{R}\}$$

因此

$$\| w - (w,u)u \|_a^2 \leqslant \| w - u \|_a^2$$

于是证得：

定理 6.1.1 如果 λ 为算子 $-\Delta$ 的本征值，u 为对应的本征函数，$\| u \|_0 = 1$，那么有恒等式

$$\| w \|_a^2 = \lambda (u,w)^2 + \| w - (w,u)u \|_a^2, \quad \forall w \in H_0^1(\Omega) \tag{6.1.3b}$$

进一步，如果 λ 为最小本征值，那么还有基本估计

$$0 \leqslant \frac{a(w,w)}{(w,w)} - \lambda \leqslant \frac{\| w - u \|_a^2}{(w,w)}, \forall w \in H_0^1(\Omega) \tag{6.1.4}$$ ■

现在进一步假定一纯量 λ_h 和 $u^h \in S_0^h(\Omega)$ 为问题 (6.0.3) 的解，则有

$$0 < \lambda \leqslant \frac{a(u^h,u^h)}{(u^h,u^h)} = \lambda_h \leqslant \frac{a(v,v)}{(v,v)}, \forall v \in S_0^h(\Omega) \tag{6.1.5}$$

用 $R_h u$ 表示 u 在 $S_0^h(\Omega)$ 上的 Ritz-Galërkin 投影，代入 (6.1.4) 的 w 中，得

$$0 \leqslant \lambda_h - \lambda \leqslant \frac{a(R_h u, R_h u)}{(R_h u, R_h u)} - \lambda \leqslant \frac{\| R_h u - u \|_a^2}{(R_h u, R_h u)}$$

于是得到：

定理 6.1.2 设 λ 为算子 $-\Delta$ 的本征值，而 λ_h 为由(6.0.3) 确定的有限元解，那么有

$$0 \leqslant \lambda_h - \lambda \leqslant \frac{\| R_h u - u \|_a^2}{(R_h u, R_h u)} \tag{6.1.6}$$

其中 $R_h u$ 为 u 的 Ritz-Galërkin 投影. 特别地，当 $S_0^h(\Omega)$ 为 k 次有限元空间时，对充分小的 $h > 0$，有

$$0 \leqslant \lambda_h - \lambda \leqslant ch^{2k} \tag{6.1.7}$$

证明　事实上，一般有

$$\| R_h u - u \|_0 \leqslant ch^2 \| u \|_2$$

$$\| R_h u - u \|_a^2 \leqslant ch^{2k} \| u \|_{k+1}$$

于是当 h 充分小时，有

$$\| R_h u \|_0 \geqslant \frac{1}{2}$$

这就得式(6.1.7).　■

6.1.2　本征函数有限元逼近误差的基本估计

第一章我们已引进了算子 $-\Delta: u \to f$ 的逆算子

$$K: L^2(\Omega) \to H_0^1(\Omega),\ f \to u \tag{6.1.8}$$

于是 $\forall uf \in L^2(\Omega)$，存在唯一的 $Ku \in H_0^1(\Omega)$，使得

$$a(Ku, v) = (u, v),\ \forall v \in H_0^1(\Omega) \tag{6.1.9}$$

在 1.8 节中指出，$K: L^2(\Omega) \to L^2(\Omega)$ 和 $K: H_0^1(\Omega) \to H_0^1(\Omega)$ 都是非负的对称的紧算子.

显然，如果 λ 为 $-\Delta$ 的本征值，u 为对应的单位本征函数，那么将有

$$a(u, v) = \lambda(u, v) = a(\lambda K u, v),\ \forall v \in H_0^1(\Omega)$$

即有

$$u = \lambda K u \tag{6.1.10}$$

由(6.1.10)可知，λ 为 $-\Delta$ 的本征值的充要条件是：λ 为 K 的固有值，即 λ^{-1} 为 K 的本征值.

类似地，我们还有等式

$$u^h = \lambda_h R_h K u^h \tag{6.1.11}$$

其中 λ_h, u^h 为问题(6.0.3)的解. 事实上，$\forall v \in S_0^h(\Omega)$，有

$$a(u^h, v) = \lambda_h (u^h, v) = \lambda_h a(Ku^h, v) =$$

$$\lambda_h a(R_h K u^h, v)$$

其中 R_h 为 Ritz-Galërkin 投影算子.

由先验估计可知

$$Ku \in H^2(\Omega), \forall u \in L^2(\Omega)$$

因而可见

$$\begin{aligned}&\| Ku - R_h K u \|_0 = \\&\| (I - R_h) K u \|_0 \leqslant \\&c h^2 \| Ku \|_2 \leqslant \\&c h^2 \| u \|_e\end{aligned}$$

即有

$$\| K - R_h K \|_{L^2 \to L^2} \leqslant c h^2 \qquad (6.1.12a)$$

令

$$\tilde{u}_h = \frac{u^h}{(u^h, u)}$$

(不难看到,当 h 充分小时,$(u^h, u) \neq 0$),它是 S_0^h 中一个近似本征函数,为估计误差 $\| \tilde{u}_h - u \|_0$,我们注意

$$\begin{aligned}&(I - \lambda K)(\tilde{u}_h - u) = \\&(I - \lambda K)\tilde{u}_h = \\&-(I - \lambda_h K_h)\tilde{u}_h + (I - \lambda K)\tilde{u}_h = \\&(\lambda_h - \lambda) K_h \tilde{u}_h + \lambda (K_h - K)\tilde{u}_h = \\&\frac{\lambda_h - \lambda}{\lambda_h} \tilde{u}_h + \lambda (K_h - K)\tilde{u}_h\end{aligned}$$

其中 $K_h = R_h K$. 于是

$$\begin{aligned}&\| (I - \lambda K)(\tilde{u}_h - u) \| \leqslant \\&C h^2 \| \tilde{u}_h \|_0 + \\&C |\lambda| h^2 \| \tilde{u}_h \|_0 \leqslant \\&C h^2\end{aligned}$$

由于 $\tilde{u}_h \in H_{\frac{1}{\lambda}} = \{v: (v, u) = 0\}$,由 1.8 节命题 3 可知

$$I-\lambda K: H_{\frac{1}{\lambda}} \to H_{\frac{1}{\lambda}}$$

具有有界逆，因此

$$\| \tilde{u}_h - u \|_0 \leqslant ch^2 \qquad (6.1.12b)$$ ■

注 1　这里我们用到估计 $\| \tilde{u}_h \|_0 \leqslant C \| u \|_0$，事实上，由

$$\| \tilde{u}_h - u \|_0 \leqslant C \| (I-\lambda K)(\tilde{u}_h - u) \|_0 \leqslant Ch^2 \| \tilde{u}_h \|_0$$

$$\| \tilde{u}_h \|_0 \leqslant \| u \|_0 + Ch^2 \| \tilde{u}_h \|_0$$

当 h 充分小时，立即得

$$\| \tilde{u}_h \|_0 \leqslant C \| u \|_0$$ ■

注 2　对于 k 次元，注意

$$\| (K - R_h K) u \|_0 \leqslant Ch^{k+1} \| Ku \|_{k+1}$$

因此应当有

$$\| \tilde{u}_h - u \|_0 \leqslant Ch^{k+1} \qquad (6.1.12c)$$

6.1.3　k 次元的一个超收敛估计

(参见杨一都[108] 的文章.)

现在假定 $S_0^h(\Omega)$ 为 k 次有限元空间. 设 λ 和 H_λ 是算子 $-\Delta$ 的本征值和相应的本征函数空间，λ_h 及 $u^h \in S_0^h(\Omega)$ 是问题(6.0.3)的解. 用 $u_i (i=1,2,\cdots,s)$ 表示 H_λ 的一个规范正交系，即满足 $(u_i, u_j) = \delta_{ij}$. 定义投影算子

$$E: L^2 \to H_\lambda$$

$$Eu = \sum_{i=1}^{s} (u, u_i) u_i$$

此外我们重申 1.2 节的先验估计(1.2.4)(对 $q_0 > 2$，$1 < q < q_0$) 成立，从而(1.2.9)(对某 $r_0 > 1, r \in (1, r_0)$) 也成立.

我们用 $\|A\|_{\infty}$ 表示有界算子 $A:C(\overline{\Omega})\to C(\overline{\Omega})$ 的范数.那么有如下引理:

引理 1 若 $R_h:H_0^1(\Omega)\to S_0^h(\Omega)$ 为 Ritz-Galërkin 投影算子,则有

$$\|\lambda_h R_h K-\lambda K\|_m\to 0$$
$$\|R_h K\|_{\infty}\leqslant C$$

证明 $\forall v\in C(\overline{\Omega}),\forall z\in\overline{\Omega}$,由 Green 函数 G_z 的定义有

$$\begin{aligned}&|(R_hK-K)v(z)|=\\&|a((R_hK-K)v,G_z)|=\\&|a(R_hKv-Kv,G_z-G_z^h)|=\\&|(v,G_z-G_z^h)|\leqslant\\&\|v\|_{0,\infty}\|G_z-G_z^h\|_{0,1}\end{aligned}$$

因为 $\|G_z-G_z^h\|_{0,1}\leqslant Ch^{2-\frac{2}{q}}(1<q<q_0)$(参见1.5节式(1.5.14a)),得

$$\|R_hK-K\|_{\infty}\leqslant Ch^{2-\frac{2}{q}}\to 0\quad(h\to 0)$$

再由三角不等式得

$$\|R_hK\|_{\infty}\leqslant\|R_hK-K\|_{\infty}+\|K\|_{\infty}\leqslant C$$

再由(6.1.7)得

$$\begin{aligned}&\|\lambda_hR_hK-\lambda K\|_{\infty}\leqslant\\&|\lambda_h-\lambda|\ \|R_hK\|_{\infty}+\\&\lambda\|R_hK-K\|_{\infty}\to 0\quad(h\to 0)\end{aligned}$$

引理 1 证毕. ■

引理 2 设 $u=Eu^h\in H_{\lambda}\subset w^{k+1,q}(\Omega),q>\frac{r_0}{r_0-1}$(参见 1.2 节式(1.2.9)的 r_0),那么有

$$\|u\|_{k+1,q}\leqslant C$$
$$\|R_hK(I-R_h)u\|_{\infty}\leqslant Ch^{k+2},k\geqslant 2$$

证明　由算子 E 的定义知

$$\|u\|_{k+1,q}=\|Eu^h\|_{k+1,q}=\|\sum_{i=1}^{s}(u_h^h,u_i)u_i\|_{k+1,q}\leqslant$$

$$\sum_{i=1}^{s}\|u^h\|_0\|u_i\|_0\|u_i\|_{k+1,q}\leqslant C$$

为证明后一估计，任给 $z\in\overline{\Omega}$，记 $\overline{G}=KG_z^h$，由于 R_h,K 为对称的，因此

$$\begin{aligned}&|R_hK(I-R_h)u(z)|=\\&|a(R_hK(I-R_h)u,G_z^h)|=\\&a(K(I-R_h)u,G_z^h)=\\&a((I-R_h)u,\overline{G})=\\&|a((I-R_h)u,\overline{G}-\overline{G}_z^I)|\leqslant\\&Ch^{k+2}\|u\|_{k+1,q}\|\overline{G}\|_{3,q'}\end{aligned}$$

由于 $q>\dfrac{r_0}{r_0-1}$，因此 $1<q'<r_0$，从而由 1.2 节式 (1.2.9) 得

$$\|\overline{G}\|_{3,q'}\leqslant\|G_z^h\|_{1,q'}\leqslant C$$

故

$$|R_hK(I-R_h)u(z)|\leqslant Ch^{k+2}\|u\|_{k+1,q},\forall z\in\overline{\Omega}$$

于是引理 2 全部证毕. ■

定理 6.1.3　设 λ,H_λ 是问题(6.0.2)的解，而 $\lambda_h,V_\lambda\subset S_0^h$ 为问题(6.0.3)的解，$H_\lambda\subset W^{k+1,q}(\Omega)\cap H_0^1$，$q>\dfrac{r_0}{r_0-1}$，那么任给 $u^h\in V_\lambda$，存在 $u\in H_\lambda$，使得

$$\|R_hu-u^h\|_{0,\infty}\leqslant Ch^{k+2},k\geqslant 2 \quad (6.1.13)$$

证明　令

$$u=\sum_{i=1}^{s}(u^h,u_i)u_i=Eh$$

现来证明 u 为所求. 记

$$\bar{u}=R_h u-u^h-E(R_h u-u^h)\in H_\lambda^1$$

由 1.8 节的命题 3 可知 $I-\lambda K:H_{\frac{1}{\lambda}}\to H_{\frac{1}{\lambda}}$ 有有界逆①，因此有正数 $r>0$，使得

$$\begin{aligned}
r\|\bar{u}\|_{0,\infty}\leqslant &\|(I-\lambda K)\bar{u}\|_{0,\infty}=\\
&\|(I-\lambda K)(R_h u-u^h)\|_{0,\infty}=\\
&\|\lambda R_h K(I-R_h)u+\\
&(\lambda_h R_h K-\lambda K)(R_h u-u^h)+\\
&(\lambda-\lambda_h)R_h K R_h u\|_{0,\infty}\leqslant\\
&\lambda\|R_h K(I-R_h)u\|_{0,\infty}+\\
&\|\lambda_h R_h K-\lambda K\|_\infty\cdot\\
&\|R_h u-u^h\|_{0,\infty}+Ch^{2k}
\end{aligned}\tag{6.1.14}$$

由于 $Eu-Eu^h=0$，因此

$$\begin{aligned}
&\|E(R_h u-u^h)\|_{0,\infty}=\\
&\|E(R_h u-u)+E(u-u^h)\|_{0,\infty}=\\
&\|E(R_h u-u)\|_{0,\infty}=\\
&\|\sum_{i=1}^{s}(R_h u-u,u_i)u_i\|_{0,\infty}\leqslant\\
&\sum_{i=1}^{s}|(R_h u-u,u_i)|\ \|u_i\|_{0,\infty}=\\
&\sum_{i=1}^{s}\frac{1}{\lambda}|a(R_h u-u,u_i)|\ \|u_i\|_{0,\infty}=\\
&\sum_{i=1}^{s}\frac{1}{\lambda}|a(R_h u-u,u_i-u_i^I)|\ \|u_i\|_{0,\infty}\leqslant
\end{aligned}$$

① 这里 $H_{\frac{1}{\lambda}}=\{v\in C(\bar{\Omega}):(v,u)=0,\forall u\in H_\lambda\}$，由于 $K:C(\bar{\Omega})\to C(\bar{\Omega})$ 也是紧算子，而 λ^{-1} 又不是 K 的本征值，因此由二择一定理，$I-\lambda K:H_{\frac{1}{\lambda}}\to H_{\frac{1}{\lambda}}$ 仍有有界逆（$H_{\frac{1}{\lambda}}$ 以 $C(\bar{\Omega})$ 的范数为范数）.

$$Ch^{2k}\sum_{i=1}^{s}\|u\|_{k+1}\|u_i\|_{k+1}\|u_i\|_{0,\infty}\leqslant$$
$$Ch^{2k}\|u\|_{k+2}$$

再利用三角不等式

$$\|R_hu-u^h\|_{0,\infty}\leqslant$$
$$\|\bar{u}\|_{0,\infty}+\|E(R_hu-u^h)\|_{0,\infty}\leqslant$$
$$\|\bar{u}\|_{0,\infty}+Ch^{2k} \tag{6.1.15}$$

将(6.1.14)代入(6.1.15)，再整理，得

$$\left(1-\frac{1}{r}\|\lambda_hR_hK-\lambda K\|_{\infty}\right)\|R_hu-u^h\|_{0,\infty}\leqslant$$
$$\frac{1}{r}\|R_hK(I-R_h)u\|_{0,\infty}+Ch^{2k}\|u\|_{k+1}$$

最后由引理1和引理2，当 h 充分小时，有

$$\frac{1}{2}\|R_hu-u^h\|_{0,\infty}\leqslant Ch^{k+2}\|u\|_{k+1,q}$$

从而定理得证. ■

6.1.4　矩形双二次元本征值的超收敛估计

现在假定 $S_0^h(\Omega)$ 为矩形剖分上的双二次有限元空间，仍采用3.4节所用的记号，用 $i_h^{(2)}$ 表示双二次投影型插值算子. 由第三章定理3.4.3不难得到

$$\|R_hu-i_h^{(2)}u\|_1\leqslant Ch^4\|u\|_5$$

于是

$$\|i_{2h}^{(4)}R_hu-u\|_1\leqslant Ch^4\|u\|_5$$

对于本征值 λ 和对应于它的本征函数 u（假定 u 是 λ 对应的唯一的单位本征函数）有以下定理：

定理6.1.4　设问题(6.0.2)(6.0.3)分别有唯一解 $\lambda,u\in H_0^1$ 及 $\lambda_h,u^h\in S_0^h(\Omega)$，又设 $u\in H^5(\Omega)$

$$\tilde{u}_h = i_{2h}^{(4)} u^h$$

则有超收敛估计

$$\| \tilde{u}_h - u \|_1 \leqslant Ch^4$$

经插值处理后,本征值有 8 阶的超收敛逼近

$$0 \leqslant \frac{a(\tilde{u}_h, \tilde{u}_h)}{(\tilde{u}_h, \tilde{u}_h)} - \lambda \leqslant Ch^8$$

证明 由于 $u \in H^5(\Omega) \subset w^{3,q}(\Omega), q > 2$,由定理 6.1.3 有

$$\| R_h u - u^h \|_0 \leqslant C \| R_h u - u^h \|_{0,\infty} \leqslant Ch^4$$

但

$$\| R_h u - i_h^{(2)} u \|_0 \leqslant Ch^4$$

故

$$\| i_h^{(2)} u - u^h \|_0 \leqslant Ch^2$$

又注意对任何矩形单元 e,有

$$(u - i_h^{(2)} u, v)_e = 0, \text{当 } v \in P_0(e)$$

因此

$$\begin{aligned}
&| (u - i_h^{(2)} u, \varphi) | \leqslant \\
&Ch^3 \| u \|_3 \| \varphi - I_0 \varphi \|_0 \leqslant \\
&Ch^4 \| u \|_3 \| \varphi \|_1, \\
&\forall \varphi \in H_0^1(\Omega)
\end{aligned}$$

其中 $I_0 \varphi$ 为分片零次插值函数. 可见

$$\| u - i_h^{(2)} u \|_{-1} \leqslant Ch^4$$

综上所述,得

$$\| u - u^h \|_{-1} \leqslant \| u - i_h^{(2)} u \|_{-1} + \| i_h^{(2)} u - u^h \|_0 \leqslant Ch^4$$

现在,为证明定理的结论,$\forall v \in S_0^h$,有

$$
\begin{aligned}
&|a(u^h-R_hu,v)|= \\
&|a(u^h-u,v)|= \\
&|\lambda_h(u^h,v)-\lambda(u,v)|= \\
&|(\lambda_h-\lambda)(u^h,v)+ \\
&\lambda(u^h-u,v)|\leqslant \\
&C((\lambda_h-\lambda)+ \\
&\|u^h-u\|_{-1})\|v\|_1\leqslant \\
&Ch^4\|v\|_1
\end{aligned}
$$

取 $v=u^h-R_hu$，即得

$$\|u^h-R_hu\|_1\leqslant Ch^4$$

最后，利用分解

$$
\begin{aligned}
\tilde{u}_h-u=&i_{2h}^{(4)}(u^h-R_hu)+i_{2h}^{(4)}u- \\
&u+i_{2h}^{(4)}R_hu-i_{2h}^{(4)}u
\end{aligned}
$$

得

$$\|\tilde{u}_h-u\|_1\leqslant Ch^4$$

从而利用定理 6.1.1 证得本定理. ■

6.1.5　三角形线性元和二次元的插值处理及本征值的超收敛估计

大家知道，对于三角形一、二次元，在剖分“好”的条件下，有超收敛估计

$$\|R_hu-I_hu\|_1\leqslant Ch^{k+1},k=1,2$$

于是，采用二级插值处理得

$$\|I_{2h}^{(2k)}R_hu-u\|_1\leqslant Ch^{k+1}$$

由于我们有熟知的估计

$$\|u^h-u\|_{-1}\leqslant C\|u^h-u\|_0\leqslant Ch^{k+1}$$

因此有(参见 6.1.4 小节的证明)

$$\|I_{2h}^{(2k)}u^h-u\|_1\leqslant Ch^{k+1} \qquad (6.1.16)$$

$$0 \leqslant \frac{a(\tilde{u}_h, \tilde{u}_h)}{(\tilde{u}_h, \tilde{u}_h)} - \lambda \leqslant Ch^{2(k+1)}, k = 1, 2 \tag{6.1.17}$$

其中

$$\tilde{u}_h = I_{2h}^{(2k)} u^h$$

三角形一次元比较灵活，对于分片一致剖分或分片几乎一致剖分就可以了.但对于二次三角形元，必须要一致三角形剖分或几乎一致剖分，不适应于分片一致剖分，因此，它不比矩形剖分灵活多少，但精度则比双二次矩形元低.

6.1.6 双 p 次矩形元上本征函数导数的超收敛性

在 6.1.3 小节中讨论了 k 次元本征函数位移的超收敛性($k \geqslant 2$)，本小节进一步讨论双 p 次矩形元上本征函数导数的超收敛性. 设 $S_0^h(\Omega)$ 是定义在一致矩形剖分上的双 $p(p \geqslant 2)$ 次有限元空间，对于 Ritz-Galërkin 算子 R_h，有超收敛估计(参见 3.4 节)

$$\| R_h u - i_h^{(p)} u \|_1 \leqslant ch^{p+2} \| u \|_{p+3} \tag{6.1.18}$$

有趣的是，对于本征函数的有限元解 u^h(它不是 $R_h u$)，也有同样的结果：

定理 6.1.5 设 $\{\lambda, u\}$，$\{\lambda_h, u^h\}$ 分别为问题(6.0.2)(6.0.3)的解，又设 $u \in H^{p+2}(\Omega) \cap H_0^1(\Omega)$，那么有超收敛估计

$$\| u^h - i_h^{(p)} u \|_1 \leqslant Ch^{p+2} \tag{6.1.19}$$

证明 由(6.1.18)，只需估计 $R_h u - u^h$ 就可以

了. 首先注意在 $u \in H^{p+3}$ 时有负范数估计①

$$\| R_h u - u \|_{-1} \leqslant Ch^{p+2} \| u \|_{p+3} \tag{6.1.19a}$$

其次注意

$$\begin{aligned}
&\| K(R_h u - u) \|_1^2 \leqslant \\
&Ca(K(R_h u - u), K(R_h u - u)) = \\
&Ca(R_h u - u, K^2(R_h u - u)) \leqslant \\
&C(R_h u - u, K(R_h u - u)) \leqslant \\
&C\| R_h u - u \|_{-1} \| K(R_h u - u) \|_1
\end{aligned}$$

得

$$\begin{aligned}
&\| K(R_h u - u) \|_1 \leqslant \\
&C\| R_h u - u \|_{-1} \leqslant \\
&Ch^{p+2} \| u \|_{p+3}
\end{aligned} \tag{6.1.19b}$$

再者

$$\begin{aligned}
r_h \equiv (I - \lambda K)(R_h u - u^h) = &\\
&(\lambda_h R_h K - \lambda K)(R_h u - u^h) + \\
&R_h K u(\lambda - \lambda_h) - \\
&\lambda_h R_h K(R_h u - u)
\end{aligned}$$

由于

---

① 事实上，由 1.2 节的先验估计(1.2.9)，任给 $\varphi \in H^1(\Omega)$，可找 $\Phi \in W^{3,q'}(\Omega) \cap H_0^1(\Omega)$，$1 < q' < r_0$，使得

$$\begin{aligned}
(R_h u - u, \varphi) = a(R_h u - u, \Phi) = &\\
&| u(R_h u - u, \Phi - \Phi^I) | \leqslant \\
&Ch^{p+2} \| u \|_{p+1,q} \| \Phi \|_{3,q'} \leqslant \\
&Ch^{p+2} \| u \|_{p+3} \| \varphi \|_{1,q'} \leqslant \\
&Ch^{p+2} \| u \|_{p+3} \| \varphi \|_1
\end{aligned}$$

可见

$$\| R_h u - u \|_{-1} \leqslant Ch^{p+2} \| u \|_{p+2}$$

$$\begin{aligned}&\|(\lambda_h R_h K-\lambda K)v\|_1\leqslant\\&(\lambda_h-\lambda)\|R_h K v\|_1+\\&\lambda\|R_h K v-K v\|_1\leqslant\\&Ch\|K v\|_1\leqslant Ch\|v\|_1\end{aligned}\tag{6.1.19c}$$

于是利用(6.1.7)(6.1.19b)(6.1.19c),得

$$\begin{aligned}\|r_h\|_1\leqslant Ch\|R_h u-u^h\|_1+\\(Ch^{2p}+Ch^{p+2})\|u\|_{p+3}\end{aligned}\tag{6.1.19d}$$

但是

$$\begin{aligned}&v_0\equiv R_h u-u^h-a(R_h u-u^h,u)u\in\\&H_{\frac{1}{\lambda}}=\{v\in H_0^1,a(v,u)=0\}\end{aligned}$$

既然 λ^{-1} 不为 $K:H_{\frac{1}{\lambda}}\rightarrow H_{\frac{1}{\lambda}}$ 的特征值,因此

$$I-\lambda K:H_{\frac{1}{\lambda}}\rightarrow H_{\frac{1}{\lambda}}$$

具有有界逆,故

$$\begin{aligned}&\|R_h u-u^h\|_1\leqslant\\&\|v_0\|_1+|a(R_h u-u^h,u)|\ \|u\|_1\leqslant\\&C\|(I-\lambda K)v_0\|_1+\\&|a(R_h u-u^h,u)|\ \|u\|_1\leqslant\\&C\|r_h\|_1+C|a(R_h u-u^h,u)|\end{aligned}\tag{6.1.19e}$$

而

$$\begin{aligned}&|a(R_h u-u^h,u)|=\\&\lambda|(R_h u-u^h,u)|\leqslant\\&\lambda|(R_h u-u,u)|+\\&\lambda|(u-u^h,u)|=\\&\lambda|a(R_h u-u,u-R_h u)|+\\&\lambda|(u-u^h,u)|=\\&O(h^{2p})+2\lambda\|u-u^h\|_0^2\leqslant\end{aligned}$$

$$Ch^{2p} \tag{6.1.19f}$$

将(6.1.19a)(6.1.19f) 代入(6.1.19e)，即得（只要 h 适当小）

$$\| R_h u - u^h \|_1 \leqslant Ch^{p+2}, p \geqslant 2$$

结合(6.1.18) 得(6.1.19). ■

注　利用本定理还有

$$\| i_{2h}^{(2p)} u^h - u \|_1 \leqslant Ch^{p+2} \tag{6.1.20a}$$

从而利用定理 6.1.1，有

$$0 \leqslant \bar{\lambda}_h - \lambda \leqslant Ch^{2(p+2)} \tag{6.1.20b}$$

其中

$$\bar{\lambda}_h = \frac{a(i_{2h}^{(2p)} u^h, i_{2h}^{(2p)} u^h)}{(i_{2h}^{(2p)} u^h, i_{2h}^{(2p)} u^h)}$$ ■

上述结果表明，双 p 次矩形元的结果比 p 次三角形元的结果要好.

6.2　本征值和本征函数的校正

6.2.1　双线性元本征值的插值处理

与三角形元相比，双线性元有明显的优势，它的有限元展开式(见第三章) 有明显的“单元性”，例如在解 u 不整体光滑的条件下，有超收敛估计

$$\| R_h u - I_h u \|_1 \leqslant Ch^2 \| u \|'_3 \tag{6.2.1}$$

从而还有

$$\| I_{2h}^{(2)} R_h u - u \|_1 \leqslant Ch^2 \tag{6.2.2a}$$

对于不均匀的正规矩形剖分还有(见 4.1 节) 二重校正估计

$$\| L_h u - u \|_0 \leqslant Ch^4 \tag{6.2.2b}$$

其中

$$L_h = (I + I_{3h}^{(3)} - R_h I_{3h}^{(3)}) R_h$$

如果$\{\lambda, u\}$和$\{\lambda_h, u^h\}$分别为问题(6.0.2)(6.0.3)的解，一般地，我们有基本估计(见 6.1 节)

$$\| u^h - u \|_0 + (\lambda_h - \lambda) \leqslant Ch^2 \tag{6.2.3}$$

由于本征函数 u 的有限元解 $u^h \in S^h$ 与它的 Ritz-Galërkin 投影 $R_h u$ 并不相同，因此有必要估计它们的误差. 注意

$$\begin{aligned}
&| a(u^h - R_h u, v) | = \\
&| a(u^h - u, v) | = \\
&| \lambda_h (u^h, v) - \lambda (u, v) | = \\
&| (\lambda_h - \lambda)(u^h, v) + \lambda (u^h - u, v) | \leqslant \\
&| (\lambda_h - \lambda) | + \| u^h - u \|_{-1} \| v \|_1 \leqslant \\
&Ch^2 \| v \|_1
\end{aligned}$$

因此，当取 $v = u^h - R_h u$ 时，得

$$\| u^h - R_h u \|_1 \leqslant Ch^2$$

从而利用三角不等式和(6.2.2)可得

$$\| u - I_{3h}^{(3)} u^h \|_1 \leqslant Ch^2 \tag{6.2.4}$$

于是利用定理 6.1.1 得到

$$0 \leqslant \lambda_h^* - \lambda \leqslant \| u - I_{3h}^{(3)} u^h \|_1^2 \leqslant Ch^4 \tag{6.2.5}$$

其中

$$\lambda_h^* = \frac{a(I_{3h}^{(3)} u^h, I_{3h}^{(3)} u^h)}{(I_{3h}^{(3)} u^h, I_{3h}^{(3)} u^h)} \tag{6.2.6}$$

显然(6.2.5) 是一个超收敛结果. ■

6.2.2　双线性元本征值和本征函数的校正

为作本征函数校正，先引入一个引理：

引理 1　若 $v_h \in S_0^h$ 满足

$$\begin{cases}(I-\lambda_h R_h K)v_h = f_h, f_h \in S_0^h & (6.2.7a)\\ (v_h, u^h)=0 & (6.2.7b)\end{cases}$$

则当 h 充分小时，有

$$\| v_h \|_0 \leqslant C \| f_h \|_0$$

证明　令 $\varphi_h = (v_h, u)u$，则

$$\| \varphi_h \|_0 = |(v_h, u)| = |(v_h, u-u^h)| \leqslant Ch^2 \| v_h \|_0$$

且

$$\| v_h - \varphi_h \|_0 \leqslant C \| (I-\lambda K)(v_h - \varphi_h) \|_0$$

从而利用(6.1.12a)和(6.2.3)有

$$\begin{aligned}\| v_h \|_0 \leqslant & C \| (I-\lambda K)v_h \|_0 + C \| \varphi_h \|_0 \leqslant \\ & C \| (I-\lambda_h R_h K)v_h \|_0 + \\ & C \| (\lambda_h R_h K - \lambda K)v_h \|_0 + C \| \varphi_h \|_0 \leqslant \\ & C \| f_h \|_0 + Ch^2 \| v_h \|_0\end{aligned}$$

于是引理 1 证毕.　■

定理 6.2.1　如果 $v_h \in S_0^h(\Omega)$ 满足代数方程

$$\begin{cases}(I-\lambda_h R_h K)v_h = \lambda_h^* R_h K(u_h^0 - u^h) & (6.2.8a)\\ (v_h, u^h)=0 & (6.2.8b)\end{cases}$$

其中

$$u_h^0 = \lambda_h^* L_h R_h K u^h = \lambda_h^* L_h K u^h$$

那么有校正

$$\| u^h - v_h - u \|_0 \leqslant Ch^4 \qquad (6.2.8c)$$

从而有校正公式

$$\lambda_h^{**} - \lambda \leqslant Ch^6 \qquad (6.2.8d)$$

其中

$$\lambda_h^{**}=\frac{a(u^h-v_h,u^h-v_h)}{(u^h-v_h,u^h-v_h)}$$

证明 首先，我们有

$$\begin{aligned}
&(I-\lambda K)(u_h^0-u)=\\
&u_h^0-\lambda K u_h^0=\\
&\lambda_h^* K u^h-\lambda K u_h^0+\\
&\lambda_h^*(L_h-I)Ku^h=\\
&(\lambda_h^*-\lambda)Ku^h+\lambda K(u_h^0-u^h)+\\
&\lambda_h^*(L_h-I)Ku+\\
&\lambda_h^*(L_h-I)K(u^h-u)=\\
&\lambda_h^* R_h K(u_h^0-u^h)+\\
&(\lambda-\lambda_h^*)R_h K(u_h^0-u^h)+\\
&\lambda(I-R_h)K(u_h^0-u^h)+\\
&(\lambda_h^*-\lambda)Ku^h+\\
&\lambda_h^*\lambda^{-1}(L_n-I)u+\\
&\lambda_h^*(L_h-I)K(u^h-u)
\end{aligned}$$

利用(6.2.8)得

$$(I-\lambda K)(u_h^0-u)=(I-\lambda K)v_h+r_h$$

其中

$$\begin{aligned}
r_h=&(\lambda K-\lambda_h R_h K)v_h+(\lambda-\lambda_h^*)R_h K(u_h^0-u^h)+\\
&\lambda(I-R_h)K(u_h^0-u^h)+(\lambda_h^*-\lambda)Ku^h+\\
&\lambda_h^*\lambda^{-1}(L_n-I)u+\lambda_h^*(L_n-I)K(u^h-u)
\end{aligned}$$

从而

$$(I-\lambda K)(u_h^0-v_h-u)=r_h \qquad (6.2.9\text{a})$$

由于

$$
\begin{aligned}
&\| u_h^0 - u^h \|_0 = \\
&\| \lambda_h^* L_h K u^h - u^h \|_0 = \\
&\| \lambda_h^* L_h R_h K u^h - u^h \|_0 = \\
&\| \frac{\lambda_h^*}{\lambda_h} L_h u^h - u^h \|_0 \leqslant \\
&\| (\frac{\lambda_h^*}{\lambda_h} - 1) L_n u^h \|_0 + \\
&\| L_h u^h - u^h \|_0 = \\
&O(h^2)
\end{aligned}
$$

由引理 1 有

$$
\| v_h \|_0 \leqslant C \| \lambda_h^* R_h K (u_h^0 - u^h) \|_0 \leqslant C \| u_h^0 - u^h \|_0 \leqslant Ch^2 \qquad (6.2.9\text{b})
$$

其次若记

$$
\psi_h = (u^h - v_h, u) u - u
$$

易见

$$
\begin{aligned}
\| \psi_h \|_0 = | (u^h - v_h, u) - 1 | = \\
\frac{1}{2} | - \| u^h - u \|_0^2 - 2(v_h, u - u^h) | \leqslant \\
Ch^4 \qquad (6.2.9\text{c})
\end{aligned}
$$

$$
(u^h - v_h - u - \psi_h, u) = 0
$$

故利用 1.8 节命题 3 有

$$
\| u^h - v_h - u - \psi_h \|_0 \leqslant C \| (I - \lambda K)(u^h - v_h - u - \psi_h) \|_0
$$

$$
\begin{aligned}
&\| u^h - v_h - u \|_0 \leqslant \\
&\| u^h - v_h - u - \psi_h \|_0 + \| \psi_h \|_0 \leqslant \\
&C \| (I - \lambda K)(u^h - v_h - u) \|_0 + C \| \psi_h \|_0 = \\
&C \| r_h \|_0 + C \| \psi_h \|_0 \qquad (6.2.9\text{d})
\end{aligned}
$$

注意 $\| r_h \|_0 = O(h^4)$，于是由(6.2.9c)(6.2.9d) 得

$$\| u^h - v_h - u \|_0 \leqslant Ch^4$$

利用逆估计有

$$\begin{aligned}&\| u^h - v_h - u \|_1 \leqslant \\ &\| u^h - v_h - I_h^{(3)} u \|_1 + \\ &\| I_h^{(3)} u - u \|_1 \leqslant \\ &Ch^{-1} \| u^h - v_h - I_h^{(3)} u \|_0 + Ch^3 \leqslant \\ &Ch^3\end{aligned}$$

最后利用定理 6.1.1 得(6.2.6d). 证毕. ■

注 对于 $p(p \geqslant 2)$ 次元，尽管由(6.1.20)有

$$\| i_h^{(2p)} u^h - u \|_1 \leqslant Ch^{p+2}$$

但算子 $T_2 : u \to i_h^{(2p)} u^h - u$；$T_1 : u \to u^h - u$ 都不是线性算子，因而曾引进的压缩算子的方法不适应于此处，我们不能因此得出本征函数的 $O(h^{2p+3})$ 阶的校正. 对于高次元本征函数的校正，仍有待进一步研究.

6.3 凹角域本征值问题的后处理

6.3.1 凹角域问题本征值解的外推

在第五章 5.2 节的基础上引入如下引理：

引理 1 如果凹角域上的剖分满足 5.2 节的条件(5.2.3)(5.2.4)，那么当 $u \in H^3_{(2\sigma)}$ 时，有

$$\| u - R_h u \|_0 + \| u - u^h \|_0 + | \lambda_h - \lambda | \leqslant Ch^2$$

其中$\{\lambda, u\}$，$\{\lambda_h, u^h\}$ 分别为(6.0.2)(6.0.3) 的解.

证明 利用插值估计

$$\| u - u^I \|_1 \leqslant Ch \| u \|_{2,(2\sigma-1)}$$

可得

$$\| u - R_h u \|_1 \leqslant C \| u - u^I \|_1 \leqslant Ch \| u \|_{2,(2\sigma-1)}$$

由 5.2 节的引理 7 有

$$\| u - R_h u \|_0 \leqslant C \| u \|_1 h, \forall u \in H_0^1(\Omega)$$

用 $u - u^I$ 代替上式中的 u,即得

$$\| u - R_h u \|_0 = \| (u - u^I) - R_h(u - u^I) \|_0 \leqslant$$

$$Ch \| u - u^I \|_1 \leqslant$$

$$Ch^2 \| u \|_{2,(2\sigma-1)}$$

利用定理 6.1.1 得

$$0 \leqslant \lambda_h - \lambda \leqslant C \| u - u^I \|_1^2 \leqslant Ch^2$$

最后利用 6.1.2 小节的同样证法,可得

$$\| u - u^h \|_0 \leqslant Ch^2$$ ■

引理 2 如果 $u \in H^4_{(2\sigma+1)}(\Omega)$,$\varphi \in H^2_{(2\sigma-1)}(\Omega)$,那么有

$$\int_\Omega (u - u^I)\varphi \mathrm{d}x\mathrm{d}y =$$

$$\sum_e \left\{ \frac{1}{3} h_e^2 \int_e D_1^2 u\varphi \,\mathrm{d}x\mathrm{d}y - \frac{1}{3} k_e^2 \int_e D_2^2 u\varphi \,\mathrm{d}x\mathrm{d}y \right\} +$$

$$O(h^4)$$

证明 因为

$$\int_\Omega (u - u^I)(\varphi - \varphi^I)\mathrm{d}x\mathrm{d}y = O(h^4)$$

所以只需展开

$$\int_\Omega (u - u^I)\varphi^I \mathrm{d}x\mathrm{d}y$$

或

$$\int_e (u - u^I)\varphi^I \mathrm{d}x\mathrm{d}y$$

利用第三章式(3.3.14)即得所要证的结果. ■

定理 6.3.1 如果凹角域实现的剖分满足 5.2 节

中的(5.2.3)和(5.2.4),且 $u\in H^4_{(2\sigma+1)}(\Omega)\subset H^1_0(\Omega)$,那么有

$$\lambda_h-\lambda=a(u^I-u,u^I)-\lambda(u^I-u,u)+O(h^4) \tag{6.3.1}$$

证明 不妨设本征函数 $\|u\|_0=1$, $\|u^h\|_0=1$. 由直接推导得

$$\begin{aligned}\lambda_h-\lambda=&a(u^I-u,R_hu)-\lambda(u^I-u,u)-\\&\lambda(u^h-u,R_hu-u)+\\&(\lambda_h-\lambda)(u,u^h-R_hu)+\\&(\lambda^h-\lambda)(u^h-u,u^h-R_hu)\end{aligned}$$

其中 R_h 为 Ritz-Galërkin 投影. 于是,从引理 1 得

$$\lambda_h-\lambda=a(u^I-u,R_hu)-\lambda(u^I-u,u)+O(h^4)$$

利用 5.2 节定理 5.2.1,可将上式的 R_hu 用 u^I 代替,于是定理证毕. ■

如果我们应用 5.2 节的引理 3 和引理 5,可得

$$\begin{aligned}a(u^I-u,u^I)=&-\frac{1}{3}\sum_{e\subset\Omega_1}(h_e^2+k_e^2)\int_e D_1^2D_2^2u\cdot u\mathrm{d}x\mathrm{d}y+\\&O(h^4)\|u\|^2_{6,(2\sigma+3)}\end{aligned}$$

于是利用本节引理 2 得证:

定理 6.3.2 如果定理 6.3.1 条件满足,那么有

$$\begin{aligned}\lambda_h-\lambda=&-\frac{1}{3}\sum_{e\subset\Omega_1}(h_e^2+k_e^2)\int_e D_1^2D_2^2u\cdot u\mathrm{d}x\mathrm{d}y-\\&\frac{\lambda}{3}\sum_{e\subset\Omega_1}h_e^2\int_e D_1^2u\cdot u\mathrm{d}x\mathrm{d}y-\\&\frac{\lambda}{3}\sum_{e\subset\Omega_1}k_e^2\int_e D_2^2u\cdot u\mathrm{d}x\mathrm{d}y+O(h^4)\end{aligned}$$

进而还有

$$\frac{1}{3}(4\lambda_{\frac{h}{2}}-\lambda_h)=O(h^4)$$ ■

6.3.2　凹角域本征值问题的插值处理

定理 6.3.2 给出了本征值的处推方法，虽然精度可达到 $O(h^4)$，但需要加密剖分再算一次，仍旧不理想，下面介绍插值处理法.

定理 6.3.3　在定理 6.3.1 条件下，有

$$\| I_{2h}u^h - u \|_1 \leqslant Ch^4$$

从而有

$$0 \leqslant \lambda_h^* - \lambda \leqslant Ch^4$$

$$\lambda_h^* = \frac{a(I_{2h}u^h, I_{2h}u^h)}{(I_{2h}u^h, I_{2h}u^h)}$$

证明　由定理 5.2.1，只需证明

$$\| R_h u - u^h \|_1 \leqslant Ch^2$$

如果注意本节引理 1，并重复定理 6.1.5 的证明，就可得出以上估计. 最后利用定理 6.1.1 即得证本定理.

■

第七章 有限元的概率算法

在许多工程和物理问题中，经常遇到一些集中载荷问题，对于这类问题，人们不需知道区域内所有网格点上的函数值，而只需知道指定的少数几个点上的值即可，这时直接应用有限元（或差分）离散进行求解将花费很多时间去计算一些不必要的结果，这无疑是一种浪费. 差分方程的 Monte-Carlo 方法对这类问题提供了一种解决办法，它可以在不需要存储总系数矩阵的情况下，计算出一个或少数几个网格点上的函数值，然而由于这种方法受差分格式的局限，因此对区域剖分逼近精度都有影响. 我们知道有限元方法具有同差分格式类似的局部相关性（基函数具有小支集），而且对区域剖分适应性好，并可用高次元逼近，有限元概率算法正是依据这些优越性而提出来的，并在微机上试算效果很好，而且程序易于实现，对于三维或多维问题效果更佳.

7.1　有限元的概率算法

7.1.1　基本模型和基本方法

本节将以 Poisson(泊松)方程第一边值问题为模型进行讨论,其方法对一般方程仍可推广使用.

考虑边值问题

$$\begin{cases}-\Delta u=0,\text{在 } \Omega \text{ 内}\\ u=f,\text{在 } \partial\Omega \text{ 上}\end{cases}\tag{7.1.1}$$

对应的变分问题是:找

$$\begin{cases}u\in K=\{u\in H^1(\Omega):u|_{\partial\Omega}=f\}\\ \text{满足 } a(u,v)=0,\forall v\in K_0\end{cases}\tag{7.1.2}$$

其中

$$a(u,v)=(\nabla u,\nabla v)$$

$$K_0=\{u\in H^1(\Omega):u|_{\partial\Omega}=0\}$$

设 $\mathscr{T}^h$ 为 Ω 上的正规三角形剖分(例如没有钝角三角形元的剖分),内结点集记为 T^h,边界结点集记为 Γ^h,令

$$\begin{cases}S_k^h(\Omega)=\{v\in C(\overline{\Omega}):v|_e\in P_k(e),\forall e\in\mathscr{T}^h\}\\ K_k^h=\{v\in S_k^h:v|_{\Gamma^h}=f^I\}\end{cases}\tag{7.1.3}$$

对应的有限元逼近问题是:找

$$u^h\in K_k^h,\text{满足 } a(u^h,v)=0,\forall v\in \mathring{K}_k^h\tag{7.1.4}$$

这里 $\mathring{K}_k^h=\{v\in S_k^h:\tau|_{\Gamma^h}=0\}$. 设 $\varphi_1,\varphi_2,\cdots,\varphi_N$ 为 K_k^h 的基函数,分别对应于 $T^h\cup\Gamma^h$ 的点 $X_1,X_2,\cdots,X_N$,满足

$$\varphi_i(X_j)=\delta_{ij}$$

于是可令

$$\begin{cases}u^h=\sum u_i\varphi_i\\ u_i=u^h(X_i)\end{cases}\tag{7.1.5}$$

特别有

$$u_i=f(X_i),\text{当 } X_i\in\Gamma^h$$

在(7.1.4)中,令 $v=\varphi_j$,得

$$\begin{cases}\sum_{i=1}^{N}a(\varphi_i,\varphi_j)u_i=0\\ u_i=f(X_i),\text{当 } X_i\in\Gamma^h\end{cases}\tag{7.1.6}$$

求解代数方程组(7.1.6)即求其近似解 u^h.

我们有如下定理:

定理 7.1.1 设 $k=1$,又设剖分 $\mathscr{T}^h$ 全部由锐角或直角三角元组成,那么任给 $X_0\in T^h$ 及相邻结点 X_{01}, $X_{02},\cdots,X_{0s}$,则有实数 $p_{0i}(i=1,2,\cdots,s)$ 存在,满足:

(1) $p_{0i}\geqslant 0,i=1,2,\cdots,s$;

(2) $\sum_{i=1}^{s}p_{0i}=1$;

(3) $u^h(X_0)=\sum_{i=1}^{s}p_{0i}u^h(X_{0i})$.

证明 设 $\varphi_{00},\varphi_{01},\cdots,\varphi_{0s}$ 是对应于 $X_0,X_{01},\cdots$, X_{0s} 的基函数,对于其他结点的基函数 φ_j,均有 $a(\varphi_0,\varphi_j)=0$,因此由(7.1.6)有(令那里的 $\varphi_j=\varphi_0$)

$$u^h(X_0)=\sum_{i=1}^{s}p_{0i}u^h(X_{0i})$$

其中

$$p_{0i}=-\frac{a(\varphi_0,\varphi_{0i})}{a(\varphi_0,\varphi_0)}$$

下面只要证明 $p_{0i} \geqslant 0$ 且 $\sum_{i=1}^{s} p_{0i} = 1$ 即可.

由有限元的性质可知

$$\sum_{i=0}^{s} \varphi_0 \equiv 1, \text{当 } x \in \operatorname{supp} \varphi_0, \varphi_{00} = \varphi_0$$

于是

$$a(1, \varphi_0) = a\left(\sum_{i=0}^{s} \varphi_{0i}, \varphi_0\right) = 0$$

从而有

$$a(\varphi_0, \varphi_0) = -\sum_{i=1}^{s} a(\varphi_0, \varphi_{0i})$$

即 $\sum_{i=1}^{s} p_{0i} = 1$. 下面来证 $p_{0i} \geqslant 0$,或证

$$a(\varphi_0, \varphi_{0i}) \leqslant 0$$

用 e, e' 表示关于线段 $X_0 X_{0i}$ 相邻的两个三角单元,则

$$a(\varphi_0, \varphi_{0i}) = \int_e \nabla \varphi_0 \nabla \varphi_{0i} \mathrm{d}x + \int_{e'} \nabla \varphi_0 \nabla \varphi_{0i} \mathrm{d}X \equiv a_1 + a_2$$

记 $X_0 = (x_0, y_0), X_{0i} = (x_i, y_i)$,由面积坐标公式,在单元

$$e = \triangle X_0 X_{0i} X_{0,i+1}$$

上有

$$\varphi_0 = \begin{vmatrix} x & y & 1 \\ x_i & y_i & 1 \\ x_{i+1} & y_{i+1} & 1 \end{vmatrix} / 2 \mid e \mid$$

$$D_1 \varphi_0 = \frac{y_i - y_{i+1}}{2 \mid e \mid}$$

$$D_2 \varphi_0 = \frac{x_{i+1} - x_i}{2 \mid e \mid}$$

$$\varphi_{0i}=\begin{vmatrix} x_0 & y_0 & 1 \\ x & y & 1 \\ x_{i+1} & y_{i+1} & 1 \end{vmatrix} /2\mid e\mid$$

$$D_1\varphi_{0i}=\frac{y_{i+1}-y_0}{2\mid e\mid}$$

$$D_2\varphi_{0i}=\frac{x_0-x_{i+1}}{2\mid e\mid}$$

$$\varphi_{0,i+1}=\begin{vmatrix} x_0 & y_0 & 1 \\ x_i & y_i & 1 \\ x & y & 1 \end{vmatrix} /2\mid e\mid$$

$$D_1\varphi_{0,i+1}=\frac{y_0-y_i}{2\mid e\mid}$$

$$D_2\varphi_{0,i+1}=\frac{x_i-x_0}{2\mid e\mid}$$

故

$$\begin{aligned} a_1 = & \frac{1}{4\mid e\mid}\iint_e[(y_i-y_{i+1})(y_{i+1}-y_0)+ \\ & (x_{i+1}-x_i)(x_{i+1}-x_0)]\mathrm{d}x\mathrm{d}y= \\ & \frac{1}{4\mid e\mid}\int_e \overrightarrow{X_{i+1}X_i}\,\overrightarrow{X_0X_{i+1}}\mathrm{d}X= \\ & \frac{1}{4}\mid\overrightarrow{X_{i+1}X_i}\mid\mid\overrightarrow{X_0X_{i+1}}\mid\cos\alpha\leqslant 0 \end{aligned}$$

其中 α 为$\overrightarrow{X_{i+1}X_i}$ 与$\overrightarrow{X_0X_{i+1}}$ 的夹角. 类似 $a_2\leqslant 0$,从而

$$a(\varphi_0,\varphi_{0i})\leqslant 0$$

证毕. ■

利用定理 7.1.1, 我们可以构作一个求解方程(7.1.6)的概率模型:

考虑自 $X_0\in T^h$ 出发的随机运动的质点 M,它下一步到达周围各邻点 X_{0i} 的概率分别为 p_{0i}. 假定第一

步游动到 X_{0i_1}（简记为 X_{i_1}），又由定理 7.6.1，它又可以分别以 $p_{1\nu}$ 的概率向 X_{i_1} 的各邻点 $x_{1\nu}$ 游动，如此继续，直到首次到达 Γ^h 时，便被吸引而停止运动. 用 $\xi_{X_0}\in\Gamma^h$ 表示质点由 X_0 出发随机游动首次到达 Γ^h 的点，显然 ξ_{x_0} 为随机变量，从而 $f(\xi_{X_0})$ 也是随机变量，这有如下定理：

定理 7.1.2　设 $X_0\in T^h\cup\Gamma^h$，$f(\xi_{x_0})$ 是按上面方式定义的随机变量，那么 $f(\xi_{x_0})$ 的期望和方差均存在，而且满足

$$\begin{cases}Ef(\xi_{X_0})=u^h(X_0),\text{当 } X_0\in T^h\\ Ef(\xi_{x_0})=f(X_0),\text{当 } X_0\in\Gamma^h\end{cases}\tag{7.1.7}$$

证明　设方程(7.1.6)的系数矩阵为

$$K=(a_{ij}),a_{ij}=a(\varphi_i,\varphi_j)$$

那么要证 $f(\xi_{X_0})$ 的期望、方差存在，只需证明

$$\max_i|\lambda_i(K)|<1,\max_i|\lambda_i(\overline{K})|<1$$

其中 $\lambda_i(K)$ 为 K 的特征值，这一点可直接验证.

为证明(7.1.7)，用 $p(X_0,z)$ 表示从 X_0 出发的质点被吸引于 $z\in\Gamma^h$ 的概率. 若 $X_0\in\Gamma^h$，则

$$p(X_0,z)=\begin{cases}1,\text{当 } z=X_0\\0,\text{当 } z\neq X_0\end{cases},\forall z\in\Gamma^h$$

于是

$$E(f(\xi_{X_0}))=\sum_{z\in\Gamma^h}p(x_0,z)f(z)=f(X_0)$$

如果 $X_0\in T^h$，那么由概率公式得

$$p(X_0,z)=\sum_{i=1}^{s}p_{0j}p(X_{0j},z)$$

$$
\begin{aligned}
E(f(\xi_{X_0})) &= \sum_{z\in\Gamma^h} p(X_0,z)f(z) = \\
&\sum_{z\in\Gamma^h}\sum_{j=1}^{s} p_{0j}p(X_{0j},z)f(z) = \\
&\sum_{j=1}^{s} p_{0j}\sum_{z\in\Gamma^h} p(X_{0j},z)f(z) = \\
&\sum_{j=1}^{s} p_{0j}E(f(\xi_{X_{0j}}))
\end{aligned}
$$

由于

$$
\sum_{i=1}^{N} a(\varphi_i,\varphi_0)u_i = 0 \Leftrightarrow
$$

$$
u^h(X_0) = \sum_{i=1}^{s} p_{0i}u^h(X_{0i}),\ \forall X_0 \in T^h
$$

其中 φ_0 为点 X_0 处的基函数,利用代数方程组解的存在唯一性(因为显然 $\det(a_{ij})=\det(a(\varphi_i,\varphi_i))>0$),可知向量

$$
\{Ef(\xi_{X_i}),i=1,2,\cdots,N\}
$$

与方程(7.1.6)的解相同,这便证得式(7.1.7). ■

由定理 7.1.2 可知,要求 $u^h(X_0)=Ef(\xi_{X_0})$,只需按随机抽样原理,对随机变量 ξ_{X_0} 进行充分多次试验,并记录 m 次试验的点

$$
\xi_{X_0}^1,\xi_{X_0}^2,\cdots,\xi_{X_0}^m \in \Gamma^h
$$

并利用大数定理得

$$
u^h(X_0) = Ef(\xi_{X_0}) \approx \frac{1}{m}\sum_{j=1}^{m} f(\xi_{X_0}^j)
$$

从而获得 $u^h(X_0)$ 的近似值. ■

7.1.2 一般椭圆边值问题的概率算法

现在考虑变系数二阶椭圆第一边值问题

$$\begin{cases}-\sum_{ij}D_j(a_{ij}D_iu)+\sum_j D_j(b_ju)+Qu=g,\text{在 }\Omega\text{ 内}\\ u=f,\text{在 }\partial\Omega\text{ 上}\end{cases}\tag{7.1.8}$$

对应变分问题是:找

$$\begin{cases}u\in K=\{u\in H^1(\Omega):u|_{\partial\Omega}=f\}\\ \text{使 }a(u,v)=(g,v),\forall v\in \mathring{K}\end{cases}$$

对应有限元逼近问题是:找

$$u^h\in K_k^h=\{v\in S_k^h(\Omega):v|_{\Gamma_h}=f^I\}$$

满足

$$a(u^h,v)=(g,v),\forall v\in \mathring{K}_k^h$$

这时,即使对于非钝角三角形组成的三角形剖分,定理7.1.1的结论未必成立,但有以下定理:

定理7.1.3　设 $k\geqslant 1$,$\mathscr{T}^h$ 为正规三角形剖分,那么对每个 $X_0\in T^h$ 以及与 X_0 相邻的全部单元中的结点 $X_{0i}(i=1,2,\cdots,s)$,存在实数 $\widetilde{p}_{0i}$ 满足:

(1)$\widetilde{p}_{0i}$ 有固定界;

(2)$\sum_{i=1}^{s}\widetilde{p}_{0i}=1+O(h^2)$;

(3)$u^h(X_0)=\sum_{i=1}^{s}\widetilde{p}_{0i}u^h(X_{0i})+g_{X_0}$.

其中 $g_{X_0}=\dfrac{(g,\varphi_{X_0})}{a(\varphi_{X_0},\varphi_{x_0})}$($\varphi_X$ 为点 X 处的基函数).

证明　类似于定理7.1.1.

为了构作以上问题的概率模型,可以选取一些实数 p_{0j} 满足:

(1)$\widetilde{p}_{0j}=p_{0j}q_{0j}$;

(2)$0\leqslant p_{0j}\leqslant 1$;

(3) $\sum_{j=4}^{s} p_{0j} = 1.$

仍然可以建立 7.1.1 小节中所叙述的随机游动，假定质点由 X_0 出发按如下路径游动

$$L_{X'}: X_0 = X_{i_0} \to X_{i_1} \to \cdots \to X_{i_m} = X' \in \Gamma^h$$

那么直接定义随机变量

$$\eta_{X_0} = q_{ii_1} q_{i_1 i_2} \cdots q_{i_{m-1} i_m} f(X') + g_{X_0} + q_{ii_1} g_{X_{i_1}} + \cdots + q_{ii_1} q_{i_1 i_2} \cdots q_{i_{m-2} i_{m-1}} g_{X_{i_{m-1}}} \tag{7.1.9}$$

同样可证明

$$E(\eta_{X_0}) = u^h(X_0), \forall X_0 \in T^h \cup \Gamma^h$$

且方差 $D\eta_{X_0} < +\infty$. 再次利用大数定理仍然可获得 $u^h(X_0)$ 的近似值.

概率标法同样可用于第二、第三类边值问题，在此不做过多介绍. 有兴趣的读者可参见王建华[102] 的文章，那里对差分所采用的方法全部可用到有限元上来.

■

7.1.3 相邻结点及导数的概率算法

前面已经讲到，为求一点 X_0 的函数值 $u^h(X_0)$，需要进行大量实验. 这些实验数据也可用来确定 X_0 相邻的各点 $X_{0j}(j=1,2,\cdots,s)$ 的函数值 $u^h(X_{0j})$. 事实上，若做了 m 次试验，这些试验是如下形式的一些路径的集合

$$\Lambda = \{L_i: X_0 \to X_{i_1} \to \cdots \to X_{i_r} = X' \in \Gamma^h, \quad i = 1,2,\cdots,N\}$$

可把这些路径分成 s 组

$$\Lambda_j = \{L_i: \text{第一步正好达到 } X_{0j}\}, j = 1,2,\cdots,s$$

$$\Lambda = \bigcup_{j=1}^{s} \Lambda_j, \Lambda_j \neq \Lambda_k, \text{当 } j \neq k$$

任给 $L\in\Lambda$,我们用 $X_L\in\Gamma^h$ 表示 L 的末点(即吸引到 Γ^h 上的那个点),(对于 7.1.1 小节中的模型) 利用大数定理有

$$u^h(X_0)=E(\eta_{X_0})\approx\frac{1}{m}\sum_{L\in\Lambda}P_L \qquad (7.1.10)$$

其中

$$P_L=g_{i_0i_1}g_{i_1i_2}\cdots g_{i_{r-1}i_r}f(x')+g_{X_0}+\cdots+g_{X_{r-1}}$$
$$L:X_0\to X_{i_1}\to\cdots\to X_{i_r}=X'\in\Gamma^h$$

同样利用大数定理,有

$$u^h(X_{0j})=E(\eta_{X_{0j}})\approx\frac{1}{m_j}\sum_{L\in\Lambda_j}P_L \qquad (7.1.11)$$

其中 m_j 为 Λ_j 的元素个数. 式(7.1.10)(7.1.11) 给出了 X_0 及 x_0 各相邻结点的函数值. 当然利用这些值也可给出如下导数值

$$D_ju^h(z_j)=\frac{\frac{1}{N}\sum_{L\in\Lambda}P_L-\frac{1}{N_j}\underset{L\in\Lambda_j}{E}P_L}{|X_0-X_{0j}|} \qquad (7.1.12)$$

其中 $z_j=\frac{1}{2}(X_0+X_{0j})$,$D_j$ 表示$\overrightarrow{X_0X_{0j}}$ 方向的导数.

自然,当试验次数 m 充分大时,利用这些实验结果可获得更多点的函数值及导数值. ■

7.2　高次有限元概率算法和概率多重网格法

在 7.1.1 小节中介绍了一次有限元概率模型,结构简单、灵活,但是精度不高. 要想提高逼近精度,除加

大样本数 m 外,只有对剖分进行加密.但这样一来,相应的每次到达边界的游动步数就会增大,相应的计算量增加,实算表明,这种做法效果不佳.那么,能否利用高次有限元的概率模型来提高精度呢?我们以二次元为例来介绍这个问题.

7.2.1 二次三角形元的概率模型及其弊病

本小节仍以 Poisson 方程第一边值问题(7.1.1)为例来介绍这个问题.将区域 Ω 按(7.1.1)的方式作一致三角形剖分 $\mathscr{T}_1^h$.设 X_0 为任意单元角点,设 X_0 处相邻单元的结点及其基函数分别为(图 7.2.1)

$$z_1, z_2, \cdots, z_{18}$$

$$\phi_1, \varphi_2, \cdots, \varphi_{18}$$

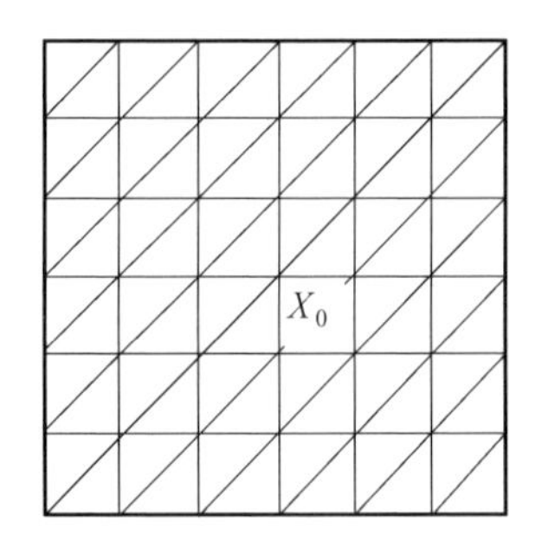

图 7.2.1

于是有

$$u^h = \sum_{i=1}^{18} p_{0i} u_i$$

$$u_i = u^h(X_i),\ i=0,1,\cdots,18$$

$$p_{0i} = -\frac{a(\varphi_i,\varphi_0)}{a(\varphi_0,\varphi_0)}$$

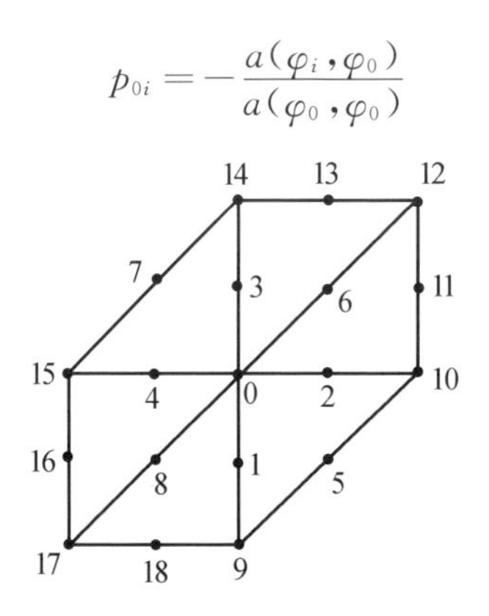

图 7.2.2

经计算得

$$\begin{cases} p_{01} = p_{02} = p_{03} = p_{04} = \dfrac{1}{3} \\ p_{09} = p_{0,10} = p_{0,14} = p_{0,15} = -\dfrac{1}{12} \end{cases}$$

即

$$u_0 = \frac{1}{3}\sum_{j=1}^{4} u_i - \frac{1}{12}\sum_{j=9,10,14,15} u_j \qquad (7.2.1)$$

由于以上公式不满足 7.1.1 小节中的条件 $0 \leqslant p_{0j} \leqslant 1$,因此只能利用 7.1.2 小节中的格式构造概率模型.在取样计算时不得不作多次乘法,舍入误差不可忽视.而且不同结点对四邻扩散的概率格式并不一致,因此直接运用二次元的模型作计算并不理想.

7.2.2　概率多重网格法

(见王金亮[101] 的文章.)

先来进一步分析二次元的概率格式.由于结点 X_i 的相邻结点只有 $X_0, X_2, X_5, X_8, X_9, X_{10}, X_{17}, X_{18}$,记

$$\Lambda_1 = \{0,2,5,8,9,10,17,18\}$$

那么也有

$$u_1 = \sum_{j \in \Lambda_1} p_{1j} u_j$$

经计算有

$$p_{1,0} = p_{1,5} = p_{1,8} = p_{1,9} = \frac{1}{4}$$

其他为 0，于是有

$$\begin{cases} u_1 = \dfrac{1}{4}(u_0 + u_5 + u_8 + u_9) \\ u_2 = \dfrac{1}{4}(u_0 + u_5 + u_6 + u_{10}) \\ u_3 = \dfrac{1}{4}(u_0 + u_6 + u_7 + u_{14}) \\ u_4 = \dfrac{1}{4}(u_0 + u_7 + u_8 + u_{15}) \end{cases} \tag{7.2.2}$$

与以上推导相同，我们还可以获得 X_5, X_6, X_7, X_8 向四周扩散的概率格式，例如

$$\begin{cases} u_6 = \dfrac{1}{4}(u_2 + u_3 + u_{11} + u_{13}) \\ u_5 = \dfrac{1}{4}(u_2 + u_4 + u_{16} + u_{18}) \end{cases} \tag{7.2.3}$$

等等. 将(7.2.2) 代入(7.2.1)，得

$$u_0 = \frac{1}{4}(u_5 + u_6 + u_7 + u_8) \tag{7.2.4}$$

可见由(7.2.1)(7.2.2)(7.2.3) 决定的概率格式(它对应于二次有限元法) 等同于由(7.2.2)(7.2.3)(7.2.4) 决定的概率格式(它对应于一次有限元的不同层次的概率格式).

为了实现由(7.2.2)(7.2.3)(7.2.4) 决定的概率模型. 我们对 Ω 作如图 7.2.3 所示的一致三角形剖分，

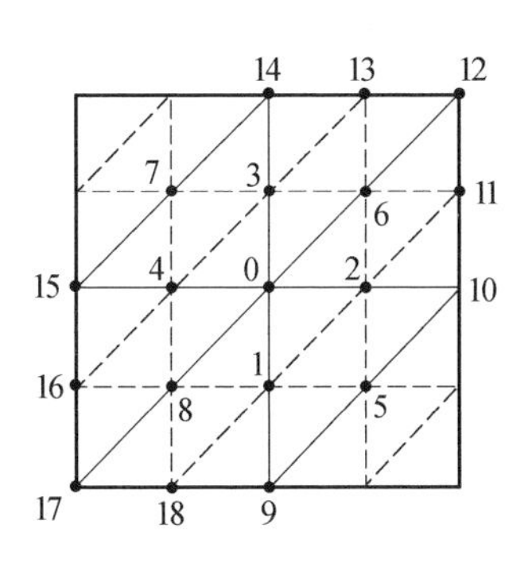

图 7.2.3

实线表示大网格剖分,虚线表示加密的网格.令

$$A_1=\{x_0,x_9,x_{10},x_{12},x_{14},x_{15},x_{17},\cdots\}$$

表示大网格游动结点;令

$$A_2=\{x_5,x_6,x_7,x_8,\cdots\}$$

表示第一类小网格游动结点集;又令

$$A_3=\{x_1,x_2,x_3,x_4,x_{11},x_{13},x_{16},x_{18},\cdots\}$$

表示第二类网格游动结点集.

由式(7.2.2)(7.2.3)(7.2.4)知,可这样构作多重网格概率游动:质点从 X_0 出发,先以 $\frac{1}{4}$ 的概率向 A_2 中四个相邻结点流动,然后从 A_2 中的点出发,以 $\frac{1}{4}$ 的概率向 A_3 中四个相邻结点游动,最后,再以 $\frac{1}{4}$ 的概率向 $A_1\cup A_2$ 中四个相邻点游动,即按格式

$$X_0\rightarrow A_2\rightarrow A_3\begin{matrix}\nearrow A_1\rightarrow A_2\rightarrow\cdots\\ \searrow A_2\rightarrow A_3\rightarrow\cdots\end{matrix}$$

走多重网格游动,直至最终达到 $\xi\in\Gamma^h$ 被吸引为止.再定义随机变量

$$\eta_{X_0}=f(\xi)$$

也有如下定理：

定理 7.2.1 设 u 为(7.1.1)的解，$u^h \in S_2^h$ 为二次三角形有限元空间上的 Ritz-Galërkin 解，η_{X_0} 是按前述方法构作的随机变量，则有

$$E\eta_{X_0}=u^h(X_0),\text{当 } X_0 \in T^h$$
$$E\eta_{X_0}=f(X_0),\text{当 } X_0 \in \Gamma^h$$

若剖分为一致的，$u \in C^{3+\varepsilon}$，还有

$$|u(X_0)-E\eta_{X_0}|\leqslant Ch^3$$

证明 先设 $X_0 \in A_1$(对 $X_0 \in A_2$，$X_0 \in A_3$ 类似证明)，并用 $p(a,b)$ 表示质点由点 a 出发到 $b \in \Gamma^h$ 处被吸引的概率，由前面模型构作法可知，质点从 X_0 出发以 $\frac{1}{4}$ 的概率向 $\Lambda_0=\{X_5,X_6,X_7,X_8\}$ 中各点游动，于是

$$p(X_0,b)=\frac{1}{4}\sum_{i=5}^{8}p(X_i,b)$$

$$E(\eta_{X_0})=f(X_0),\text{当 } X_0 \in \Gamma^h \qquad (7.2.5)$$

$$\begin{aligned}E(\eta_{X_0})=&\sum_{X'\in\Gamma^h}p(X_0,X')E\eta_{X'}=\\&\sum_{X'\in\Gamma^h}p(X_0,X')f(X')=\\&\frac{1}{4}\sum_{i=5}^{8}\sum_{X'\in\Gamma^h}p(X_i,X')f(X')=\\&\frac{1}{4}\sum_{i=5}^{8}E(\eta_{X_i})=\\&\frac{1}{4}\sum_{X'\in\Lambda_0}E(\eta_{X'})\end{aligned}$$

同理可证

$$E(\eta_{X_1})=\frac{1}{4}\sum_{X'\in\Lambda_1}E\eta_{X'},\Lambda_1=\{X_0,X_5,X_8,X_9\}$$

$$E(\eta_{X_2})=\frac{1}{4}\sum_{X'\in\Lambda_2}E\eta_{X'},\Lambda_5=\{X_0,X_5,X_6,X_{10}\}$$

$$E(\eta_{X_3})=\frac{1}{4}\sum_{X'\in\Lambda_3}E\eta_{X'},\Lambda_3=\{X_0,X_6,X_7,X_{14}\}$$

$$E(\eta_{X_4})=\frac{1}{4}\sum_{X'\in\Lambda_4}E\eta_{X'},\Lambda_4=\{X_0,X_7,X_8,X_{15}\}$$

从而证得期望值 $E\eta_X(X\in T^h\cup\Gamma^h)$ 满足(7.2.2)(7.2.3)(7.2.4)，等价于满足(7.2.1)(7.2.2)(7.2.3)，又由于 $E\eta_X$ 满足边界条件(7.2.5)，因此由代数方程组解的唯一性证得

$$E\eta_X=u^h(X),\forall X\in T^h\cup\Gamma^h$$

定理证毕. ■

实例　考虑问题

$$\begin{cases}\Delta u=0,\text{在 }\Omega\text{ 内}\\ u=e^x\sin y,\text{在 }\partial\Omega\text{ 上}\end{cases}$$

其中 $\Omega=\{0\leqslant x\leqslant 1,0\leqslant y\leqslant 1\}$.

分别取 $h=\frac{1}{4},\frac{1}{8}$ 的剖分进行计算，结果见表7.2.1和表7.2.2.

表 7.2.1　$h=0.25,X_0=\left(\frac{1}{4},\frac{1}{4}\right),u(X_0)=0.313\ 673$

	线性元概率算法		多重网格概率算法	
m	$\bar{u}^h$	$\lvert u-\bar{u}^h\rvert$	$\bar{u}^h$	$\lvert u-\bar{u}^h\rvert$
100	0.366 402 3	5.10×10^{-2}	0.284 398	1.92×10^{-2}
300	0.298 84	1.88×10^{-2}	0.304 978 7	1.27×10^{-2}

表中：m 表示试验次数.

表 7.2.2　$h=0.125, X_0=\left(\frac{1}{4},\frac{1}{4}\right), u(X_0)=0.317\ 473$

	线性元概率算法		多重网格概率算法	
m	$\bar{u}^h$	$\lvert u-\bar{u}^h\rvert$	$\bar{u}^h$	$\lvert u-\bar{u}^h\rvert$
100	0.296 315 4	2.13×10^{-2}	0.327 855 5	9.8×10^{-3}
200	0.308 050 62	9.12×10^{-3}	0.314 371 8	3.3×10^{-3}

计算结果表明,理论结果与实际相符.

对于变系数问题,如果网格不规则,转移概率可能为负值,但由于结点基函数是小支集,因此可以采用第五章 5.3.2 小节中的方法,利用正交化方法,消去这些基函数,从而实现类似的多重网格游动的方法,而不必采用 7.1.2 小节中的方法.

7.3　概率算法的加速方法

本节以两点边值问题为例来探讨这个问题,其结果无疑可以推广到多维问题上去,特别是双 p 次四边形有限元问题.

7.3.1　两点边值问题的有限元快速逼近

考虑变分问题:找

$$u\in H_E^1=\{v\in H^1(a,b): v(a)=\alpha, v(b)=\beta\}$$

使

$$a(u,v)=(f,v), \forall v\in H_0^1(a,b) \quad (7.3.1)$$

其中$(\cdot,\cdot)$为 $L^2(a,b)$ 内积,而

$$a(u,v)=\int_a^b[Au'v'+Bu'v+Quv]\mathrm{d}x \tag{7.3.2}$$

假定系数 A,B,Q 充分光滑，而且 $a(u,v)$ 为 H^1 椭圆的.

在$[a,b]$上作分划

$$a=x_0<x_1<x_2<\cdots<x_{n-1}<x_n=b$$

记 $e=[x_i,x_{i+1}],h_i=x_{i+1}-x_i,h=\max h_i,\mathscr{T}^h=\{e_i\}$. 作 P_k 型有限元空间

$$S_E^k=\{v\in C([a,b]):v|_{e_i}\in P_k(e_i),i=0,\cdots,n-1,\\ v(a)=\alpha,v(b)=\beta\} \tag{7.3.3}$$

其中 $P_k(e)$ 为 e 上全体 k 次多项式.

设 x_0 为任一剖分点，由于

$$\|G_{x_0}-G_{x_0}^I\|_1\leqslant Ch^k[\|G_{x_0}\|_{k+1,[a,x_0]}+\\ \|G_{x_0}\|_{k+1,[x_0,b]}]$$

其中 $G_{x_0}\in H_0^1(a,b)\cap H^{k+1}(a,x_0)\cap H^{k+1}(x_0,b)$ 为 Green 函数，故对于 $u\in H^{k+1}\cap H'_E$ 的 Ritz-Galërkin 逼近 $u^h\in S_E^h$，有

$$|u(x_0)-u^h(x_0)|=\\ |a(u-u^h,G_{x_0})|=\\ |a(u-u^h,G_{x_0}-G_{x_0}^I)|\leqslant\\ C\|u-u^h\|_1\|G_{x_0}-G_{x_0}^I\|_1\leqslant\\ Ch^{2k}\|u\|_{k+1} \tag{7.3.4}$$

这是一个超收敛结果.

为了降低

$$S^h=\{v\in C([a,b]):v|_{e_i}\in P_k(e_i),\\ i=0,1,\cdots,n-1\}$$

的维数，我们来构作新的有限元空间.

对每个 $e_i \in \mathcal{T}^h$，取 $k+1$ 个分点

$$x_i = x_{i0} < x_{i1} < \cdots < x_{ik} = x_{i+1}$$

作 $\lambda_{ij} \in P_k(e_i)(j=0,1,\cdots,k)$，使得

$$\lambda_{ij}(x_{il}) = \delta_{jl}, j,l=0,1,\cdots,k \quad (7.3.5)$$

那么 $\{\lambda_{ij}\}_{j=0}^{k}$ 构成 $P_k(e_i)$ 的基底. 可以唯一确定两组数

$$\{\alpha_{ij}\},\{\beta_{ij}\} \quad (7.3.6)$$

使得

$$\begin{cases} a(\lambda_i,\lambda_{ij})_{e_i} = 0 \\ a(\mu_i,\lambda_{ij})_{e_i} = 0 \end{cases}, j=1,2,\cdots,k-1 \quad (7.3.7)$$

$$\lambda_i = \lambda_{i0} + \sum_{j=1}^{k-1} \alpha_{ij}\lambda_{ij} \quad (7.3.8)$$

$$\mu_i = \lambda_{ik} + \sum_{j=1}^{k-1} \beta_{ij}\lambda_{ij} \quad (7.3.9)$$

当 $k=2$ 时，有

$$\lambda_i = \lambda_{i0} - \frac{a(\lambda_{i0},\lambda_{i1})_{e_i}}{a(\lambda_{i1},\lambda_{i1})_{e_i}}\lambda_{i1}$$

$$\lambda_i = \lambda_{i2} - \frac{a(\lambda_{i2},\lambda_{i1})_{e_i}}{a(\lambda_{i1},\lambda_{i1})_{e_i}}\lambda_{i1}$$

其中

$$\lambda_{i0} = \frac{1}{2}\frac{x-c_i}{h_i'}\left(\frac{x-c_i}{h_i'}-1\right)$$

$$\lambda_{i-1} = 1 - \left(\frac{x-c_i}{h_i'}\right)^2$$

$$\lambda_{i2} = \frac{1}{2}\frac{x-c_i}{h_i'}\left(\frac{x-c_i}{h_i'}+1\right)$$

$$h_i' = \frac{1}{2}(x_{i+1}-x_i)$$

$$c_i = \frac{1}{2}(x_i+x_{i+1})$$

构作 S^h 中的函数

$$\psi_{ij}(x)=\begin{cases}\lambda_{ij}(x),\text{当 } x\in e_i, i=0,1,\cdots,n-1\\0,\text{其他 } x, j=1,2,\cdots,k-1\end{cases}\tag{7.3.10}$$

$$\psi_i(x)=\begin{cases}\lambda_{i0}(x),\text{当 } x\in e_i\\\lambda_{i-1,k}(x),\text{当 } x\in e_{i-1}, i=0,1,\cdots,n\\0,\text{其他 } x\end{cases}$$

（当然，当 $i=0$ 或 n 时，结点处于边界，只在一个方向定义. 例如，当 $i=0$ 时，e_{i-1} 在 $[a,b]$ 之外，不必定义）则 $\{\psi_i,\psi_{ij},i=0,1,\cdots,n;\ j=1,2,\cdots,k-1\}$ 形成 S^h 的基底，易见

$$\dim S^h=kn+1\tag{7.3.11}$$

作 S^h 中的另一些元素

$$\varphi_i(x)=\begin{cases}\lambda_i(x),\text{当 } x\in e_i\\\mu_{i-1}(x),\text{当 } x\in e_{i-1}, i=0,1,\cdots,n\\0,\text{其他 } x\end{cases}\tag{7.3.12}$$

（在 $i=0,n$ 的情形也做相应修正）显然，$\varphi_i(x)$ 满足：

(1) $\varphi_i(x_j)=\delta_{ij}, i,j=0,1,\cdots,n$;

(2) $a(\varphi_i,\varphi_{ij})=0$;

(3) $\varphi_i\in S^h$.

记

$$V_h=\text{span}\{\varphi_i: i=0,1,\cdots,n\}$$

于是

$$\dim V_h=n+1, V_h\subset S^h$$

定义插值算子：$I'_h: C[a,b]\to V_h$

$$I'_h u=\sum_{j=0}^{n}u(x_j)\varphi_j(x)$$

于是，任给 $v\in S^h$，有

$$I'_h v = \sum_{j=0}^{n} v(x_j)\varphi_j(x)$$

由式(7.3.8)(7.3.9)(7.3.12)有

$$\varphi_j(x) = \psi_j(x) + W_j(x)$$

$$W_j(x) = \sum_{l=1}^{k-1} \alpha_{jl}\psi_{jl}(x) + \sum_{l=1}^{k-1} \beta_{j-1,l}\psi_{j-1,l}(x)$$

显然

$$\begin{cases} a(W_i, \varphi_j) = 0, i, j = 0, 1, \cdots, n \\ W_j(x_i) = 0, i, j = 0, 1, \cdots, n \end{cases}$$

故

$$I'_h v = \sum_{j=1}^{n-1} v(x_j)\psi_j(x) + W$$

$$W(x) = \sum_{j=0}^{n} v(x_j) W_j$$

易见

$$\begin{cases} W(x_i) = 0, i = 0, 1, \cdots, n \\ a(W, \varphi) = 0, \forall \varphi \in V_h \end{cases} \tag{7.3.13}$$

又由于

$$v = \sum_{j=0}^{n} v(x_j)\psi_j(x) + W'$$

$$W' = \sum_{i=0}^{n-1} \sum_{l=1}^{k-1} v(x_{il})\psi_{il}$$

因此

$$a(W', \varphi) = 0, \forall \varphi \in V_h$$

可见

$$v - I'_h v = -W + W' \tag{7.3.14}$$

由(7.3.13)(7.3.14)得证.

引理 任给 $v \in S^h$,有

$$a(v - I'_h v, \varphi) = 0, \forall \varphi \in V_h$$ ■

下面定义 Ritz-Galërkin 逼近算子

$$R_h: H_E^1 \to S_E^h$$

$$R'_h: H_E^1 \to V_E^h = \{v \in V_h: v(a)=\alpha, v(b)=\beta\}$$

由于

$$\dim V_E^h = n+1 \ll kn+1 = \dim S_E^h$$

因此计算 $R'_h u$ 比计算 $R_h u$ 要容易得多,但我们有如下定理:

定理 7.3.1　对任何 $u \in H_E^1$,有

$$R'_h u = I'_h R_h u$$

从而

$$R'_h u(x_j) = R_h u(x_j), j=0,1,\cdots,n$$

特别地,如果 $u \in H^{k+1}$,那么还有

$$|(u-R'_h u)(x_j)| \leqslant Ch^{2k} \| u \|_{k+1}, j=0,1,\cdots,n$$

证明　由引理有

$$a(I'_h R_h u - R'_h u, \varphi) = a(R_h u - R'_h u, \varphi), \forall \varphi \in V_h$$

利用 Ritz-Galërkin 投影的性质和 $\mathring{V}_h \subset S_0^h$,有

$$a(R_h u - R'_h u, \varphi) = 0, \forall \varphi \in \mathring{V}_h$$

从而

$$a(I'_h R_h u - R'_h u, \varphi) = 0, \forall \varphi \in \mathring{V}_h$$

由于 $I'_h R_h u - R'_h u \in \mathring{V}_h$,可见

$$I'_h R_h u - R'_h u = 0$$

定理证毕. ■

7.3.2　k 次有限元的快速概率算法

如果直接在有限元空间 S_E^h 上建立概率模型,那么质点游动的结点有 $kn+1$ 个,工作量是很大的,但如果在有限元空间 V_E^h 上建立概率模型,质点游动的结点只有 $n+1$ 个,工作量就小多了,这是一种快速概率算法.

由于 $R'_h u \in V_E^h$，而 $\varphi_0,\varphi_1,\cdots,\varphi_n$ 为 V_E^h 的基底，因此有

$$R'_h u(x)=\sum_{j=0}^{n} u_j \varphi_j(x)$$
$$u_i = R'_h u(x_i) = R_h u(x_i)$$

但是

$$a(R'_h u,\varphi_i)=(f,\varphi_i),i=1,2,\cdots,n-1$$
$$a(\varphi_j,\varphi_i)=0,当\ |j-i|\geqslant 2$$

故有

$$\sum_{j=i-1}^{i+1} a(\varphi_j \varphi_i) u_j = (f,\varphi_i)$$

从而还有

$$\begin{cases} u_i = p_{i,i-1} u_{i-1} + p_{i,i+1} u_{i+1} + F_i \\ u_0 = \alpha, u_n = \beta \end{cases} \tag{7.3.15}$$

其中

$$\begin{cases} p_{i,i-1} = -\dfrac{a(\varphi_{i-1},\varphi_i)}{a(\varphi_i,\varphi_i)} \\ p_{i,i+1} = -\dfrac{a(\varphi_{i+1},\varphi_i)}{a(\varphi_i,\varphi_i)} \end{cases} \tag{7.3.16}$$

$$F_i = \frac{(f,\varphi_i)}{a(\varphi_i,\varphi_i)} \tag{7.3.17}$$

下面根据(7.3.15)构造求 u_i 的概率模型：令

$$p_{i,i-1}=q_{i,i-1}p'_{i,i-1},p_{i,i+1}=q_{i,i+1}p'_{i,i+1}$$

使 $p'_{i,i-1},p'_{i,i+1}\geqslant 0$，且

$$p'_{i,i-1}+p'_{i,i+1}=1$$

设有质点从 x_i 出发分别以概率 $p'_{i,i-1},p'_{i,i+1}$ 向相邻结点 x_{i-1},x_{i+1} 游动，到下一点仍按此法继续游动，一直到达边界 $\Gamma'=\{a,b\}$ 吸引为止，设游动路线为

$$\nu_i x_i = x_{i_0} \to x_{i_1} \to x_{i_2} \to \cdots \to x_{i_{r-1}} \to x_{i_r} \in \Gamma' \tag{7.3.18}$$

此时就令随机变量的值为

$$\eta_{x_i}(\nu_i) = F_{i_0} + q_{ii_1} F_{i_1} + \cdots + q_{ii_1} q_{i_1 i_2} \cdots q_{i_{r-1} i_r} F_{i_r} \tag{7.3.19}$$

此处

$$F_{x_{i_l}} = \frac{(f, \varphi_{i_l})}{a(\varphi_{i_l}, \varphi_{i_l})}, l < r$$

$$F_{i_r} = \begin{cases} \alpha, 当\ x_{i_r} = a \\ \beta, 当\ x_{i_r} = b \end{cases}$$

以下来证明期望值

$$E\eta_{x_i} = R'_h u(x_i) = R_h u(x_i) = u_i \tag{7.3.20}$$

事实上,由于 $R'_h u(x_i) = u_i$ 满足方程组(7.3.15),利用代数方程组的解的唯一性,只需证明

$$E\eta_x = \begin{cases} \alpha, 当\ x = x_0 = a \\ \beta, 当\ x = x_n = b \end{cases} \tag{7.3.21}$$

且

$$E\eta_{x_i} = F_i + p_{i,i-1} E\eta_{x_{i-1}} + p_{i,i+1} E\eta_{x_{i+1}} \tag{7.3.22}$$

就可以了,(7.3.21) 是显然的.用

$$\mathscr{D}_i = \{\nu_i\}$$

表示由 x_i 出发达到边界 $\Gamma' = \{a, b\}$ 的一切可能路径 ν_i 的集合,并用 $P(\nu_i)$ 表示经过这条路径 ν_i 的概率,那么

$$E\eta_{x_i} = \sum_{\nu_i \in \mathscr{D}_i} \eta_{x_i}(\nu_i) P(\nu_i) \tag{7.3.23}$$

其中 $\nu_i, \eta_{x_i}(\nu_i)$ 由(7.3.19) 表达.现在 ν_i 可分解成

$$x_{i_0} = x_i \to x_{i_1}$$

及

$$\nu_{i_1}: x_{i_1} \to x_{i_2} \to \cdots \to x_{i_r} \in \Gamma'$$

两部分组成,于是对路径 ν_{i_r},应有

$$\eta_{x_{i_1}}(\nu_{i_1}) = F_{i_1} + q_{i_1 i_2} F_{i_2} + \cdots + q_{i_1 i_2} \cdots q_{i_{r-1} i_r} F_{i_r}$$

从而有

$$\eta_{x_i}(\nu_i) = F_i + q_{ii_1} \eta_{x_{i_1}}(\nu_{i_1})$$

由(7.2.23)及概率基本公式得

$$E\eta_{x_i} = \sum_{\nu_i \in \mathscr{D}_i} \eta_{x_i}(\nu_i) P(\nu_i) =$$

$$\sum_{j=i-1,i+1} \sum_{\nu_j \in \mathscr{D}_j} (F_i + q_{ij} \eta_{x_j}) P(x_i \to x_j) P(\nu_j) =$$

$$F_i + \sum_{j=i-1,i+1} \sum_{\nu_j \in \mathscr{D}_j} q_{ij} p'_{ij} \eta_{x_j}(\nu_j) P(\nu_j) =$$

$$F_i + p_{i,i-1} E\eta_{x_{i-1}} + p_{i,i+1} E\eta_{x_{i+1}}$$

于是式(7.3.22)证毕,因此 $E\eta_{x_i} = R'_h u(x_i)$,再由定理 7.3.1 得证(7.3.20). ■

这样我们就得基本估计

$$| u(x_i) - E\eta_{x_i} | \leqslant Ch^{2k}$$

因为 $E\eta_{x_i}$ 可用抽样试验近似求得,所以只要试验次数充分多,所得近似值应当是高精度的,而且是快速的(游动格点很少).

下面给出了这种算法的一个数例.

7.3.3 数例

考虑方程

$$\begin{cases} -((x+1)u')' = -\pi\cos \pi x + \pi^2 \sin \pi x, \text{在}(0,1)\text{内} \\ u(0) = u(1) = 0 \end{cases}$$

此问题的真解 $u = \sin \pi x$,取 $k=2$ 构作 P'_2 型概率算法,概率算法近似解用 u_2^h 表示.对于一次元概率算法近似

值用 u_1^h 表示. 这两种概率算法游动的结点个数相同，都为 $m-1$，记

$$e_1 = |u - u_1^h|, e_2 = |u - u_2^h|$$

下面表 7.3.1 和表 7.3.2 是一组结果.

表 7.3.1

$x_i = \frac{1}{3}$			
	$h = \frac{1}{3}$	$h = \frac{1}{6}$	$h = \frac{1}{12}$
e_1	0.45×10^{-2}	0.37×10^{-2}	0.27×10^{-2}
e_2	0.13×10^{-2}	0.69×10^{-4}	0.76×10^{-5}

表 7.3.2

$x_i = \frac{2}{3}$			
	$h = \frac{1}{3}$	$h = \frac{1}{6}$	$h = \frac{1}{12}$
e_1	0.27×10^{-2}	0.53×10^{-3}	0.23×10^{-3}
e_2	0.12×10^{-2}	0.71×10^{-4}	0.75×10^{-5}

这组计算结果显示了快速概率算法的优越性. 本小节结果由彭龙[100]完成，计算结果由王金亮完成.

参考资料

[1]BABUSKA I, MILLER A. The post-processing in the finite element method, Parts Ⅰ-Ⅱ, Internat. J. Numer. Methods Engrg. 1984(20):1085-1109, 1111—1129.

[2]BLUM H,LIN Q,RANNACHER R. Asymptotic error expansion and Richardson extrapolation for linear finite elements, Numer. Math. ,1986(49): 11-37.

[3]BLUM H ,RANNACHER R. Extrapolation techniques for reducing the pollution effect of reentrant corners in the finite element method, Numer . Math. ,1988(52):539-564.

[4]BLUM H, RANNACHER R. Finite element eigenvalue computation on domains with reentrant corners using Richardson extrapolation,J. Comp. Math. ,1990(3).

[5]BREZZI F,FORTIN M. Mixed and hybrid finite element methods,Springer-Verlag,1991.

[6]CHEN C M. Optanal points of the stresses for triangular finite element, Numer. Math. J. Chinese Univ. ,1980(2):12-20.

[7]CHEN C M. Superconvergence of finite element

solutions and their derivatives, Numer. Math. J. Chinese Univ. ,1981(3):118-125.

[8]CHEN C M. Superconvergence of finite element approximations to nonlinear elliptic problems, Proc. China-France Sympos. on FEM, Beijing, 1982,Gordon and Breach, New York,1983:622-640.

[9]CHEN C M. Superconvergence of finite elements for nonlinear problems, Numer. Math. J. Chinese Univ. ,1982(4):222-228.

[10] CHEN C M. Finite element method and its analysis in improving accuracy, Hunan Science Press,1982.

[11]CHEN C M. Supercon vergence and Extrapolation for finite element approximation of quasilinear elliptic problems, North-East Math. J. , 1986(2):228-336.

[12]CHEN C M,HUANG Y Q. Extrapolation of triangular linear element in general domain, Numer. Math. J. Chinese Univ. ,1989(1):1-15.

[13]CHEN C M ,JIN J C. Extrapolation of Biquadratic finite element approximation in rectangle domain, J. Xiangtan Univ. ,1987(3):16-28.

[14]CHEN C M ,LIU J G. Superconvergence of gradient of triangular linear element in general domain, J. Xiangtan Univ. ,1987(1):114-126.

[15]CHEN C M,LIN Q. Extrapolation of finite element approximation in a rectangular domain, J.

Comp. Math. ,1989(3):227-233.

[16]CHEN H S. Analysis of rectangular finite element,J. Xiangtan Univ. ,1989(4):1-11.

[17]CHEN H S ,LIN Q. Extrapolation for isoparametric bilinear finite element approximation on smooth bounded domains, J. Syst. Sci. Math. Scis. ,1992(2):118-126.

[18]CHEN H S,LIN Q. Finite element approximation using a graded mesh on domains with reentrant corners, Syst. Sci. Math. Scis. ,1992(2):127-140.

[19]CIARLET P G. The Finite Element Method for Elliptic Problems, North-Holland,1978.

[20]CIARLET P G,LIONS J L. Handbook of Numerical Analysis North-Horland,1991.

[21]FENG K. Difference scheme based on variational principle, J. Appl. and Comp. Math. ,1965(2):237-261.

[22]GRAHAM I,LIN Q,XIE R F. Extrapolation of Nystrom solution of boundary integral equations on non-smooth domains, J. Comp. Math. ,1992(3).

[23]HU Q Y. Extrapolation for the Galërkin approximation to the solution of integro-differential equation, J. Xiangtan Univ. ,1992(2):28-342.

[24]HUANG H C,LIU G Y. Solving ellptic boundary value problems by successive mesh subdivisions, Math. Numer. Sinica,1978(2):41-52 and

1978(3):28-35.

[25]HUANG H C,MU M,HAN W M. Asymptotic expansion for numercial solution of a less regular problem in a rectangle, Math. Numer. Sinica, 1986(4):217-224.

[26] HUANG H C, E W N, MU M. Extrapolation combined with MG method for solving finite element equations, J. Comp. Math. ,1986(4).

[27]HUANG Y Q,LIN Q. A finite element method on polygonal domains with extrapolation, Math. Numer. Sinica,1990(3):239-249.

[28]HUANG Y Q,LIN Q. Finite element method on polygonal domains, Parts Ⅰ-Ⅱ, j. Syst. Sci. Math. Scis. ,1992.

[29]HUANG Y Q,LIN Q. Error expansion and defect correction of finite element approximation for 3-d elliptic problems, to appear.

[30] HUANG Y Q, LIN Q. Asymptotic expansion and superconvergence of FEM for parabolic equations,J. Syst. Sci. Math. Scis. ,1991(4).

[31]KRIZEK M,LIN Q,HUANG Y Q. A nodal superconvergence arising from combination of linear and bilinear elements, Syst. Sci. Math. Scis. , 1988(2):191-197.

[32] KRIZEK M, NEITTAANMAKI P. On superconvergence techniques, Acta Appl. Math. , 1987(9):175-198.

[33] LIN Q. An integral identity and interpolated

postprocess in supercon-vergence, Research Report No. 90—07, Inst. Syst. Sci., Academia Sinica, 1990: 1-6.

[34]LIN Q. High accuracy from the linear elements, Proc. of 1984 Beijing Symp. on DGDE-Comp. of PDE, ed. Feng Kang, Science Press, 258-262.

[35]LIN Q. Finite element error expansion for nonaniform quadrilateral meshes, Syst. Sci. Math. Scis., 1989(3): 275-282.

[36]LIN Q. Extrapolation of FE gradients on nonconvex domains (Proc GAMM-Seminar "Extrapolations-und Defektkorrektur-methoder", Heideberg, June 1990, ed. Frehse, Rannacher), Bonner Math. Schrift., 1991(228): 21-29.

[37]LIN Q. Fourth order eigenvalue approximation by extrapolation on domains with reentrant corners, Numer. Math., 1991(58): 631-640.

[38]LIN Q. Superconvergence of FEM for singular solution, J. Comp. Math., 1991(2): 111-114.

[39]LIN Q. Best mesh and elevated basis expression for FEM, in: Proc. Syst. Sci. &Syst. Eng., Great Wall Culture Publ. Co., Hongkong, 1991: 169-173.

[40]LIN Q. Global error expansion and superconvergence for higher order interpolation of finite elements, J. Comp. Math. Suppl. Issue, 1992: 286-289.

[41]LIN Q. A rectangle test for FEA, in: Proc. Syst. Sci. &Syst. Eng., Great Wall Culture Publ. Co., Hongkong, 1991: 213-216.

[42]LIN Q, LI J C, ZHOU A H. A rectangle test for Ciarlet-Raviart and Herrmmann-Miyoshi schemes, ibid., 230-233.

[43]LIN Q, LI J C, ZHOU A H. A rectangle test for the Stokes Equation, ibid., 240-241.

[44]LIN Q, LIU J Q. A discussion for extrapolation method for finite elements, Techn. Rep. Inst. Math., Academia Sinica, Beijing, 1980.

[45]LIN Q, LIU J Q. Extrapolations and corrections for the twodimensional integral and differential equation, A lecture given at die Mathematischen Institute der Freien Universitat, Berlin, December, 1981.

[46]LIN Q, LIU J Q. Defect corrections of finite element approximation for singular problem (Proc. China-France Sympos. on FEM Beijing, 1982), Gordon and Breach, New York, 1983.

[47]LIN Q, LIU M J. A rectangle test for bihnrmonic Probl. in: Proc. Syst. Sci. &Syst. Eng., Great Wall Culture Publ. Co., HongKong, 1991: 238-239.

[48]LIN Q, LIU M J. A rectangle test for nonrectangular domains, ibid., 242-245.

[49]LIN Q, LU T. Asymptotic expansions for finite element approximation of elliptic problem on po-

lygonal domains, Comp. Math. on Appl. Sci. Eng. (Proc. Sixth Int. Conf. Versailles, 1983), LN in Comp. Sci. , North-Holland, INRIA, 1984:317-321.

[50]LIN Q, LU T. Asymptotic expansions for finite element eigenvalues and finite element solution (Proc. Int. Conf. , Bonn, 1983), Bonner Math. Schrift. ,1984(158):1-10.

[51]LIN Q, LU T, SHEN S M. Asymptotic expansions for finite element approximations, Research Report IMS-11, Chengdu Branch of Academia Sinica, 1983.

[52]LIN Q, LU T, SHEN S M. Maximum norm estimate, extrapolation and optimal point of stresses for finite element methods on strongly regular triangulation, J. Comp. Math. , 1983(383): 376-383.

[53]LIN Q, WANG J P. Some expansions of finite element approximation, Research Report IMS-15, Chengdu Branh of Academia Sinica, 1984.

[54]LIN Q, XIE R F. Some advances in the study of error expansion for finite elements, J. Comp. Math. ,1986(4):368-382.

[55]LIN Q, XIE R F. Error expansions for finite element approximation and its applications, LN in Math. , 1987:1297.

[56]LIN Q, XIE R F. How to recover the convergent rate for Richardson extrapolation on bounded

domains, J. Comp. Math. ,1988(6):68-79.

[57]LIN Q,XIE R F. Error expansion for FEM and superconvergence under natural assumption, J. Comp. Math. ,1989(4):402-411.

[58]LIN Q,XIE R F. The extrapolation for bilinear finite element solution with non-uniform partition, Chinese Annals of Math. ,1990(2):179-190.

[59]LIN Q,XU J C. Linear finite elements with high accuracy,J. Comp. Math. ,1985(3):115-133.

[60]LIN Q,YAN N N. A rectangle test for singular solution with irregular meshes, in: Proc. Syst. Sci. & Syst. Eng. , Great Wall Culture Publ. Co. , Hongkong,1991:234-235.

[61]LIN Q,YAN N N. A rectangle test for 3-d problems, ibid,246-250.

[62]LIN Q, YAN N N,ZHOU A N. Finite element methods for hyperbolic problems, Research Report No. 91-02,Inst. Syst. Sci. ,Academia Sinica, 1991.

[63]LIN Q,YAN N N,ZHOU A H. A rectangle test for interploated finite elements, In; Proc. Syst. Sci. & syst. Eng. , Great Wall Culture Publ. Co. ,Hongkong,1991:217-229.

[64]LIN Q,YANG Y D. The finite element interpolated correction method for elliptic eigenvalue problems, Math. Numer. Sinica, 1992(3):334-338.

[65]LIN Q,YANG Y D. Interpolation and correction of finite elements, Math. in practice and Theory,1991(3):17-28.

[66]LIN Q, YANG Y D. Correction techniques for singular finite element solution, Syst. Sci. Math. Scis. ,1993(1).

[67]LIN Q,ZHOU A H. Some arguments for recovering the finite element error of hyperbolic problems, Acta Math. Sci. ,1991(3):291-298.

[68]LIN Q,ZHOU A H. Defect correction for finite element gradient, Syst. Sci. Math. Scis. , 1992(3):287-288.

[69]LIN Q,ZHOU A H. A rectangle test for the first order hyperbolic equation, in:Proc. Syst. Sci. & Syst. Eng. , Great Wall Culture Publ. Co. ,Hongkong,1991:234-235.

[70]LIN Q,ZHOU A H. Notes on superconvergence and its related topics, J. Comp. Math. ,1993(3).

[71]LIN Q,ZHU Q D. Unidirectional extrapolation of finite difference and finite elements,J. Eng. Math. ,1984(2):1-12.

[72]LIN Q,ZHU Q D. Asymptotic expansions for the derivative of finite elements, J. Comp. Math. ,1984(4):361-363.

[73]LIN Q,ZHU Q D. Local asymptotic expansion and extrapolation for finite elements,J. Comp. Math. ,1986(3):263-265.

[74]LU T. Asymptotic expansion and extrapolation

for finite element approximation of nonlinear elliptic equations, J. Comp. Math. ,1987(2):194-199.

[75]LU T,SHIH T M,LIEM C B. Domain Decomposition methods-New numerical techniques for solving PDE,Scientific Press,1992.

[76]RANNACHER R. Extrapolation techniques in the finite element method (A survey), Helsinki Univ. of Tech. Rep. ,-MATC7,1988.

[77]RANNACHER R. Defect correction techniques in the finite element method, Metz Days on Numer. Anal. , Univ. Metz,1990(6).

[78]SCHULLER A,LIN Q. Efficient high order algorithms for elliptic boundary value problems combining full MG techniques and extrapolation methods, Arbeitspapiere der GMD 192.

[79]SHI J. High accuracy algorithm for the second integral equations and its applications to boundary elements, Ph. D. Thesis,Inst. Sys. Sci. ,Academia Sinica,1990.

[80]SHI Z C. On an energy-orthonogal element and its improvement,ICCDD,Beijing.

[81]WANG J P. Asymptotic expansion and L^{∞}-error estimates for mixed finite element methods, Numer. Math. ,1989(55):401-430.

[82]XIE R F. Pointwise estimates and extrapolation for finite element approximation of Green function on nonconvex domains, Math. Numer. Sini-

ca,1988(3).

[83]XIE R F. The Extrapolation Method Applied to boundary intergal equations of the second kind, Ph. D. Thesis, Inst. Sys. Sci. , Academia Sinica, 1988.

[84]YAN N N,LI K T. An extrapolation method for BEM,J. Comp. Math. ,1989(2):217-224.

[85]YAN N N,ZHOU A H,LIU M J. Interpolated finite elements for h-p version, Proc. Symp. Appl. Math. for Young Chinese Scholors (F. Wu. ed), Inst. Applied Math. , Academia Sinica, Beijing,1992(7).

[86]YIN L A. Lecture on the finite element methods, Beijing University Press.

[87]ZHOU A H. Numerical analysis of finite element methods for hyperbolic systems, Ph. D. Thesis,Inst. Sys. Sci. ,Academia Sinica,1990.

[88]ZHOU A H,YAN H N,LI J C. On the full approximation accuracy in finite element methods, Proc. Symp. Appl. Math. for young Chinese Scholors(F. Wu,ed.),Inst. Applied Math. , Academia Sinica,Beijing,1992(7).

[89]ZHU Q D. Uniform superconvergence estimates of derivative for FEM,Numer. Math. J. Chinese Univ. ,1983(4):311-318.

[90]ZHU Q D. Natural inner superconvergence for FEM(Proc. China-France Symp. on FEM,Beijing,1982), Gordon and Breach, New York,

1983:935-960.

[91]ZHU Q D. Local estimates for FEM, Science exploration, 1987(1):189-196.

[92]ZHU Q D. Some L^{∞} estimates and interior superconvergence eetimates for FEM, J. Xiangtan Univ., 1987.

[93]ZHU Q D, CAO L Q. Multilevel correction for FEM and BEM, J. Xiangtan Univ., 1992(2).

[94]ZHU Q D, LIN Q. Superconvergence theory of FEM, Hunan Science Press, 1989.

[95]CHEN H S, ZHU Q D. High accuracy error analysis of linear finite element method for general boundary value problems. J. Xiangtan Univ., 1988(4).

[96]LI B. 高次三角形有限元的超收敛问题,计算数学,1990(3).

[97]LUO P. Superconvergence problem for P_1-noncoforming finite element solutions, J. Huaihua Teacher's College, 1991(1).

[98]LUO P. The finite element probability algorithm with P_1-nonconforming element. J. Huaihua Teacher's College, 1990(2).

[99]PENG N. The finite element with high accuracy probability computing methods, Natural Sci. J. Donguan Univ., 1991.

[100]PENG N, WANG J L. The two kinds of finite element with high accuracy probabnility computing methods, Natrual Sci. J. Dongnan

Univ. ,1992.

[101]WANG J L. 有限元概率多重网格法. J. Eng. Math. ,1991(1).

[102]WANG J H. 椭圆型差分方程的蒙特卡罗解,J. Qinghua Univ. ,1962(4).

[103]YANG Y D. A theorem on superconvergence of finite element approximations for eigevalue problems, J. Math. (PRO),1990(2).

[104]ZHOU Q H. Expansion for collocation solution of Hammerstein equations, J. Xiangtan Univ. , 1992(2).

[105]ZHU Q D. The finite element probability computing methods, J. Xiangtan Univ. ,1989(3).

[106]ZHU Q D. The fast finite element method with high accuracy,Math. Numer. Sinica,1991(4).

[107]ZHU Q D,LIN Q. Asympotically exact a posteriori error and local superconvergence for the FEM,Math. Numer. Sinica,1993(2).

[108]LIN Q,PAN J H. Some finite element spaces for solving Stokes problem, Finite element news, 1993.

[109]LIN Q,PAN J H. A global superconvergence for Stokes problem,J. Syst. Sci. Math. Scis. , 1993.

[110]LIN Q,PAN J H,ZHOU A H. A mixed method for Stokes problem, Syst. Sci. Math. Scis. , 1993.

[111]LIN Q,XIE R F. Superconvergence for finite

element problems with variable coefficients, in: Proc. Syst. Sci& Syst. Eng. , Great Wall Culture publ. Co. ,Hongkong,1992.

[112]SHAIDUROV V. Multigrid methods of finite elements, Moscow,1989.

[113]YANG Y D. A theorem on superconvergence of Shifts of FEA for eigenvalue problem,J. Math. (PRC),1990(10):229-234.

[114]LIN Q,WHITEMAN J R. Superconvergence of recovered gradients of FE approximations on quadrilateral meshes, MAFELAP 1990,Acad. Press,London,1991.